KB144004

FOOD Hygienics

식품위생학의 원리 및 이론과 실무

식품위생학

감수 **이은옥**

이인숙 · 신태화 · 민경천 · 김상미
김한희 · 성기협 · 최익준 · 한재원

(주)백산출판사

    음식을 먹는다는 것은 단순히 우리의 생명을 연장하기 위한 의식주의 '식'만을 의미하는 것에서 폭넓게 변화되었다. 경제 활동인구가 늘어나면서 가정에서의 식사가 어려운 시간이나 특별한 날에 식사를 해결하기 위한 외식이 이제는 일상이 되고 있다. 최근 3년 가까이 이어진 코로나19로 인해 홈 외식 푸드가 가속화되면서 배달음식, 밀키트, 포장음식, 냉동식품 등의 소비가 늘어났다. 가정에서의 식사로 식품 관련 질병의 확산이 제한되었던 예전과 달리 식품의 대량생산, 가공식품, 외식업소 등의 식품 위생 취급과 주변 환경의 영향으로 식품으로 인한 질병이 과거보다 더 많은 위험에 노출되고 있다. 또한 학교급식, 기업의 직원급식, 병원 · 보육시설 · 요양원 등과 같은 단체시설의 급식으로 인한 식품 관련 사고가 대형화되고 있다. 그리고 기후의 상승으로 인하여 우리의 먹거리 안전이 위협받고 있다. 급격한 기후변화는 사료 생산량의 감소, 스트레스 증가, 곤충 매개 질병 증가, 우유 생산량 감소, 식중독 증가 등 우리나라뿐만 아니라 세계의 모든 나라에서 식품의 변화를 초래하고 있고, 앞으로 더 심해질 것이다. 이외에도 식품의 안전에 대한 관심과 집중은 직업의 변화, 농 · 수산식품의 수입 의존도, 국민의 건강에 대한 요구 증대, 식품안전을 검증하기 위한 시스템 및 기술의 발전, 식품으로부터 안전을 지키기 위한 다양한 안전제도와 정책, 식품 관련 질병 매개체의 증가 등으로 이어진다.

이에 따라 WHO, Codex 등 국제기구와 각국의 식품안전관리를 위한 다양한 기관이 관련 제도와 프로그램을 마련하여 시행하고 있다. 또한 국내에서도 1967년 보건복지부에 식품위생과를 설치하였고, 현재는 식품의약품안전처로 개편하여 국민 건강을 위한 안전한 먹거리를 지키고자 노력하고 있다.

이 책에서는 식품위생학의 원리를 이해하고, 식품으로 인해 일어날 수 있는 대표적인 식중독과 감염병, 질병에 따른 사례, 예방법 등을 소개하였다. 또한, 식품 관련 업체 및 기관, 현장에서의 실제적이고 효과적인 안전성을 확보하기 위한 위생·안전관리, HACCP 제도, 글로벌 식품 안전 규정 및 국내 표준 위생 운영 절차 등의 내용으로 구성하였다.

책의 출간을 위해 준비기간 동안 애써주신 신태화 교수님 외 공동저자 교수님들께 감사의 마음을 전하며 출판의 기쁨을 함께 나누고자 합니다. 그리고 출판을 위해 애써주신 백산출판사 관계자분들께도 깊은 감사의 마음을 전합니다.

2023년 7월
대표 저자 **이인숙**

Contents

부록

1장

식품과 위생

1장

식품과 위생

1 식품위생의 개념

우리는 여러 가지 식품을 섭취하기 때문에 영양상으로 충분하다고 생각한다. 그러나 식품에 포함된 위해 인자로 인해 다양한 건강장해를 일으킬 가능성이 있다. 어떤 식품을 얼마나 안전하게 섭취하는가는 우리의 생명과 직결된다. 근래에는 다양화, 농업과 식품 기술의 발달, 기후변화와 자연재해, 식품의 국제 교역량, 국민의 건강 보호에 대한 요구 증가, 위해요소 관리 시스템의 발달 등으로 식품의 안전에 대한 기술 변화와 관심이 집 중되고 있다. 식품오염과 식품위해요소도 더불어 광범위해지고, 생명에 대한 위험성도 높아지고 있어 식품위생의 관리가 매우 중요하다.

식품위생법 제2조 정의는 식품이란 '모든 음식물(의약으로 섭취하는 것을 제외)'이라 규정하고 있고(제1호), 식품첨가물이란 '식품을 제조 · 가공 · 조리 또는 보존하는 과정에 서 감미(甘味), 착색(着色), 표백(漂白) 또는 산화 방지 등을 목적으로 식품에 사용되는 물질이며, 기구(器具) · 용기 · 포장의 살균 · 소독을 위해 사용되어 간접적으로 식품으로 옮아갈 수 있는 물질도 포함'하고 있다(제2호). 즉, 식품위생이란 '식품, 첨가물, 기구 또 는 용기 포장을 대상으로 하는 음식물에 관한 위생'을 뜻한다(제11호).

국제식품규격위원회(Codex, FAO와 WHO에서 합동으로 설립한 식품규격개발기구)는 '모든 식품 체인의 단계에서 식품의 안전성과 적합성을 확보하는 데 필요한 모든 조건과 방법'을 식품위생이라 정의하였다.

세계보건기구(WHO)는 식품위생을 '식품의 생육, 생산 또는 제조에서부터 최종적으로 사람이 섭취할 때까지에 이르는 모든 단계에서 식품의 안전성, 건강성 및 건전성을 확보하기 위한 모든 수단'으로 정의하고 있다. 식품의 안전을 지키기 위해서는 식품 원료를 생산하는 단계에서부터 식품의 안전성과 적합성이 확보되어야 한다. 우리의 식탁에 이르기까지 모든 과정에서 발생하는 위해를 미리 예방, 제거, 차단해야 한다.

특히 식품 중에 식중독이나 경구 감염병을 일으키는 식중독균이나 병원균, 유해 유독물질 등이 함유되지 않도록 각별한 주의가 필요하다. 식품으로 인하여 일어날 수 있는 모든 건강 장애 요인을 제거하고 사람의 건강을 유지 및 증진할 수 있는 안전한 수단과 기술을 갖추어야 한다. 식품위생은 안전성을 달성하기 위한 수단이고 식품의 안전성은 결과이자 목표이다.

산업화 이후 외식 인구가 증가함에 따라 식품으로 인한 질병과 사건 사고가 증가하고 있다. 이에, 본 교재는 식품의 위해를 일으키는 유해인자의 종류, 위해요소의 식중독 및 감염병 등의 질환, 식품첨가물, HACCP 제도 등에 대해 알아보고자 한다.

식품위생법(법률 제18445호, 시행 2023.1.1.)의 제2조(정의)

1. "식품"이란 모든 음식물(의약으로 섭취하는 것은 제외한다)을 말한다.
2. "식품첨가물"이란 식품을 제조 · 가공 · 조리 또는 보존하는 과정에서 감미(甘味), 착색(着色), 표백(漂白) 또는 산화 방지 등을 목적으로 식품에 사용되는 물질을 말한다. 이 경우 기구(器具) · 용기 · 포장을 살균 · 소독하는 데에 사용되어 간접적으로 식품으로 옮아갈 수 있는 물질을 포함한다.
3. "화학적 합성품"이란 화학적 수단으로 원소(元素) 또는 화합물에 분해 반응 외의 화학반응을 일으켜서 얻은 물질을 말한다.
4. "기구"란 식품 또는 식품첨가물에 직접 닿는 기계 · 기구나 그 밖의 물건(농업과 수산업에서 식품을 채취하는 데에 쓰는 기계 · 기구나 그 밖의 물건 및 「위생용품 관리법」 제2조 제1호에 따른 위생용품은 제외한다)을 말한다.
   가. 음식을 먹을 때 사용하거나 담는 것
   나. 식품 또는 식품첨가물을 채취 · 제조 · 가공 · 조리 · 저장 · 소분[(小分) : 완제품을 나누어 유통을 목적으로 재포장하는 것을 말한다. 이하 같다] · 운반 · 진열할 때 사용하는 것
5. "용기 · 포장"이란 식품 또는 식품첨가물을 넣거나 싸는 것으로서 식품 또는 식품첨가물을 주고받을 때 함께 건네는 물품을 말한다.

6. "위해"란 식품, 식품첨가물, 기구 또는 용기·포장에 존재하는 위험요소로서 인체의 건강을 해치거나 해칠 우려가 있는 것을 말한다.

11. "식품위생"이란 식품, 식품첨가물, 기구 또는 용기·포장을 대상으로 하는 음식에 관한 위생을 말한다.

12. "집단급식소"란 영리를 목적으로 하지 아니하면서 특정 다수인에게 계속하여 음식물을 공급하는 다음 각 목의 어느 하나에 해당하는 곳의 급식시설로서 대통령령으로 정하는 시설을 말한다. (가. 기숙사, 나. 학교, 유치원, 어린이집, 다. 병원, 라. 사회복지시설, 마. 산업체, 바. 국가, 지방자치단체 및 공공기관, 사. 그 밖의 후생기관 등)

14. "식중독"이란 식품 섭취로 인하여 인체에 유해한 미생물 또는 유독물질에 의하여 발생하였거나 발생한 것으로 판단되는 감염성 질환 또는 독소형 질환을 말한다.

2 식품위생의 중요성

식품위생의 목적은 '식품으로 인한 위생상의 위해(危害)를 방지하고, 식품 영양의 질적 향상을 도모하며 식품에 관한 올바른 정보를 제공함으로써 국민 보건 증진'에 이바지하는데 있다.(식품위생법 제1조)

산업화 이후 외식산업, 가공식품, 대량조리가 늘어나면서 식품으로 인한 질병이 급격히 증가하였다. 식품으로 인한 질병은 대부분 복통, 구토 등의 가벼운 증상을 보이다가 회복된다. 그러나 심하면 사망 또는 영구히 건강에 유해를 가지고 살아갈 수 있다. 식품의 저장성을 넓히고 더 나은 질의 섭취를 위한 기술이 발전함에 따른 장단점을 파악하고 안전하게 식품을 섭취해야 한다. 식품은 의식주에서 생명을 연장하는 데 매우 중요한 부분임과 동시에 위해한 식품을 섭취함으로써 생명에 커다란 지장을 줄 수 있음을 간과해서는 안 된다. 예방 가능한 식품 섭취 질환으로 매일 수많은 사람이 고통받고 있다. 식품위생상의 안전성을 확보하기 위해 국가·지방자치단체에서 철저한 위생상의 위해 방지를 위한 위생관리 체계관리와 법에 따라 제도적으로 위험성을 가지고 있는 식품 등이 유통되지 않도록 적극적인 관리·감독이 중요하다.

식품의 안전성을 지키기 위해서는 건강에 필요한 영양성분을 충분히 함유하고 있어야 하며, 식품의 섭취는 건강을 해치지 않아야 한다. 그러나 현실적으로 완전무결한 상태의 식품을 섭취하는 것은 어렵다. 따라서 인간은 건강한 삶을 유지하기 위해 식품을 생산하고 섭취하는 과정에서 식품의 위해가 되는 요소를 최대한 줄여 위험성을 예방해야 한다. 식품의 안전성(해롭지 않은 것), 건강성(몸에 유익한 것) 및 건전성(좋은 상태가 지속)을 지키기 위해서는 아래 [그림 1-1]과 같이 생산 위생(생산, 수확), 제조 위생(저장, 가공), 유통판매 위생(유통, 판매), 음식 조리하여 섭취하는 모든 과정과 위생을 철저히 관리해야 한다.

그림 1-1 식품위생의 범위

3 식품위생의 환경 변화

국내 식품시장은 2021년 655.91조 원 규모로, 전년도 606.44조 원보다 8.16%로 늘어났고, 2016년 471.91조 원보다 184조이 더 증가하였다. 음식료품 제조업과 음식업은 2021년 기준 299.47조 원이었고, 전년도는 265.78조 원으로 12.68%의 증가 추이를 나타냈고, 6년 전(2016년, 227.41조 원)보다 72.06조 원의 증가 추이를 보였다.(그림 1-2)

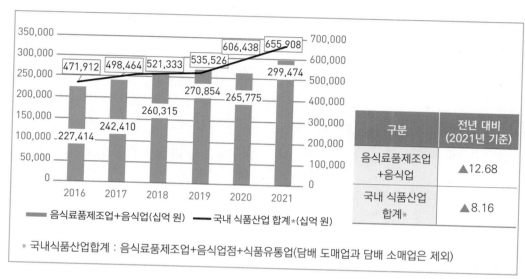

그림 1-2 **국내 식품 시장 규모(2016~2021년)**

　외식산업 시장의 규모는 [표 1-1]과 같이 2010년에는 사업체 수 58.6만 개, 매출액 67.57조 원이었고, 2021년에는 사업체 수 80.1만 개, 매출액 150.76조 원으로 10년 동안 매년 증가하는 추이를 보이고 있다. 2021년에는 전년도 코로나19 위기로 인한 영업 운영 제한에 따라 사업체 수는 0.37% 감소하였으나 배달서비스, 포장, 밀키트 등의 산업으로 매출은 0.94% 높아졌다.

　2020년의 식품제조업 사업체 수는 전년도에 비해 15.44%, 출하액은 8.4%로 크게 증가하였다. 국내 식품산업은 외식산업과 함께 식품제조업 사업도 [표 1-2]에서와 같이 매년 꾸준히 증가하고 있다.

💧 표 1-1 **외식산업 현황(2010~2021년)**

연도	사업체 수 (천 개)	매출액 (십억 원)	업체당 매출액 (백만 원)
2010년	586	67,566	115
2011년	607	73,507	121
2012년	625	77,285	124

2013년	636	79,550	125
2014년	651	83,820	129
2015년	657	108,013	164
2016년	675	118,853	176
2017년	692	128,300	186
2018년	709	138,183	195
2019년	727	144,392	199
2020년	804	139,890	174
2021년	801	150,763	188

출처 : 식품산업통계 FIS(www.atfis.or.kr)

💧 **표 1-2 식료품 제조업의 현황(2012~2020년)**

연도	출하액 (십억 원)	종사자 수 (명)	사업체 수 (개소)
2012년	65,588	281,523	53,338
2013년	67,482	287,248	54,148
2014년	69,518	305,038	56,694
2015년	73,205	314,244	57,048
2016년	75,355	324,392	57,734
2017년	78,164	327,381	58,653
2018년	80,119	342,089	60,071
2019년	84,061	353,949	60,715
2020년	91,122	370,629	70,089

출하액(단위 : 십억 원) ▲8.40%
- 2020년 91,122
- 2019년 84,061

종사자 수(단위 : 명) ▲4.71%
- 2020년 370,629
- 2019년 353,949

사업체 수(단위 : 개소) ▲15.44%
- 2020년 70,089
- 2019년 60,715

출처 : 식품산업통계 FIS(www.atfis.or.kr)

우리나라의 농식품 수출입 현황은 [그림 1-3]과 같이 2010년부터 2022년까지 10년 동안 꾸준히 증가하고 있으며 수입의존도가 상당히 높다. 그래서 농림축산식품부에서는 2009년부터 종합계획을 수립하고 해외 농업자원 개발을 추진하여 안정적인 해외공급망 확보와 국내 반입 역량 강화를 추진해 오고 있다. 최근에는 전쟁, 이상기후로 인한 농산물 수입제한과 같은 문제를 해결하기 위해 해외농업자원개발 진출지역을 다변화, 전략 품목의 안정적 확보, 맞춤형 기업의 지원, 국내 반입 활성화, 장기·안정적 지원체계 구축을 계획하고 있다.

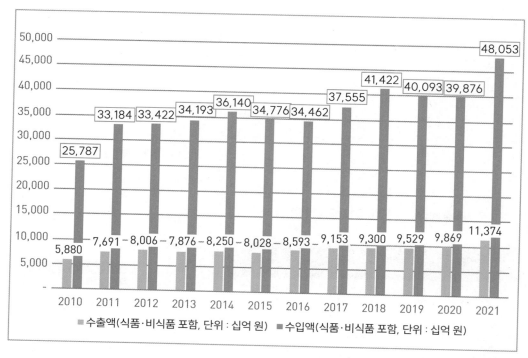

출처 : 식품산업통계 FIS(www.atfis.or.kr)

그림 1-3 **농식품 수출입 현황(2010~2021년)**

2018년도 수입신고 부적합 현황과 2019년도 해외 위해식품 정보 현황은 [표 1-3]과 같다. 2019년도 해외 위해식품 중 가공식품(6,496건, 56.7%), 농산물(2,253건, 19.7%), 건강식품류(857건, 7.5%) 순으로 나타났다. 2018년도 수입신고 부적합은 가공식품(852건, 57.6%), 기구용기포장(206건, 13.9%), 농·임산물(127건, 8.6%) 순으로 나타났다. 2019년도 해외 위해식품 11,458건의 원인별 위해식품 정보를 살펴보면, 미생물 관련 정보가 가장 많았고, 이어 알레르기 성분 미표시, 잔류농약 순으로 나타났다. 해외 위해식품 정보 원인요소는 [표 1-4]를 살펴보면, 2018년도에 비해 2019년도 해외 위해식품이 12.0%로 증가하였다. 수입의 의존도가 높아짐에 따라 해외식품 안전위해 사고도 늘어나고 있고, 식탁의 안전을 위협하는 요소도 미생물, 알레르기, 잔류농약, 식품첨가물, 곰팡이독소, 이물질, 안전, 위생, 의약품성분, 기구·용기·포장 유래물질, 중금속, 영양성분, 동물용의약품, 생물독소, 성상, 원료함량, 유통기한, 동식물질병, 기생충병 등으로 다양하다.

표 1-3 2018년도 수입신고 부적합 현황과 2019년 해외 위해식품 정보

순위	2018년도 수입신고 부적합 현황			2019년도 해외 위해식품정보		
	품목군	건수(건)	비율	식품유형	건수(건)	비율
1	가공식품	852	57.6%	가공식품	6,496	56.7%
2	기구용기포장	206	13.9%	농산물	2,253	19.7%
3	농·임산물	127	8.6%	건강식품류	857	7.5%
4	건강기능식품	122	8.3%	수산물	635	5.5%
5	수산물	95	6.4%	축산물	558	4.9%
6	축산물	60	4.1%	기구용기포장	343	3.0%
7	식품첨가물	16	1.1%	환경	131	1.1%
8		–		기타	185	1.6%
합계		1,478	100%		11,458	100%

출처 : 식품안전정보원(2019년 글로벌 식품안전동향보고서)

표 1-4 2018~2019년도 해외 위해식품정보 원인요소 현황(상위 20개)

구분	원인요소		2018년		2019년		증감률
			건수	비율	건수	비율	
1	생물학적 원인요소	미생물	2,440	23.8%	2,770	24.2%	▲13.5%
2	표시광고	알레르기	1,099	10.7%	1,226	10.7%	▲11.7%
3	화학적 원인요소	잔류농약	1,271	12.4%	1,226	10.7%	▼3.5%
4	화학적 원인요소	식품첨가물	799	7.8%	832	7.3%	▲4.1%
5	생물학적 원인요소	곰팡이독소	804	7.9%	793	6.9%	▼1.4%
6	생물학적 원인요소	이물질	552	54.4%	703	6.1%	▲27.4%
7	안전위생	안전	388	3.6%	584	5.1%	▲50.5%
8	안전위생	위생	672	6.6%	575	5.0%	▼14.4%
9	화학적 원인요소	의약품성분	300	2.9%	445	3.9%	▲48.3%
10	화학적 원인요소	기구용기포장유래물질	319	3.1%	382	3.3%	▲19.7%
11	화학적 원인요소	기타	121	1.2%	347	3.0%	▲186.8%

12	화학적 원인요소	중금속	302	3.0%	323	2.8%	▲7.0%
13	영양건강	영양성분	134	1.3%	207	1.8%	▲54.5%
14	화학적 원인요소	동물용의약품	242	2.4%	192	1.7%	▼20.7%
15	생물학적 원인요소	생물독소	102	1.0%	153	1.3%	▲50.5%
16	물리적 원인요소	성상	125	1.2%	138	1.2%	▲10.4%
17	표시광고	원료·성상·함량	110	1.1%	122	1.1%	▲10.9%
18	표시광고	기간(유통기한 등)	97	0.9%	88	0.8%	▼9.3%
19	생물학적 원인요소	동식물질병	17	0.2%	76	0.7%	▲347.1%
20	생물학적 원인요소	기생충	59	0.6%	52	0.5%	▼11.9%
20개 항목합계			9,953	97.3%	11,236	98.1%	▲12.9%
전체합계			10,233	100%	11,458	100%	▲12.0%

출처 : 식품안전정보원(2019년 글로벌 식품안전동향보고서)

이 밖에도 지구의 온도가 상승하면서 우리나라도 기후변화에 따른 여러 가지 농축산물의 피해가 커지고 있다. 최근 기후변화 등 요인으로 여름철 장마, 태풍, 산불, 산사태, 식량 등의 위협을 받고 있다. 식량안보 및 영양에 대한 국제적 전략 프레임워크(Global Strategic Framework for Food Security and Nutrition : GSF)에서는 식량위기방지, 빈곤타파, 식량안보 및 영양보장을 위한 국제적, 지역적, 국가적 차원의 협력강화를 추진하며, 각국 정부는 다양한 프로그램 마련을 권고하고 있다.

국내식품시장규모, 음식료품 제조업 및 음식업의 규모, 외식산업, 식품제조업, 해외수입식품 의존도 등이 꾸준히 높아지고 있고, 기후변화에 따른 식량부족 등 식품의 환경이 변화되고 있다. 이러한 다변화되어 가는 식품환경에서 식품안전 사건·사고가 [표 1-5]와 같이 다양화·대형화되고 생명에 지장을 초래하기도 하며, 새로운 식품 관련 질병이 등장하고 있다. 따라서 식품의 안전을 확보하기 위해서는 식품의 생산부터 최종소비에 이르기까지의 식량확보, 위해요소 예방 등에 관심을 집중하여야 한다.

발생연도	사건·사고 내용
2006년 10월	국내산 송어, 향어에서 말라카이트 그린 검출, 해양수산부 송어, 향어 양식장에 출하 중지 조치
2008년 1월	중국산 유제품 멜라민 오염사건(영아 6명 사망, 29만 6,000명 신장결석과 신부전 등의 질환 걸림)
2011년 3월	일본 후쿠시마 원전사고 발생 '방사능 다량 누출사건' 일본산 식품에 대한 수입 제한 조치
2012년 10월	일본 홋카이도 배추절임(아사즈케)에 의한 장출혈성 대장균 O157 집단식중독 사고 발생(8명 사망)
2012년(1년)	야생독버섯으로 인한 사고 총 8건(발생환자 수 32명, 4명 사망)
2019년 9월	스페인 'La Mecha' 브랜드 미트로프 제품을 먹은 후 '리스테리아 식중독균' 감염자 발생(스페인 내국인 195건 발생, 2명 사망)
2022년 11월	고병원성 조류인플루엔자 확진(전남 고흥 소재 육용 오리농장(26,000여 마리, 충남 홍성군 소재 관상조 124마리 확진)
2023년 1월	경기도 김포시 소재 돼지농장(2,500여 마리 사육)에서 아프리카돼지열병 발생
2023년 4월	주니키호박 LMO 종자 오염사건 : GMO 주키니 성분 양성검출, 17개 농가 출하 전부 중단
2023년 7월	식품의약품안전처 177건 부당광고 적발 (일반식품을 다이어트 주스, 수면 개선 등 건강기능성 우려 광고 85건, 불면증, 변비 질병 치료 효과 광고 27건 외)

출처 : 한국농업신문, 식품안전나라, 식품의약품안전처, 수입식품정보마루

4 식품위생의 행정

1) 식품위생의 행정

우리나라는 국가나 지방자치단체의 식품안전정책 수립·시행 시 국민의 참여와 알 권리를 보장한다. 사업자는 국민의 건강에 해롭지 않도록 안전한 식품의 생산·판매 등을 하기 위해 항상 취급한 식품을 확인하고, 검사를 해야 하는 책무를 가지고 있다(식품안전기본법 제4조).

식품위생의 행정이란 국가가 식품, 건강기능식품, 식품첨가물, 기구, 용기, 포장 등의 안전성과 건전성을 확보하기 위해 행정조직을 이용하여 법령을 근거로 정책을 개발하고

관리하는 활동이다. 식품행정기관에서는 식품위생의 향상을 도모함으로써 국민의 식생활을 청결하고 안전하게 하며 부정 불량식품의 섭취로 인한 각종 위해를 예방함과 동시에 식생활을 쾌적하게 하고자 단속과 지도를 한다. 부정 불량식품을 적발하여 폐기 또는 영업의 정지, 영업취소, 영업자의 처벌 등 단속하고 식품영업자에게 식품위생의 중요성을 인식시키고, 위생상 안전한 식품을 제조, 공급, 위생안전 등의 방법을 교육하여 안전한 식품을 소비자에게 제공할 수 있도록 지도하고 있다.

시대가 변화되면서 국민의 의식과 요구뿐만 아니라 국내외 식품산업, 식품위생기술 및 환경의 변화 등에 적절하고 효율적인 방향성을 가지고 발전하고 있다. 식품위생관리를 안전하고 효율적으로 운영하기 위해서는 국내외 행정조직, 관련 법령 및 제도에 대한 이해가 필요하다.

우리나라 식품위생의 행정은 1961년 농림부에 가축위생과 설치 및 수산국 설립, 1967년 보건복지부에서 식품위생과 설치로 시작되었다. 2013년 광우병 사건으로 다수의 선진국들과 식품안전관리체계를 통합하고, 식품 안전이 생산, 제조단계 안전책임과 소비자 보호 중심의 통합관리 체계로 변화되었다. 그러나 아직 학교, 유치원 급식은 교육부, 교정시설 급식은 법무부, 군대급식은 국방부 그 외 집단급식은 식품의약품안전처 등으로 관리체계가 분산되어 있다.

2) 국내 식품위생행정기구

(1) 중앙기구 및 조직

국민 소득 수준의 향상으로 삶의 질 향상에 따른 욕구가 다양해지고 식품안전에 대한 관심이 증대되고 있다. 이로 인해 식품으로 인한 건강장해를 방지하기 위한 각종 대책이 시행되고 있으나 아직까지 많은 문제가 미해결 상태로 남아 있다. 우리나라뿐만 아니라 세계적으로 식품의 생산과 소비의 식품 안전 강화를 위한 여러 가지 정책을 추진하고 있다.

보건복지부의 '식품의약품안전본부'가 1998년 2월에 식품의약품전청으로 개편되었다. 이후 식품의약품안전청은 2013년 3월 식품의약품의 안전관리 체계를 구축, 운영하여 국민 개개인의 안전과 건강한 삶을 영위할 수 있도록 식품 및 의약품의 안전에 관한 사무를 관장하기 위해 국무총리 소속의 식품의약품안전처(Ministry of Food and Drug Safety, 食品醫藥品安全處)로 승격되었다.

식품의약품안전처(식약처)는 모든 식품의 생산부터 유통, 소비까지의 식품안전관리를 총괄하고 있는 중앙행정기관이다. 식품의약품안전처의 조직은 1관(기획조정관) 7국(소비자위해예방국, 식품안전정책국, 수입식품안전정책국, 식품소비안전국, 의약품안전국, 바이오생약국, 의료기기안전국) 등으로 구성되어 있고, 소속기관으로는 식품의약품안전평가원과 6개 지방청(서울, 부산, 경인, 대구, 광주, 대전) 등이 있다(그림 1-4).

- **소비자위해예방국 :** 식품·의약품 등의 위해를 사전 예방·관리하고 안전사고 발생 시 피해를 최소화하기 위하여 식품, 의약품, 의료기기, 인접 국가 방사능 감염병, 원전 방사능 누출사고 등의 분야별 위기 대응 체계를 운영한다. 그리고 한국소비자원과 식품, 의약품의 안전성 관련 공동 조사 연구를 협력하고 안전정보를 공유한다.

- **식품안전정책국 :** 식품 안전 관련된 여러 부서의 사건, 사고에 대한 신속한 의사결정 및 제도적 대응 총괄(control tower)역할을 수행한다. 체계적이고 효율적인 식품안전관리 업무 수행을 위해 3년마다 식품안전관리 계획을 수립, 매년 시행계획을 마련하여 추진한다. 또한, 식품 관련 식품안전기본법, 식품위생법, 식품 등의 표시·광고에 관한 법률 등 법령 제·개정을 추진하고 국제식품규격위원회(Codex) 등의 국제회의 추진, 제외국 정책 동향을 파악하고 대응한다. 식품위생심의위원회를 운영하여 위생제도, 유해오염물질, 잔류물질, 미생물, 식품첨가물, 위해평가, 방사능, 건강기능성식품 등의 식품 안전 정책 및 식품 등의 기준·규격을 설정하고 개정한다.

- **수입식품안전정책국 :** 수입식품의 안전관리 및 종합계획 수립 제도개선 및 검사계획의 수립과 이에 따른 조정 및 통계관리를 수행하고 있다.

- **식품소비안전국 :** 식품 영양 안전에 관한 정책의 개발 및 종합계획의 수립 및 관리를 한다.

식품의약품안전평가원은 2013년 식품의약품안전처 소속으로 개편된 이후 국민건강 보호를 목적으로 안전관리 컨트롤 타워 역할을 하고 있다. 식품의약품안전평가원은 식품·의약품을 과학적 근거에 기반하여 식품 등의 위해평가, 허가, 심사, 시험분석, 연구개발 등 과학적 기술지원을 수행하고 있다.

(2) 지방기구 및 조직

지방 식품위생행정조직의 식품위생 관련 업무는 식품의약품안전처 및 지방청이 지도·관리한다. 특별시·광역시는 구청에서, 시·군·구는 위생관계 부서에서 담당하고 있다. 식품의약품안전처, 지방행정기관의 위생관련 부서의 식품위생감시원(소비자식품위생감시원)은 식품 위생 행정을 직접 수행하는 업무를 하고 있다. 지방자치단체에 소속된 보건소는 식중독, 식품위생, 전염병의 보건교육, 영양개선사업, 응급의료, 보건의료사업 등 식품관련 질환 및 보건의료 업무를 담당한다. 보건환경연구원은 특별시, 광역시 및 각 도에 기관을 두고 식품의약품, 전염병, 대기, 수질 등 보건환경 전 분야에 걸쳐 시험 분석 및 조사 연구를 수행하고 있다.

식품위생감시원의 직무

1. 식품 등의 위생적인 취급에 관한 기준의 이행 지도
2. 수입·판매 또는 사용 등이 금지된 식품 등의 취급 여부에 관한 단속
3. 표시 또는 광고기준의 위반 여부에 관한 단속(「식품 등의 표시·광고에 관한 법률」 제4조부터 제8조)
4. 출입·검사 및 검사에 필요한 식품 등을 수거
5. 시설기준의 적합 여부의 확인·검사
6. 영업자 및 종업원의 건강진단 및 위생교육의 이행 여부의 확인·지도
7. 조리사 및 영양사의 법령 준수사항 이행 여부의 확인·지도
8. 행정처분의 이행 여부 확인
9. 식품 등의 압류·폐기 등
10. 영업소의 폐쇄를 위한 간판 제거 등의 조치
11. 그 밖에 영업자의 법령 이행 여부에 관한 확인·지도

출처 : 식품위생법 시행령 제17조

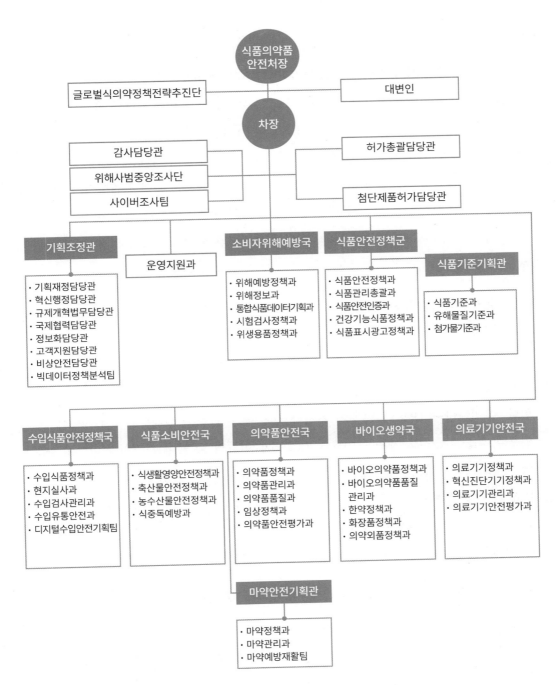

출처 : 식품의약품안전처(https://www.mfds.go.kr/wpge/m_270/de010705l0001.do)

그림 1-4 **식품의약품안전처의 조직도(2023)**

3) 국제 식품위생행정기구

(1) 세계보건기구(World Health Organization, WHO)

세계보건기구는 UN 산하 보건위생분야의 국제적 협력을 위해 1948년에 설립된 국제 보건사업의 지도적, 조정적 기구로 우리나라는 1949년에 가입하였다. 전 세계 사람들이 육체적, 정신적, 사회적으로 완전히 행복한 상태에 도달할 수 있도록 국제 보건사업을 지도하고 조정을 목적으로 중앙검역소 업무와 연구자료 제공, 유행성 질병 및 전염병 대책 후원, 회원국들의 공중보건관련 행정 강화와 확장, 전문적 단체 간의 협조관계 증진, 산모 및 아동의 건강 및 복지증진 노력, 타 전문기구와의 협조를 통한 영양 · 주택 · 위생 등의 환경 증진, 각국 정부에 대한 기술원조 제공 등을 지원하고 있다.

(2) 유엔식량농업기구(Food and Agriculture Organization of the United Nations, FAO)

유엔식량농업기구는 세계의 식량 및 기아 문제 개선을 목적으로 설립한 국제연합 전문기구로 1945년 10월 캐나다에서 제1회 식량농업회의에서 채택되어 FAO헌장에 근거한다. 우리나라는 1949년 11월에 가입하였다. 주요 활동은 세계농업발전 전망에 관한 연구와 각종 기술원조 계획을 이행하고, 245개 이상의 국가 및 지역의 식량농업 · 임산물 · 어업 등에 관한 통계연감을 발행 인류의 식량문제 해결, 영양상태 개선, 농촌지역 빈곤 해소 등 식량의 부족과 잉여에 관해 세계적 규모의 조정하는 것이다. FAO는 식품 안전을 위하여 국제적으로 거래되는 농산물의 Codex 규격, 국제식물보호협약(International Plant Protection Convention, IPPC) 등의 국제 규격도 마련하였다.

(3) 세계무역기구(World Trade Organization, WTO)

세계무역기구는 국가 간의 무역 규칙을 다루는 유일한 글로벌 국제기구로 1995년 1월에 설립되었다. WTO는 무역 규칙의 글로벌시스템을 운영하고 무역협정 협상을 위한 포럼, 회원국 간의 무역 분쟁을 해결, 개발도상국의 요구를 지원하는 등 많은 역할을 수행한다. 국제적 무역 체제의 기초 형성, 모두의 이익을 위해 무역을 개방하는 것을 목적으로 하고 있다. 세계무역기구는 위생검역, 위생 및 식물위생조치에 관한 협정을 1995년부터 적용하였다. 위생 및 검역 조치에 관한 협정을 통해 세균오염, 살충제 검사, 표식을 포함하여 식품안전에 관한 각국 정부 시책에 제한을 가할 수 있다.

5 식품의 위해요소

식품의 위해요소(hazard)는 식품과 연관하여 잠재적으로 사람의 건강에 위해를 일으킬 수 있는 생물학적, 화학적, 물리적 인자들이다. 식품과 연관된 안전위협 요인들은 식품의 재배, 생산, 가공, 유통, 준비, 저장, 배식 등의 전 과정에서 식품에 혼입되거나 증식될수 있고, 잠재적 위험까지 매우 다양하다.

- **자연환경요인** : 광선, 온도, 습도, 광물질 등에 의해 식품의 변질이 발생하면 식품으로서의 가치가 떨어지게 된다. 따라서 식품 유통 등의 과정에서는 이러한 자연환경 조건을 차단하거나 적정범위를 지켜야 한다.

- **환경오염요인** : 자동차 배기가스, 산업폐수, 생활하수, 산성비, 유해중금속 중독, 토양, 대기, 수질 등의 생태계 오염, 기후변화에 따른 해충피해 등의 위해요소가 있다.

- **식품생산, 제조과정의 요인** : 식품을 생산하기 위해 사용한 잔류항생물질, 조리과정에서의 탄 음식, 가공처리과정에서 발생되는 유해 반응물질(아크릴아마이드, 니트로사민, 벤조피렌) 등의 위해 요인이 있다.

- **생물학적 위해요인** : 식중독균, 감염병균 등을 일으키는 병원성미생물(세균, 바이러스), 기생충, 자연적으로 존재하는 독성성분(자연독) 등 여러 가지 병원균이 있다. 식중독은 보통 복통, 설사, 구토 등의 증상을 일으키고, 심각한 경우 사망에 이르기도 한다.

- **화학적 위해요인** : 화학적 유해물질은 작물의 재배, 수확, 저장, 준비, 배식과정 중에 혼입되어 존재할 수 있다. 자연식품에서 유래한 곰팡이독, 농약, 살충제, 살균소독제, 식품 첨가물, 세척제, 중금속, 식품알레르기 등이 해당된다. 성장저해, 신경계 질환, 각종 암, 기형아 출산, 호흡곤란, 중추신경계 마비 등의 증상을 일으킨다.

• **물리적 위해요인** : 고의 또는 부주의에 의하여 정상적으로 사용되는 원료 또는 재료가 아닌 이물질 등이 식품에 혼입되는 경우이다. 주로 철사, 모래, 돌, 유리, 뼈, 플라스틱, 나무조각, 종이, 머리카락, 깨진 유리 등으로 제조 · 가공 · 조리 · 유통 및 사용단계에서 혼입되어 섭취할 경우 치아손상, 구강 혹은 소장에 상처, 천공 또는 복부감염에 의해 드물지만 사망하기도 한다.

2장

식품과 미생물

2장

식품과 미생물

    미생물은 자연환경에서 널리 존재한다. 또한 우리가 섭취하는 여러 식품 속에서 성장하여 식품의 제조, 가공, 유통 및 조리과정에서 변질되어 사람에게 질병을 일으키는 원인이 되기도 한다.

    토양, 물, 공기 등 자연환경과 식품에 널리 존재하는 다양한 미생물은 인간에게 미치는 영향에 따라 유용 미생물, 유해 미생물로 구분한다. 유용 미생물은 발효를 통해 유기물을 분해하여 새로운 식품이나 식품 성분, 증생제를 생산하는 미생물을 말하며, 발효 미생물, 프로바이오틱(probiotic)이 해당된다. 유해 미생물은 병원성 미생물, 부패 미생물 등이 있다. 병원성 미생물은 감염형, 감염독소형, 독소형으로 구분한다. 감염형 미생물은 장의 점막에서 증식하여 염증을 일으켜 질병을 유발하고, 감염독소형 미생물은 장의 상피세포에 침입하거나 부착 증식하여, 독소를 생산하여 질병을 일으킨다. 독소형 미생물은 식품에 증식하여 독소를 형성한다. 부패 미생물은 성장이나 효소 작용으로 식품의 맛이나 질감 또는 색상에 변화를 준다.

1 미생물의 종류 및 특징

미생물(microorganism)이란 'micro'(작다)와 'organism'(생물)의 합성어로 인간의 눈으로 관찰하기 어려운 매우 작은 생물을 뜻한다. 미생물은 1675년 네덜란드의 레벤후크(Leeuwenhoek)가 현미경을 발견하면서 처음 확인되었다고 한다. 식품의 안전성을 위협하는 병원성 미생물에는 [그림 2-1]과 같으며 미생물은 원핵세포, 진핵세포, 비세포성미생물(바이러스)로 구분한다. 원핵세포, 진핵세포, 바이러스의 구조는 [그림 2-2]와 같다.

- 원핵세포는 핵, 세포기관, 핵막이 없고 비교적 단순한 구조이다. 단단한 세포벽, 세포막, 핵양체, 리보솜, 편모, 선모로 구성되어 있다. 원핵세포는 DNA가 세포질에 있는 세포로, 대표적으로 세균과 원핵 조류가 있다.
- 진핵세포는 핵이 막으로 둘러싸여 세포질과 구분되어 있고 뚜렷한 핵막과 세포기관으로 이루어져 있어 원핵세포보다 복잡한 구조의 진화된 세포이다. 핵(핵막, 염색사, 핵질, 인), 리보솜, 소포체, 골지체, 리소좀, 중심액포, 미토콘드리아와 엽록체, 미소체로 구성되어 있다. 모든 동식물, 조류(원핵조류 제외), 균류(진균), 원생동물 등이 속한다.
- 비세포성미생물(바이러스)는 세포구조가 아닌 DNA 또는 RNA 등의 유전물질이 단백질 껍질에 싸여 있고, 육각형의 머리와 다리를 가지고 있는 형태로 되어 있다.

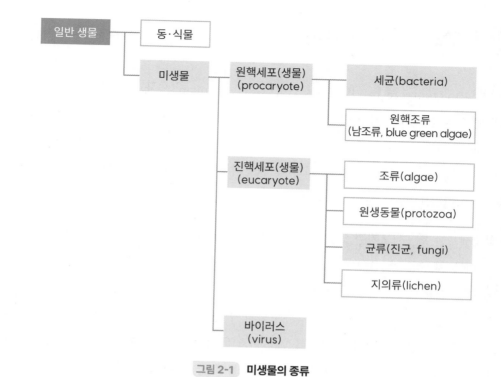

그림 2-1　**미생물의 종류**

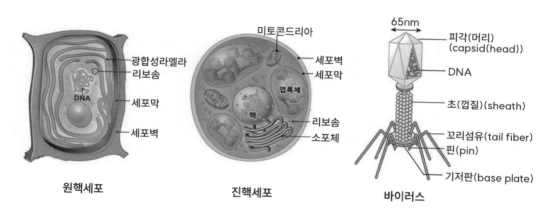

출처 : 두산백과(https://terms.naver.com/entry.naver?docId=1131383&cid=40942&categoryId=32310)
이우주의학사전(https://terms.naver.com/entry.naver?docId=3531413&cid=60408&categoryId=58529)

그림 2-2　**원핵세포, 진핵세포 및 바이러스의 구조**

1) 세균(Bacteria)

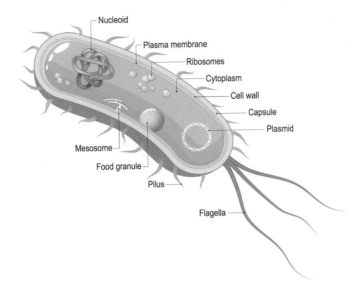

그림 2-3 세균(Bacteria) 구조

세균은 병원성 미생물의 대부분을 차지하고 있는 세포막과 원형질로 구성된 살아 있는 원핵세포 미생물이다. 엽록소와 미토콘드리아가 없어 광합성 작용을 하지 못하는 단순한 형태이다. 핵(DNA), 인지질, 세포내 소기관, 단단한 세포벽으로 이루어져 있다(그림 2-3).

세균은 토양, 물, 바람, 공기, 곤충, 식물, 동물, 사람 등에 널리 분포되어 있고, 크기는 0.2~10µm이며, 보통 0.5~3µm 정도로 광학 현미경으로 대부분 관찰이 가능하다. 사람 피부의 상처나 손톱 밑, 입, 코 등에도 세균이 존재하며 특히 손의 세균은 식품 오염의 주원인이 된다.

세균은 수분과 단백질이 풍부하고 이분법(binary fission) 분열법으로 효모나 곰팡이보다 빠르게 증식한다. 세균의 증식은 산소 요구의 정도에 따라 호기성균, 혐기성균, 통성 혐기성균 등으로 분류한다.

포자형성 유무에 따라 포자형성균과 비포자형성균으로 구분한다. 포자형성균은 생육에 적합한 환경이 되면 쉽게 발아하며 증식하고 세포에 들어 있는 염색체를 복제하여 단단한 벽을 만들고 그 안에 내생포자(endospore)를 생성한다. 내생포자에 둘러싸인 균은 열과 건조 등의 열악한 환경에서도 강한 저항력을 가져 살균에 큰 어려움을 가져온다. 내생포자를 형성한 균에는 바실루스 세레우스, 클로스트리디움 퍼프리젠스, 클로스트리디움 보툴리눔균이 있고, 비포자형성균에는 살모넬라, 장티푸스, 파라티푸스 등으로 [표 2-1]에 나타내었다.

한편 세균은 넓은 온도 범위에서 생육이 가능하고 대부분 25~35℃에서 중온성 온도에서 생육한다. 중온성 세균에는 bacillus, pseudomonas, rhizobium 속 등이 있다. 일부 10℃ 이하에서 생육하는 저온성 세균과 65℃의 높은 온도에서 생육하는 bacillus thermophilus 속 등의 고온성 세균이 있다.

세균의 수분활성도(aw)는 0.96~0.99로 효모나 곰팡이보다 높고 0.90 이하에서 포도상구균(0.86)을 제외하고는 대부분 증식되지 않는다.

세균은 형태에 따라 구균(coccus), 간균(bacillus), 나선균(spirillum)으로 구분한다. 구균의 크기는 0.5×1.0㎛로 세포의 배열상태에 따라 단구균(monococcus), 쌍구균(diplococcus), 4련구균(tetracocus), 8련구균(sarciana), 연쇄상구균(streptococcus), 포도상구균(staphylococus) 등으로 나뉜다. 간균은 0.1~1.0×1.0~3.0㎛의 크기이며, 길이가 폭의 2배 이상이 되는 장간균과 길이가 폭의 2배 이하가 되는 단간균과 한방향으로만 분열하여 길게 연결되는 대표적인 디프테리아균의 형태인 연쇄상간균(streptobacillus)이 있다. 나선균은 S자형으로 생긴 나선형(spirillum)과 불안정한 짧은 콤마(comma)의 호균(vibrio)이 있다.

세균은 균과 균 사이에서 생성한 독소에 의해 일정량(수백~수백만) 이상의 균에 의해 식중독을 발병시키며, 숙주 없이도 스스로 증식이 가능하다. 박테리아는 항생제 등을 사용하여 치료가 가능하며, 일부 균은 백신이 개발되어 있고, 2차 감염이 되는 경우가 적다.

🌢 표 2-1 포자형성 유무에 따른 세균 분류

구분	대표 세균
포자형성균 (내생포자)	바실루스 세레우스, 클로스트리디움 퍼프리젠스, 클로스트리디움 보툴리눔
비포자형성균	살모넬라, 장티푸스, 파라티푸스, 포도상구균, 비브리오(콜레라, 장염, 패혈증), 이질, 병원성 대장구균, 캠필로박터, 여시니아 엔테로콜리티카, 리스테리아 모노사이토지니스

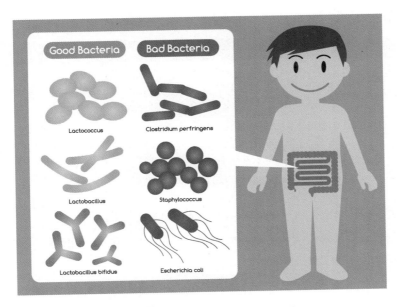

그림 2-4 장내 병원균과 유익균의 구분

우리 몸에는 [그림 2-4]와 같이 장내 병원균과 유익균이 함께 살고 있다. 유산균은 동식물의 체표면에 주로 서식하거나 포도당 등을 발효하여 생장하는 세균으로 발효 결과 유산(Latic acid)을 만들어낸다. gram 양성 간균 또는 구균으로 포자를 형성하지 않으며 미호기성균이며, 대부분 운동성이 없다. WHO에서 유산균은 "충분한 양을 섭취했을 때 건강에 좋은 효과를 주는 살아 있는 균"이라고 정의하였다. 유산균은 발효식품 제조에 사용되기도 하나, 육류 및 육제품, 연제품, 치즈, 침채류 등의 부패와 우유의 산패 등 부패의 원인이 되기도 한다.

[표 2-2]에서는 유산균의 종류 락토바실러스, 엔테로코쿠스, 락토코쿠스, 페디오코쿠스, 루코노스톡, 오에노코쿠스, 카노박테륨, 스트렙토코쿠스 등과 각각의 특징을 확인할 수 있다.

구분	유산균 특징
락토바실러스 (Lactobacillus)	간균이며, 사람이나 동물의 체표면에 상재하고 장관 내에 서식하는 세균으로 주로 발효 유제품에서 발견된다. 과일, 침채류, 병조림, 포장육 식품, 치즈 등의 부패 세균으로도 락토바실러스속의 몇몇 균종이 보고되고 있다.
엔테로코쿠스 (Enterococcus)	사람이나 동물의 장내에 서식하다가 외부로 배출된 후 대장균보다 오래 생존하기 때문에 대장균과 함께 분변오염지표로 사용된다. 6.5%의 식염과 열에 비교적 내성이 있고, 저온 살균에서도 생존한다.
락토코쿠스 (Lactococcus)	우유, 유제품 등에서 많이 발견되는 세균이다. 락토코쿠스 락티스(Lactococcus lactis) 중에는 여러 국가에서 식품 보존에 사용하는 항생물질인 니신(nisin)을 생산하는 균주로 사용된다.
페디오코쿠스 (Pediococcus)	침채류, 과일의 발효식품에서 주로 발견되며, 맥주, 와인, 양조주 등의 부패에도 관여한다.
루코노스톡 (Leuconostoc)	gram 양성구균으로 치즈, 침채류의 유용작용을 하며, 식품의 주요 부패세균이다.
오에노코쿠스 (Oenococcus)	알코올 10%에서도 존재하는 와인 부패 원인균 중 일부이다.
카노박테륨 (Carnobacterium)	저온(0℃)에서 증식, 진공포장에서도 증식하는 부패세균이다.
스트렙토코쿠스 (Streptococcus)	우유와 유제품을 부패시키는 세균으로 gram 양성 연쇄상구균이다.

중국에서 '1년간 냉동보관' 음식 먹은 일가족 9명 사망 사건

2020년 10월경 중국 헤이룽장성 지시(鸡西)시에서 옥수수면을 먹고 일가족 9명이 집단 식중독을 일으켜 전원 사망한 사건이 있었다. 보건당국이 역학조사를 한 결과 식중독 증세를 일으킨 9명이 공통적으로 옥수수면 요리를 먹었다는 사실이 밝혀졌다. 옥수수면 요리는 쏸탕쯔(酸汤子)라고 불리는 요리로, 중국 동북부 지방(랴오닝성, 헤이룽장성 등)에서 주로 먹는다. 쏸탕쯔는 발효시킨 옥수수가루를 반죽하여 면을 만드는 발효 과정에서 식중독균에 오염되기 쉬운데, 일가족은 냉동고에 1년 동안 보관한 옥수수면을 먹고 사망하였다. 초동조사에서는 아플라톡신이라는 곰팡이 독소 검출이 원인으로 밝혀졌으나, 부검 결과 독성이 매우 강한 균이 기준치 이상 검출되었다. 슈도모나스균은 여름철이나 가을철에 오염되기 쉽고, 독성은 고온에서도 사라지지 않고 효능이 강한 치료제도 없어 치사율이 50%에 달할 정도로 치명적이다.

〈출처 : 나무위키, 중국 오수 수면 집단 식중독사건〉

여름철 식중독균의 증식속도

냉면과 콩국수 등 조리 후 뜨거운 음식은 신속하게 냉각하여 냉장·냉동고에 보관하지 않으면, 식중독균이 기하급수적으로 증식하기 쉽다. 식중독균은 35℃에서 2~3시간 만에 100배로 증가하고, 4~7시간이 지나면 1만 배로 증가한다.

따라서, 필요한 만큼만 조리하여 먹는 것이 바람직하며 미생물의 증식을 최소화하기 위해서는 실온냉각 (57℃ → 21℃ : 2시간), 냉장냉각(21℃ → 5℃ : 4시간)을 준수하여 냉각한다.

식중독균은 10℃ 이하 온도에서는 100배 증가하는 데 무려 65~80시간이나 걸린다.

(※ 냉면용 육수나 콩국물 등은 선풍기를 이용하여 식힐 경우 먼지로 인해 오염될 수 있으므로 삼간다.)

| 0시간 | 2시간 | 4시간 | 7시간 |

출처 : 식품안전나라, 여름철 음식관리법과 휴가지 음식관리요령

2) 곰팡이(Mold)

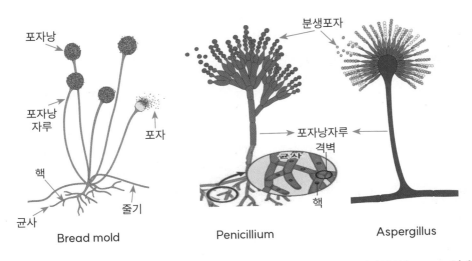

포자낭

포자낭자루

핵

포자

균사

줄기

Bread mold

분생포자

포자낭자루

균사

격벽

핵

Penicillium

Aspergillus

출처 : 두산백과(https://terms.naver.com/entry.naver?docId=1260698&cid=40942&categoryId=32668)

그림 2-5 **곰팡이의 구조**

1960년대 식품에서 발암성 mycotoxin(발암성 곰팡이) 독소인 아플라톡신(Aflatoxin)이 발견되어 곰팡이에 관심을 갖게 되었다. 곰팡이는 진균류에 속하는 다세포 진핵미생물로 크기가 보통 5~8μm로 세균보다 크다. 곰팡이는 보통 실처럼 길고 가는 모양의 균사로 되어 있어 사상균(filamentous fungus)이라 한다. 곰팡이의 생육 최적온도는 25~30℃의 중온균이며, 자연계에 널리 존재한다. 증식은 균사나 포자방법으로 증식하여 식품을 오염시킨다. 세균보다 증식속도가 느리지만, 세균이 증식하지 못하는 건조식품(수분함량 13~15%)에서 온도가 맞으면 증식할 수 있다. 당절임 또는 고농도 식염에서도 곰팡이는 발견된다. 곰팡이는 치즈, 소시지, 간장, 된장 등의 식품생산과 효소생산에도 활용되지만, Aspergillus, Penicillium, Fusarium속 등은 곰팡이독(mycotoxin)을 생성하여 식중독을 유발한다.

곰팡이는 진핵세포인 진균류(fungi)에 해당되며, 다세포의 사상균류로 균사나 포자에 의해 증식한다. 곰팡이는 균사의 격벽 유무에 따라 접합균류, 자낭균류, 담자균류로 분류한다. 접합균류 균사에 격벽이 없고 다핵성 균사로 환경 조건이 불리하면 유성생식을 하고 적합한 조건이 되면 무성생식을 한다. 종류에는 털곰팡이, 검은빵곰팡이, 거미줄곰팡이 등이 있다. 자낭균류는 균사에 격벽이 있고 접합 포자에 속하는 자낭포자를 만들어 유성생식을 하거나 분생포자, 분절포자 등을 이용한 무성생식을 한다. 자낭균류에는 푸른곰팡이, 붉은빵곰팡이, 누룩곰팡이 등이 있다. 담자균류는 균사에 격벽을 가지고 있고 균사가 모여 자실체(갓과 자루)를 형성한다. 자실체는 균사체가 땅 위로 올라와 갓 안쪽의 주름 표면에 담자병을 만든다. 이 담자병에서 핵 융합과 감수분열에 의해 담자포자를 만들어 방출한다. 담자균류에는 버섯류, 동충하초, 녹병균 등이 있다.(그림 2-5)

곰팡이의 증식에 적합한 온도는 25~30℃로 세균보다 낮고, 식품에 따라 0℃ 이하 냉동온도에서도 증식이 가능하다. pH는 2~8 범위에서 생육하며, 보통 약산성(pH 4~6), aw 0.80~0.89에서 잘 증식한다. 일부 내건성곰팡이는 최적 증식온도 10~15℃, 최저 증식온도 10~0℃, 최고 20℃에서 증식하며, 내냉성 곰팡이는 냉장 식육 식품에서 주로 증식한다. 최근 과즙음료, 페트병에 담은 제품, 삶은 채소, 잼 등 80~85℃의 온도에서 가열 살균하는 제품에서 증식하는 내열성 곰팡이도 있다.

3) 효모(Yeast)

효모는 통성혐기성 미생물로서 곰팡이와 같은 진균류에 속하지만, 균사를 만들지 않는 단세포 진핵미생물로 무성생식 출아법에 의해 증식한다. 효모는 곰팡이보다 대사활성이 높고, 성장 속도가 빠른 특성을 가지고 있으나, 크기는 5~10㎛ 정도로 곰팡이보다 작다. 형태는 구형(round), 난형(oval), 타원형(ellipsoidal), 원통형(cylindrical, 소시지형), 레몬형(lemon shaped), 3각형(triangular) 등이 있다. pH, 온도, 수분활성도는 곰팡이와 비슷하나, 통성혐기성균으로 혐기적인 조건에서도 효모가 잘 성장한다.

효모는 주류의 양조, 알코올 제조, 제빵 등 알코올 발효에 활용되기도 하고, 시료용 단백질, 비타민, 핵산관련물질 등의 생산에도 중요한 역할을 담당한다. 그러나 염이나 당에 절인 식품의 숙성과 부패의 원인이 되기도 한다. 젤리, 벌꿀, 된장, 간장, 맥주, 포도주, 청량음료, 꿀 등의 당과 수분에 의해 효모가 변질되어 색의 변색, 점액 물질 증가, 피부질환 원인이 되기는 하지만 곰팡이와 같이 인체에 유해한 독을 생성하지 않아 식중독을 일으키지는 않는다.

4) 원생동물(Protozoa)

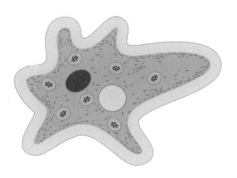

그림 2-6 **근족충류(Amoeba)의 구조**

원생동물은 엽록소가 없으나 운동성이 활발한 단일세포이며, 크기는 2.0~20㎛이다. 채소, 과일 및 원유에 널리 존재하고 있으나 건조에 대한 저항성이 매우 약하다. 원생동물의 섭취는 동물적 소화섭취형도 있고, 용액상태의 유기화합물 섭취형도 있다. 원생동물은 크게 근족충류(amoeba), 포자충류(sporozoa), 편모충류(flagellates), 섬모충류(cilliates)로 구분하며, 사람의 장에 기생하며 이질성설사를 유발한다. 근족충류의 구조는 [그림 2-6]과 같다. 세포질을 이동수단으로 늘렸다 줄었다 하며 움직이는데 거짓다리로 이동한다 하여 위족충류라고도 한다. 포자충류는 형태가 매우 다양하며, 외피 안에는 미세소관, 골지체, 미토콘드아 등의 세포소기관으로 구성되어 있고, 무성생식과 유성생식을 되풀이한다. 편모충류는 기다란 편모를 이동기관으로 이용하는 원생동물이다. 섬모충류는 다발의 섬모를 가지고 있고 이동수단과 특정물질을 섭취하는 데 이용한다. 섬모충의 대표종으로는 짚신벌레종이 있다.

원생동물의 증식은 무성생식 또는 접합이나 유성생식으로 분열 또는 출아에 의해 증식하며, 호흡은 세포기관 없이 세포막을 통한 이산화탄소 산소를 교환한다.

5) 바이러스(Virus)

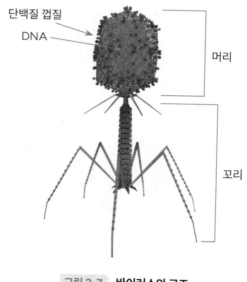

단백질 껍질
DNA
머리
꼬리

그림 2-7 **바이러스의 구조**

바이러스의 크기는 0.02~0.3㎛ 정도로 세균의 약 1/10~1/100로 일반 광학 현미경으로는 관찰할 수 없고 전자현미경으로 관찰할 수 있는 초여과성 미생물이다. 바이러스는 일반미생물과는 전혀 다른 구조로 DNA, RNA 중 어느 한쪽의 핵산과 단백질 외각에 싸여 있다(그림 2-7). 세포와는 달리 자체 증식할 수 없고 숙주세포(인간, 동물, 식물, 박테리아)에 의해 증식할 수 있다. 숙주세포 외부에서는 증식할 수 없고, 살아 있는 숙주세포 안에서 증식하여 숙주세포를 죽게 한다. 바이러스는 오염된 식품, 환경, 물, 식기, 조리기구, 식품취급자의 손 등에 의해서 전달되며, 가열과 냉동의 환경에서도 생존이 가능하다. 바이러스는 우리의 인체에 감염, 전염성 설사, 식품 관련 바이러스성 질환 등의 질병을 일으킨다. 식품취급자가 위생적으로 청결하지 못하거나 주변 환경과 급수의 오염, 오염된 하수로 인한 물에서 살고 있는 패류, 어류 등을 채취하여 섭취했을 경우 바이러스에 감염될 수 있다. 따라서 바이러스의 감염으로 인한 질환 예방을 위해서는 항상 식품을 취급하는 사람은 개인위생을 철저히 관리하고 유지해야 한다.

바이러스는 미량(10~100개)의 개체로도 발병하며 변이가 빨라서 항바이러스제 개발에 어려움이 있고, 대부분 2차 감염이 발생한다. 노로바이러스, A형 간염 바이러스, E형 간염 바이러스, 로타바이러스 등이 식품위생에서 주로 다루어진다.

TIP 냉동식품 재냉동하면 안 되는 이유

냉동식품 뒷면 주의사항 : "한번 냉동한 식품은 다시 냉동하면 안 된다."
식품이 얼면 세균의 성장을 방해는 하나, 해동하면 빠르게 증식한다. 해동된 식품을 재냉동하는 시간 동안 박테리아가 계속 자라게 되고, 다시 해동하면 세균이 번식한 상태로 섭취할 경우 식중독을 유발할 수 있다. 따라서 절대 다시 냉동해서는 안 되고, 1회 분량씩 소량으로 분배하여 냉동 보관하여야 한다.

2 미생물의 생육 요인

1) 미생물의 증식 곡선

세균이나 효모처럼 단세포로 증식하는 경우 세포수의 증가를 생육의 기준으로 한다. 그러나 곰팡이 외 균사에 의해 증식해 생육하는 미생물은 세포만으로 증식을 측정하기에는 어려움이 있다. 세균은 식품에 오염된 후 유리한 조건이 되면 이분열로 생육하며, 빠르게 유도기, 대수기, 정체기, 사멸기의 단계를 거친다(그림 2-8).

- 유도기(Log phase) : 새로운 환경에 적응하고 각종 효소단백질을 생합성하는 시기로 시간이 경과함에 따라 균체수는 변화가 없으나 세포의 크기만 커진다.

- 대수기(성장기, Log phase/Exponential phase) : 세포가 활발하게 기하급수적으로 증가하여 대수증식기라고도 한다. 세포의 생리활성이 가장 왕성하고 물리 · 화학적 자극에 가장 민감하며, 세포의 크기가 일정해진다.

- 정체기(Stationary phase) : 생균수가 증가하지 않게 되는 시기로 균이 태어나는 수와 사멸하는 수가 일치하는 시기이다. 이 시기에는 영양물질이 점점 감소하고 대사 생산물 축적 등의 변화가 생긴다.

- 사멸기(Death phase) : 미생물 생육의 최종단계로 죽은 세포수가 증가하고 생균수는 감소하는 시기이다. 효소작용으로 자기소화를 일으켜 세포구조의 파괴, 단백질의 분해, 세포벽의 분해 등 세포체가 완전히 분해된다.

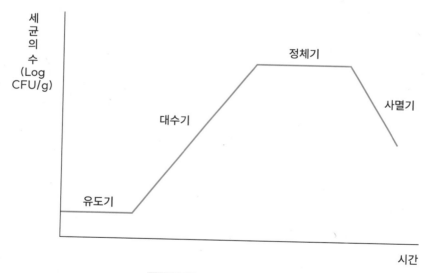

그림 2-8 미생물의 증식 곡선

2) 미생물의 생육 측정

(1) 건조균체량 측정

건조균체량 측정은 효모와 세균의 경우 가장 기본적으로 사용하는 측정방법으로, 균체 배양액의 일정량을 취하여 여과 또는 원심분리에 의해 균체를 분리하고 물로 세척한 후 건조하고 데시케이터(desiccator) 용기에서 항량이 될 때까지 반복한 후 그 무게를 칭량한다.

(2) 원심침전법

원심침전법은 세균, 효모에 자주 사용하는 방법으로, 미생물의 배양액을 모세원심분리관에 일정량 취하여 원심분리한 후 균체의 침전량을 측정한다.

(3) 광학적 측정법

광학적 측정법은 분광광도계(spectrophotometer)를 이용하여 탁도(turbidity)를 측정하여 균체량을 산출하고, 배양액을 그대로 혹은 희석하여 원심분리 후 물에 현탁시켜 흡광도를 측정하고 균체량을 산출하는 방법으로 신속하고 간편하다.

(4) 총균수계산법

총균수계산법은 미생물의 개체수를 현미경을 이용하여 직접 균수를 헤아리는 방법이다.

(5) 생균수계수법

생균수계수법은 측정시료를 전처리하여 균액을 만든 후 멸균생리식염수 또는 0.1%의 멸균펩톤용액을 이용하여 각 단계별로 희석(10, 100, 1,000, 10,000배)하여 칭량하는 방법이다.

(6) 균체질소량

균체질소량은 미생물의 생체성분 중 함유 질소를 정량하여 미생물의 증식을 측정한다.

3) 미생물의 생육에 영향을 주는 요인

식품에 미생물이 생육하게 되면 생산된 대사부산물과 효소에 의해 식품이 변질된다. 식품에서 미생물의 생육에는 내부요인(식품 고유의 특성)인 식품의 수분활성도(aw), pH, 영양성분, 용존산소량 등과 외부요인에는 저장온도, 산소농도, 채광, 상대습도, 다른 미생물의 존재 등이 있다. 미생물의 생육에 영향을 주는 요인을 물리적, 화학적, 생물학적 요인으로 [표 2-3]과 같이 구분하였다.

💧 표 2-3 미생물의 생육에 영향을 주는 물리적, 화학적, 생물학적 요인

구분	인자
물리적 요인	온도, 광선, 압력 등
화학적 요인	영양성분, 수분, pH, 산소, 영양소 등
생물학적 요인	미생물 간의 공생 등

(1) 내부요인

① 수분활성도(water activity, aw)

수분은 영양소의 용매로 작용한다. 수분활성도는 미생물의 세포 내에서 일어나는 생화학 반응의 대부분에 관여하여 미생물이 생육하는데 수분의 함량보다 더 중요한 의미를 가진다. 수분에는 식품 중의 구성성분이나 용질과 결합하지 않는 미생물의 생육이 가능한 자유수(유리수, free water)와 체내에서 조직과 결합하고 있는 물로, 주로 단백질과 수소 결합하는 결합수(bound water)가 있다. 결합수는 0℃에서 얼지 않고 자유수보다 밀도가 높은 특징이 있다.

수분활성도(aw)는 어떤 임의의 온도에서 그 식품이 갖는 수증기압에 대한 순수한 물이 갖는 최대 수증기압의 비율로 미생물의 활동에 쓰이는 유리수를 의미한다. 수분활성도의 값은 0에서 1 사이로 표시된다. 순수한 물의 수분활성도(aw)는 1이며, 세균 0.9 이상, 효모는 0.8~0.9 이상, 대부분의 곰팡이 0.8 이상, 호건성 곰팡이 0.6 이상에서 생육 가능하다. 식품을 건조시키면 세균, 효모, 곰팡이 순으로 증식이 어려워지며, aw=0.6 이하로 유지하여 저장하면 식품의 변질을 방지할 수 있다.

$$수분활성도(a_w) = \frac{식품의\ 수증기압(P)}{순수한\ 물의\ 수증기압(Po)}$$

② pH

pH는 수소이온농도의 지수로, 용액의 산성이나 알칼리성의 정도를 수치로 나타내는 척도이다. 미생물의 종류에 따라 생육할 수 있는 pH는 세균 4.0~7.2, 효모 4.0~8.5, 곰팡이 2.0~9.0 정도로 pH 범위가 다르게 나타난다. 미생물은 pH가 매우 높거나 낮은 환경에서는 사멸되므로, 식품을 저장할 경우 pH를 조절하여 보관성을 높인다. 중성 pH 식품(우유, 육류 등)은 세균에 의해 부패되고, 산성 pH 식품(과일, 과일주스 등)은 효모나 곰팡이에 의해 부패된다.

③ 영양성분

식품에는 부패미생물, 병원성미생물, 발효미생물들이 포함되어 있다. 이들은 생육하기 위해 수분과 산소 이외에도 질소원(아미노산, 무기질), 에너지원(당질), 미량의 무기질과 비타민 등의 영양성분이 필요한데, 대부분 외부로부터 공급받는다. 식품에는 미생물이 생육에 필요한 여러 가지 영양물질들을 골고루 함유하고 있고, 온도, 수분, pH 등의 적정 환경이 되면 활발하게 증식하게 된다. 세균의 성장에 가장 중요한 환경은 적당한 영양 공급이다. 대부분의 세균은 육류, 가금류, 해산물, 우유제품, 익힌 쌀, 콩, 감자와 같은 고단백질과, 탄수화물과 같은 많은 식품에서 증식한다.

(2) 외부요인

용존산소량(dissolved oxygen)은 물 안에 존재하는 산소의 양이다. 용존산소량은 유기물의 부패, 미생물의 과다번식으로 인해 산소량의 고갈로 물속 생명체를 위협한다. 이러한 오염된 물속의 유기물을 산화하는 데 요구되는 산소의 양을 산소요구량(oxygen demand)이라 한다. 산소요구량에는 화학적 소요구량(chemical oxygen demand, COD)와 생물학적 산소요구량(biological oxygen demand, BOD)이 있다.

식품에 생육하는 미생물은 식품의 유통, 보관 등의 과정에서 외부환경에 의하여 영향

을 받는다. 미생물은 외부환경 온도, 산소의 농도, 상대습도, 기체조성, 살균소독제 등의
요인에 따라 영향을 받는다.

① 저장온도

미생물은 종류에 따라 생육 가능한 온도의 범위가 다른데, 미국 식품안전검사국(FSIS)
과 같은 식품안전기관은 일반적으로 5~60℃(40~140°F) 위험온도범위(Temperature
danger zone) 미생물은 대부분 최저온도, 최고 온도 이상에서는 생육하지 않고, 최적의
온도에서 활발하게 성장하는 특징을 가지고 있다.

미생물들은 생육 최적의 온도에 따라 저온(-5~20℃)에서도 성장하는 호냉균, 중온 또
는 저온(0~30℃)에서 성장하는 저온균, 대부분의 부패 및 병원성 미생물이 생육하는 중
온균(0~45℃), 생육의 범위가 매우 넓은 고온균(40~90℃) 등으로 분류한다(표 2-4).

병원성 세균의 대부분은 위험온도 5~60℃ 범위 내에서 시간과 온도를 조절해야 한다.
식음료업장 관리자가 병원성과 부패세균을 조절하기 위해 찬 음식은 5℃나 그 이하에 저
장하고 더운 음식은 60℃ 이상의 온도에서 보관해야 한다. 그러나 리스테리아 모노사이
토지니스(Listeria monocytogenes), 여시니아 엔테로콜리티카(Yersinia enterocolitica),
E형 클로스트리디움 보툴리눔(Clostridium botulinum type E) 등은 5℃ 이하의 온도에
서도 증식하거나 독소를 생성할 수 있으므로 주의가 필요하다.

💧 표 2-4 온도 범위에 따른 미생물의 분류

미생물	생육온도(℃)			대표적인 예
	최저	최적	최고	
호냉균	-5	10~15	20	Listeria monocytogenes 등
저온균	0	15~30	30	Pseudomonas속 Achromobacter속 등
중온균	10~15	25~45	45	Bacillus subtilis Escherichia coli 병원성 세균, 곰팡이, 효모 등
고온균	40~45	50~60	60~90	Bacillus thremofibrinoides Bacillus coagulans Clostridium Thremosaccharolyticum 등

② 산소농도

미생물은 생육하기 위하여 산소를 필요로 하거나 전혀 필요로 하지 않기도 한다. 세균은 다양한 산소농도의 조건에서 생육하며, 곰팡이와 효모는 일반적으로 충분한 산소가 있어야 잘 성장한다.

산소에 대한 요구 조건에 따라 [표 2-5]와 같이 호기성균, 미호기성균, 통성혐기성균, 절대혐기성균으로 나뉜다. 호기성균은 생육을 위해 산소가 있어야 한다. 혐기성균은 산소가 있으면 생존할 수 없으며, 진공포장 식품이나 통조림 식품에서 잘 자란다. 통성혐기성균은 산소가 있거나 없어도 살 수 있으며, 대부분의 병원성 세균이 속해 있다. 미호기성균은 3~6% 범위의 산소를 요구한다.

💧 표 2-5 **산소의 농도에 따른 구분**

구분	산소의 농도	대표적인 예
호기성균	생육에 산소를 필수적으로 요구하는 균	곰팡이, Bacillus, Micrococcus, Pseudomonas 등
미호기성균	호흡 시 저농도의 산소에서 이용하는 균	Campylobacter 등
통성혐기성균	산소의 유무에 상관없이 생육에 저해를 받지 않는 균	Staphylococcus, Aeromonas 등
절대혐기성균	산소를 절대적으로 기피하는 균	Clostridium, Bacteroides 등

TIP 잠재적 위험 식품(Potentially Hazardous Food : PHF)

잠재적 위험 식품(PHF)이란 식중독 사고를 발생시킬 위험을 내포하고 있는 식품으로, 판단기준은 수분활성도 0.5 이상, pH 4.6 이상, 고단백 식품으로 상온에 보관하면 쉽게 상하는 식품, 토양에 오염된 농산물 등을 말한다.

3 식품위생의 지표 미생물

사람이나 동물의 장관에 존재하는 미생물 중에서 병원균이 있어 이들의 분변이 식품이나 음용수에 오염되면 세균성 식중독, 경구전염병, 인수공통전염병, 위해동물 등에 감염될 위험성이 높아진다. 일반적으로 섭취하는 음식물에 존재하는 병원균을 개별적으로 검사하기는 어렵고 비용과 시간도 많이 요구된다. 따라서 대변에 존재하는 몇 가지 미생물만을 검사하여 식품위생의 지표(오염지표)로 판단하고 있다.

식품위생 오염 미생물을 채취-분리-배양-검사의 방법으로 측정하는데, 보통 1~2일 정도의 시간이 걸린다. 최근 세균 측정기 ATP(Adenosin Tri-Phosphate)를 이용하여 신선도를 측정하고 있는데 APT의 측정값은 세균의 양으로 유기물질의 에너지원 세균과 사멸된 세균, 잔류 물질 등도 포함하고 있어 일반세균 양과 비례하지는 않는다.

식품 위생지표균으로 필요한 조건으로는 사람이나 동물의 장관 내에서 유래한 세균이 분변과 같이 밖으로 배출된 후에 증식하지 않고 장기간 생존가능하고 적은 양으로도 비교적 간단한 방법으로 다른 균과 구별이 가능하여 검사가 용이하여야 한다.

식품의 제조, 가공, 저장, 유통하는 과정에서 위생적으로 안전한 환경을 유지하였는가를 판단하는 오염 지표균으로 대장균군, 대장균, 장구균, 일반 세균이 있다.

1) 대장균군(Coliform Group)

(1) 특징

사람과 온혈 동물의 분변에서 유래하는 분변성과 식품, 흙, 물 등의 자연환경에서 유래되는 비분변성을 포함하고 있으며, 소량의 오염에서도 쉽게 검출된다. 대장균군에는 분변성 대장균 외에도 비병원성 미생물이 존재하는데 위생지표균으로 사용하는 이유는 장내 세균과에 속하면서 병원성을 갖는 Salmonella, Shigella와 같은 균을 포함하고 있기 때문이다. 대장균군은 gram 음성, 무아포의 간균으로 유당을 분해하여 산과 가스를 생산하는 호기성 또는 통성혐기성균이다. 대장균군은 [그림 2-9]와 같이 비분변성대장균과 분변성대장균으로 구분한다. 분변성대장균은 장내세균과 대장균으로 나눈다. 대장균은 우리에게 질병을 일으키는 병원성대장균과 비병원성대장균으로 구분한다. 대장균은 사람이나 동물의 장관 내에 상재하는 균으로 대장균(Escherichia Coli), 시티로박터(Cirtobacter), 엔테로박터(Enterobacter), 크레브시엘라(Klebsiella), 에르위니아(Erwinia), 프로테우스(Proteus), 세라티아(Serratia) 등의 종류가 있다. 식품에서 대장균군이 많이 검출되면 식품의 제조 가공 시 주변 환경에 의해 오염되었을 가능성이 있으며, 가열처리한 식품에서 대장균군이 검출되는 경우는 가열 후 식품을 비위생적으로 취급하였다는 증거로 보고 있다.

(2) 검사 방법

대장균군의 검사 방법은 복잡하지 않고 전 세계에서 통일된 방법을 사용하여 식품이나 물의 위생지표세균으로 많이 사용된다. 대장균군은 유당 bouillon, BGLB(락토스)배지, Desoxycholate 한천배지 등을 사용하여 35~37℃에서 24~28시간 배양하여 검사한다. 그러나 대장균군이란 편의적 용어로 분류학상을 대장균과 근련의 Enterobacter, Erwinia, Aeromonas 등의 세균이 성상에 나타나므로 검사결과에는 이들도 함께 포함하고 있다.

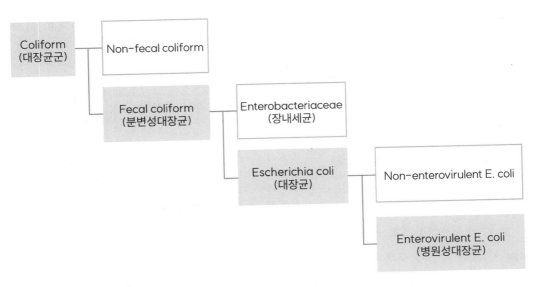

그림 2-9 **대장균군의 분류표**

2) 대장균(Escherichia Coli)

(1) 특징

대장균은 분변성 대장균군 중에서 가장 대표적인 미생물로 E. coli와 분변, 장내 병원균들과 밀접한 관계가 있기 때문에 대장균검사를 하면 분변에 의한 식품오염을 확실하게 검사할 수 있다. 대장균은 위생지표(분변오염의 지표)로 활용된다. 정성실험을 통해 대장균군임이 판정되면 IMVIC Test로 대장균을 감별한다.

대장균과 대장균군은 가열과 동결 식품에 대해 저항성이 약하여 지표세균으로 이용하는데 제약이 따른다. 일반적으로 동결저장을 하면 대장균은 사멸되지만 대다수의 병원균이 생존할 가능성이 있어 E. coli를 동결 식품의 지표세균으로 사용하기에는 부적합하고, 일반세균수는 동결에서 저항력이 큰 지표미생물로 사용한다.

(2) 검사 방법

대장균군 중에서 인축의 분변에서 유래하는 대장균(feal coli, E. coli)이 환경유래 대장균보다 고온에서 증식할 수 있는 특성이 있어 EC 배지를 사용하여 $44.5\pm0.2℃$ 항온수조에서 24 ± 2시간 배양하여 대장균만 분리하거나 $35\sim37℃$에서 $24\sim28$시간 배양하여 검사한다. 대장균의 주된 서식처는 온혈동물의 장관이며 자연계에서는 생존 기간이 비교적 짧다. 따라서 E. coli와 분변 그리고 장내 병원균들 사이에는 밀접한 관련이 있으므로 대장균검사를 하면 식품의 분변에 의한 오염을 보다 확실히 추정할 수 있다.

3) 장구균(Enterococcus속)

(1) 특징

장구균은 사람과 온혈 동물의 장관 내에 높은 비율로 상재하고 있고, 자연계에서는 증식하지 않아 토양과 물에서 대장균군에 비하여 훨씬 적게 검출되는 특징을 가지고 있다. 장관내 균수 수준은 분변 1g 중에 105~108마리 정도 있다. 장구균은 분변 중에 장구균의 균수가 대장균의 균수보다는 적으나 식품의 조리, 가공과정과 건조, 고온, 냉동 등 환경에서 대장균보다 생존율이 높아 냉동식품, 건조식품, 가열식품의 위생 지표균으로 유용하게 쓰이고 있다. 또한, 내열성이 높아 우유의 저온살균에서 생존 가능하고 소금농도 6.5% 이상이나, pH 9.5에서도 증식이 가능하다. 대장균에 비해 장관 외에서 검출률이 높고, 생선, 채소류, 절인 고기 등에서 잘 검출되나 균의 분리와 고정이 비교적 어렵다.

장구균은 사람과 동물의 장관 내에서 gram 양성구균으로 포자를 형성하지 않고 포도당을 분해하여 젖산으로 생성하며, 통성혐기성균이다. 과거에는 분변성 스트렙토코쿠스(Streptococcus)속으로 분류되었으나, 현재는 엔테로코쿠스 페칼리스(Enterococcus faecalis)와 엔테로코쿠스페시움(Entercoccus feacium), 엔테로코쿠스 아비움(Entercoccus avium) 3종이 의의를 갖는 아종(亞種)으로 분리되었다.

(2) 검사방법

장구균은 AC 배지, KF Strepotococcus 한천배지 등을 사용하여 37℃에서 48시간 배양하여 검출한다.

4) 일반세균(생균수)

(1) 특징

식품에 일반세균(생균)은 일정한 수준 이상이면 그 식품이 불결하게 취급되었다는 세균오염 정도를 나타내는 기준이 된다. 이 기준에 이용되는 위생지표를 식품위생에서는 세균수(생균수, 生菌數)라고 하며, 물속에서 활동하는 병원균을 제외하고 호기성 또는 혐기성 균을 통들어 말한다. 일반세균 자체가 인체에 직접적인 병을 일으키지는 않으나 다수 검출될 경우 탈이 날 수도 있다. 세균수는 식품의 세균오염 정도를 나타내며, 식품의 안전성, 보존성, 취급 등의 종합적인 평가를 할 수 있다.

(2) 검사방법

생균수의 검사방법은 보통 표준한천배지를 사용하여 35±1℃에서 24~48시간(검체에 따라 72±3시간)을 배양하여 형성된 집락수(Colony Forming Unit, CFU)를 측정한다. 한천평판배지에 발육 가능한 균수로 '표준한천평판균수' 또는 '일반세균수'라 부르며, 식품에 표시할 때는 1g당 세균수로 나타낸다.

식 품 위 생 학

3장

식중독

3장
식중독

1 식중독의 개념

1) 식중독의 이해

우리나라 식품위생법 제2조 제14호에서 식중독(Food poisoning)의 정의를 규정하고 있다. 식중독은 '식품 섭취로 인하여 인체에 유해한 미생물 또는 유독물질을 섭취했을 때 발생한 감염형 또는 독소형 질환'을 뜻한다. 식중독을 유발하는 원인균에는 세균, 바이러스, 화학물질, 자연독 등이 있다(표 3-1). 원인균에 따라서 세균에 의한 감염이나 세균에 의해 생성된 독소에 의해 중독 증상을 일으키는 ① 세균성 식중독, 자연계에 존재하는 동물성 또는 식물성 독소에 의한 ② 자연독 식중독, 화학물질에 의한 ③ 화학적 식중독과 바이러스에 의한 ④ 바이러스성 질환으로 구분한다. 이러한 식중독은 음식점, 집단급식소, 식품제조업 등 식품을 취급하는 장소, 취급자, 기구 등 다양한 원인에 의해 일어날 수 있다.

세계보건기구(WHO)는 식중독을 '식품 또는 물의 섭취에 의해 발생되었거나 발생된 것으로 생각되는 감염성 또는 독소형 질환'으로 규정하고, 집단식중독은 식품 섭취로 인하여 2인 이상의 사람에게 감염형 또는 독소형 질환을 일으킨 경우를 말한다.

우리나라에서의 집단급식소란 영리를 목적으로 하지 아니하면서 특정 다수인에게 계속하여 음식을 공급하는 기숙사, 학교, 유치원, 어린이집, 병원 등을 의미한다(식품위생법 제2조 2호). 집단급식소에서는 식중독으로 인한 환자가 발생하지 않도록 위생관리를 철저히 하여야 하며, 조리 후 제공한 식품의 매 회 1인 분량을 144시간 이상 보관하도록 정하고 있으며 검사받지 않은 축산물, 실험용도로 사용한 동물은 조리에 사용할 수 없다. 또한, 소비기한이 경과한 원재료 또는 완제품을 조리할 목적으로 보관, 조리하여 사용하면 안 되고 위해평가를 실시하고 있는 식품에 대해서는 검사가 완료될 때까지 사용, 조리하여서는 안 된다. 우리나라 집단식중독 발생의 90% 정도가 병원성 세균 오염에 의한 식중독이나 아직까지 원인을 알 수 없는 식중독도 10% 이상을 차지하고 있다.

식품 취급 영업자는 식중독 발생 시 보관 또는 사용 중인 식품은 역학조사가 완료될 때까지 폐기하거나 소독 등으로 현장을 훼손하지 말고 원상태로 보관하여 식중독 원인 규명할 수 있도록 하여야 한다. 조리사는 식중독이나 그 밖에 위생과 관련한 중대한 사고가 발생되었을 경우 직무상에 책임이 있는 경우에는 면허가 취소된다(식품위생법 제80조 제1항). 따라서 영업자, 조리사 등은 식품위생관리를 철저히 하여야 한다.

식중독환자나 식중독이 의심되는 자가 발생하면 식중독을 진단한 의사 또는 한의사는 지역보건소에 지체없이 보고할 의무가 있다(식품위생법 제86조 제1항). 집단급식소에서 제공한 식품으로 인한 경우에는 집단급식소의 설치 또는 운영자 또한 지체없이 지방정부(특별자치시장, 시장, 군수, 구청장), 중앙정부(식품의약품안전처장)의 관계 부처장에게 보고하여야 하며, 보고받은 후 중앙부처에서 필요할 경우 조치를 취하게 된다(식품위생법 제86조 제2항, 제4항).

표 3-1 식중독의 분류

대분류	중분류	소분류	대표적 원인균
미생물	세균성	감염형(세균의 체내증식에 의한 것)	살모넬라, 장염비브리오균, 캠필로박터, 병원성 대장균, 여시니아, 리스테리아모노사이토제네스, 클로스트리디움 퍼프리젠스, 바실러스 세레우스
		독소형(식품 내에서 균이 증식, 독소 생성 후 섭취 중독)	황색포도상구균, 클로스트리디움 보툴리눔 등
		감염독소형(중간형), 장관 내에서 균이 증식, 아포 형성하여 독소 생성	독소원성 대장균, 웰치균, 세레우스균
	바이러스	공기, 접촉, 물 등의 경로로 전염	노로바이러스, 로타바이러스, 아스트로바이러스, 장관아데노바이러스, 간염A형바이러스, 간염E형 바이러스 등

	자연독	동물성 자연독에 의한 식중독	복어독, 시가테라독
화학물질		식물성 자연독에 의한 식중독	감자독, 버섯독
		곰팡이독에 의한 식중독	황변미독, 맥각독, 아플라톡신
	화학적	고의 또는 오용으로 첨가되는 유해물질	부정식품첨가물(붕신, 아우라민, 둘신, 로다민 등)
		본의 아니게 잔류, 혼입되는 유해물질	잔류농약(DDT, BHC, parathion 등) 유해성 금속 화합물, 공장배출물(수은, 카드뮴 등), 방사성 물질
		제조·가공·저장 중에 생성되는 유해물질	지질의 산화생성물, 니트로소아민
		기타 물질에 의한 중독	메탄올 등
		조리기구·포장에 의한 중독	녹청(구리), 납, 비소 등

출처 : 식품의약품안전처

2) 식중독 예측지도

식중독 예측지도는 식품의약품안전처, 기상청, 국립환경과학원, 국민건강보험공단 등 4개의 기관이 함께 개발한 정보로 빅데이터를 활용하여 지역별 식중독 발생 위험 정도, 이달의 식중독 주의정보, 이달의 주의식품, 이달의 식중독 예방요령 등의 정보를 제공해 준다. 식중독 예측지도는 [그림 3-1]과 같다.

식중독 위험도 예측은 과거 2년간 발생한 질병 건수와 예측된 질병 건수를 비교하여 관심, 주의, 경고, 위험 4단계로 구분하고 있다.

• **관심단계(청색)** : 식중독 발생 가능성은 적으나 식중독예방에 지속적인 관심이 필요하다. 화장실 사용 후, 귀가 후, 조리 전에는 손 씻기를 생활화해야 한다.

• **주의단계(녹색)** : 중간 단계로 조리 음식은 중심부까지 75℃(어패류 85℃)에서 1분 이상 완전히 익혀야 하며 외부로 운반하는 음식은 가급적 아이스박스 등을 이용하여 10℃ 이하에서 보관·운반하여 식중독 예방에 주의가 필요하다.

• **경고단계(황색)** : 식중독 발생 가능성이 높으므로 조리 도구는 세척, 소독 등을 거쳐 세균 오염을 방지하고 유통기한·보관방법 등을 확인하여 음식물을 조리·보관하여 각별한 주의를 해야 한다.

- **위험단계(적색)** : 식중독 발생 가능성이 매우 높아 각별한 경계가 필요하다. 식중독 의심환자는 즉시 조리를 중단하고 설사 · 구토 등 식중독 의심 증상이 있을 경우 의료기관을 방문하여 의사 지시를 따른다.

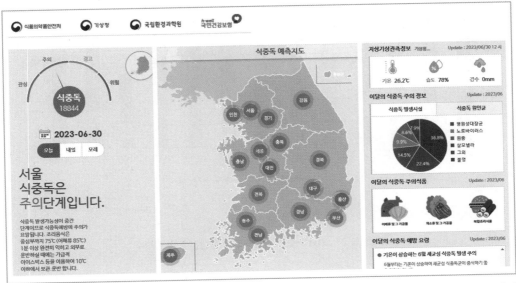

출처 : http://poisonmap.mfds.go.kr/

그림 3-1 식중독 예측지도

3) 식중독 발생 현황

최근 우리나라 식품의약품안전처에서 발표한 2010~2022년 식중독 발생건수와 환자수는 [그림 3-2]와 같다. 2022년 기준 식중독 발생건수는 304건, 발생 환자수는 5,410명이었다. 2010년 이후 식중독 발생이 증가와 감소를 반복하는 추세이다. 2020년에는 코로나19의 영향으로 손 씻기와 개인위생이 철저해지면서 10년 만에 최저치의 식중독 건수(164건)와 환자수(2,534명)로 조사되었다. 2022년에는 위드 코로나를 맞이하여 식중독건수 304건, 환자수 5,410명으로 전년도보다 식중독건수 24%, 환자수 5% 증가 추이를 보였다.

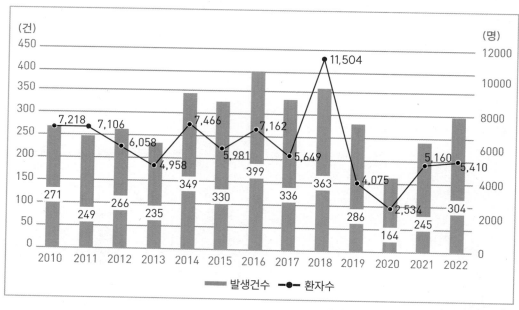

그림 3-2　2010~2022년 식중독 발생건수 및 환자수

출처 : 식품의약품안전처, 식중독통계시스템

　　2010년부터 2022년까지 우리나라의 연도별·시설별 식중독 발생 현황은 [표 3-2]와 같다. 시설별 발생건수는 전반적으로 가정집보다 학교, 음식점, 학교 외 집단급식이 높게 나타났다. 장소에 따라 연도별 발생건수는 증가와 감소를 반복하는 추세이고 2020년에는 코로나 팬데믹에 의해 학교의 낮은 출석률, 손소독제 사용, 손 씻기 등으로 학교 식중독 발생건수는 13건이고 음식점이용의 감소, 음식점 관계자의 위생수준 향상 등으로 음식점은 108건, 지역 축제 등 대규모 행사도 줄어 기타 장소(야외활동, 행사장 섭취, 식품 제조가공 및 판매업소 등)의 식중독 발생은 15건으로 시설별 식중독 발생건수가 전반적으로 낮아졌다. 특히 다른 해에 비해 학교 급식보다 학교 외 급식의 식중독 건수가 높게 나타났다.

표 3-2 2010~2022년 시설별 식중독 발생현황

연도	구분	학교	학교 외 집단급식	음식점	가정집	기타	불명	합계
2010	발생건수(건)	38	15	133	3	25	57	271
	환자수(명)	3390	799	1704	11	774	540	7,218
2011	발생건수(건)	30	10	117	8	33	51	249
	환자수(명)	2061	460	1753	51	2217	563	7,105
2012	발생건수(건)	54	9	95	14	22	72	266
	환자수(명)	3185	246	1139	54	758	676	6,058
2013	발생건수(건)	44	14	134	5	24	14	235
	환자수(명)	2247	608	1297	22	502	282	4,958
2014	발생건수(건)	51	15	213	7	50	13	349
	환자수(명)	4135	380	1761	28	1078	84	7,466
2015	발생건수(건)	38	26	199	9	54	4	330
	환자수(명)	1980	802	1506	34	1641	18	5,981
2016	발생건수(건)	36	32	251	3	73	4	399
	환자수(명)	3039	904	2120	16	974	109	7,162
2017	발생건수(건)	27	23	222	2	52	10	336
	환자수(명)	2153	426	1994	6	776	294	5,649
2018	발생건수(건)	44	38	202	3	67	9	363
	환자수(명)	3136	1875	2323	10	4094	66	11,504
2019	발생건수(건)	24	29	175	3	48	7	286
	환자수(명)	1214	620	1409	7	764	61	4,075
2020	발생건수(건)	13	25	108	3	15	0	164
	환자수(명)	401	1043	797	13	280	0	2,534
2021	발생건수(건)	21	55	119	3	44	3	245
	환자수(명)	708	1227	2705	12	501	7	5,160
2022	발생건수(건)	29	45	176	2	43	9	304
	환자수(명)	1181	922	1962	21	1254	70	5,410
합계	발생건수(건)	459	377	2,207	67	578	255	3,943
	환자수(명)	28,830	10,321	22,470	285	15,613	2,770	80,280

출처 : 식품의약품안전처, 식중독통계시스템

최근 2018~2022년 원인균별 식중독 발생 현황을 [표 3-3]에서 살펴본 결과 병원성대장균, 살모넬라, 장염비브리오, 캠필로박터 제주니, 황색포도상구균, 클로스트리디움 퍼프리젠스, 바실러스 세레우스, 노로바이러스 등이 주를 이루었다. 식중독 발생 원인균으로서 가장 발생건수가 가장 많았던 식중독은 노로바이러스(245건)이고 그 뒤를 이어 병원성대장균(162건)으로 나타났다. 근래에 노로바이러스 식중독 발생률이 급격히 증가하고 있는데 그 원인은 오염된 지하수로 처리된 식재료의 섭취, 오염된 패류의 섭취, 2차 감염 등에 의해서이다.

최근 5년(2018~2022년)간 살모넬라 식중독과 병원성대장균 식중독은 노로바이러스보다 발생건수는 낮으나 환자수가 높게 나타났다. 클로스트리디움 퍼프리젠스 식중독과 캠필로박터 제주니 식중독은 발생건수에 비해 환자수가 많이 발생되었다.

● 표 3-3 2018~2022년 원인균별 식중독 발생현황

원인물질	구분	2018년	2019년	2020년	2021년	2022년	합계
병원성대장균	발생건수	51	25	23	32	31	162
	환자수	2,715	497	628	668	839	5,347
살모넬라	발생건수	19	18	21	32	41	131
	환자수	3,516	575	529	1,561	1,219	7,400
장염비브리오	발생건수	11	5	3	2	0	21
	환자수	213	25	12	8	0	258
캠필로박터 제주니	발생건수	14	12	17	28	17	88
	환자수	453	312	515	584	293	2,157
황색포도상구균	발생건수	3	4	1	5	9	22
	환자수	52	56	4	82	164	358
클로스트리디움 퍼프리젠스	발생건수	14	10	8	11	11	54
	환자수	679	251	207	615	857	2,609
바실러스 세레우스	발생건수	15	5	3	7	14	44
	환자수	242	75	26	113	150	606
기타 세균	발생건수	5	1	0	2	3	11
	환자수	801	17	0	18	11	847

노로바이러스	발생건수	57	46	29	57	56	245
	환자수	1,319	1,104	243	1,058	1,041	4,765
기타 바이러스	발생건수	2	8	1	8	1	20
	환자수	128	230	6	32	13	409
원충	발생건수	37	48	10	2	5	102
	환자수	229	308	40	8	22	607
자연독	발생건수	1	2	0	1	2	6
	환자수	4	10	0	1	9	24
화학물질	발생건수	0	0	0	0	0	0
	환자수	0	0	0	0	0	0
불명	발생건수	134	102	48	58	114	456
	환자수	1,153	615	324	412	792	3,296
합계	발생건수	363	286	164	245	304	1,362
	환자수	11,504	4,075	2,534	5,160	5,410	28,683

출처 : 식품의약품안전처, 식중독통계

2022년 월별 식중독의 원인균에 따른 발생건수와 환자 수는 [표 3-4]와 같다. 1~3월에는 노로바이러스, 클로스트리디움 퍼프리젠스균 순으로 발생건수와 환자수가 높았다. 겨울철 식중독으로 알려진 노로바이러스는 3월, 4월에도 다른 식중독보다 발생건수와 환자수가 높게 발생되어 봄철 노로바이러스에 대한 주의가 필요하다. 5월~9월에는 살모넬라와 병원성대장균 외에도 캠필로박터 제주니, 클로스트리디움 퍼프리젠스균이 높게 나타났다. 10월~11월에는 클로스트리디움 퍼프리젠스균, 황색포도상구균, 병원성대장균 식중독이 주로 발생되었으며 12월에는 노로바이러스가 16건, 308명으로 가장 높게 나타났다. 월별 식중독 현황을 살펴본 결과, 고온다습한 여름철 이외에도 1월~12월까지 모두 발생하므로 늘 철저한 주의가 요구된다.

💧 표 3-4 **2022년 월별 식중독 발생현황**

원인물질	구분	1월	2월	3월	4월	5월	6월	7월	8월	9월	10월	11월	12월	합계
병원성대장균	발생건수	1	0	0	0	2	5	6	5	4	3	2	3	31
	환자수	2	0	0	0	44	199	115	190	131	74	11	73	839
살모넬라	발생건수	1	1	2	0	9	5	10	5	6	0	1	1	41
	환자수	3	24	9	0	289	103	233	210	272	0	73	3	1219
캠필로박터 제주니	발생건수	0	0	0	2	1	5	6	0	2	0	1	0	17
	환자수	0	0	0	6	41	103	120	0	11	0	12	0	293
황색포도상구균	발생건수	0	0	0	0	1	1	2	1	0	2	2	0	9
	환자수	0	0	0	0	34	1	28	5	0	75	21	0	164
클로스트리디움 퍼프리젠스	발생건수	1	1	1	0	2	1	0	0	3	2	0	0	11
	환자수	39	51	125	0	20	399	0	0	52	171	0	0	857
바실러스 세레우스	발생건수	0	0	0	0	0	3	3	3	3	0	0	2	14
	환자수	0	0	0	0	0	30	6	31	43	0	0	40	150
기타 세균	발생건수	0	0	0	0	0	2	1	0	0	0	0	0	3
	환자수	0	0	0	0	0	5	6	0	0	0	0	0	11
노로바이러스	발생건수	5	3	5	5	4	6	6	0	1	1	4	16	56
	환자수	64	40	231	117	46	98	60	0	2	5	70	308	1041
기타 바이러스	발생건수	0	0	0	0	0	0	1	0	0	0	0	0	1
	환자수	0	0	0	0	0	0	13	0	0	0	0	0	13
원충	발생건수	0	0	0	1	1	0	0	1	1	1	0	0	5
	환자수	0	0	0	6	5	0	0	2	2	7	0	0	22
자연독	발생건수	0	0	1	0	0	0	0	0	0	1	0	0	2
	환자수	0	0	5	0	0	0	0	0	0	4	0	0	9
불명	발생건수	1	2	4	4	7	13	20	16	8	12	16	11	114
	환자수	28	8	52	19	24	90	69	100	68	101	121	112	792
합계	발생건수	9	7	13	12	27	41	55	31	28	22	26	33	304
	환자수	136	123	422	148	503	1028	650	538	581	437	308	536	5,410

출처 : 식품의약품안전처, 식중독통계

4) 식중독 역학조사

50인 이상 집단 또는 학교, 어린이집, 유치원에서 동일한 식품을 섭취한 후 유사한 식중독 증상을 일으킨 경우 식중독 원인·역학조사를 진행한다. 식중독 원인·역학조사란 식중독 확산을 차단하고 재발 방지를 목적으로 식중독 환자나 식중독 의심환자 발생 규모를 파악하고 발생 원인균, 원인식품 및 발생 경로를 파악하기 위해 [그림 3-3]과 같이 식중독 발생신고를 받고 현장조사를 실시한다.

(1) 식중독 발생 보고

- **식중독 환자 등의 보고 및 신고** : 의사, 한의사 및 집단급식소 설치·운영자는 특별자치시장·특별자치도지사·시장·군수·구청장에게 식중독 발생 또는 의심 사실을 보고하여야 한다. 또한 식중독 환자 및 그 보호자도 관할 시장·군수·구청장에게 식중독 발생 또는 의심 사실을 신고할 수 있다.

- **식중독 발생 보고** : 시장·군수·구청장은 식중독에 관한 보고 및 신고를 받았을 때는 지체 없이 서식(식품위생법 시행규칙의 별지 제66호)에 따라 식중독 발생 사실을 식약처장·지방식품의약품안전청장 및 시·도지사에게 문서(또는 전자문서)로 보고하거나 식중독보고관리시스템에 등록·보고해야 한다.

  (＊ 긴급하게 현장 대응이 필요할 때는 시·도지사에게 휴대전화 문자전송이나 유선으로 우선 보고한다. 보고를 받은 시·도지사는 지체 없이 식약처장 및 지방식약청장에게 휴대전화 문자전송이나 유선 등으로 통보할 수 있다)

- **식중독 발생 정보제공** : 식약처장은 식중독이 발생한 집단급식소에 식재료를 공급한 업체 정보를 확인하고, 해당 공급업체의 식재료를 공급받은 다른 집단급식소에 식중독 주의 정보를 식중독조기경보시스템을 활용하여 제공한다.

- **원인·역학조사반 구성** : 학교급식소에서 식중독 환자 등이 발생한 경우, 식중독 환자 등이 50인 이상인 경우, 동일 식재료에 의해 서로 다른 집단급식소 등에서 식중독 환자 등이 발생하거나 발생이 우려되는 경우 역학조사반을 구성한다.

- **식중독 원인·역학조사 방법 등** : 식중독 원인·역학조사반은 해당시설 및 환경조사, 식재료, 섭취식품 등 조사 및 조리과정 확인, 검수조사서, 식재료 관리 일지 등 기록

조사, 환자·조리종사자 및 관리자에 대한 설문조사 등 식중독의 원인이 된 식품 등과 환자 간의 연관성 확인을 위해 원인·역학조사서와 현장 확인 조사표를 작성한다. 그리고 식중독의 원인이라고 생각되는 보존식, 식품, 도마·칼·행주 등 식품을 오염시킬 수 있는 환경 검체를 채취하여 미생물학적 또는 이화학적(理化學的) 검사를 의뢰한다.

- **원인식품 등에 대한 검사의뢰** : 시장·군수·구청장은 검사의뢰서를 작성한 후 총리령으로 정하는 시·도 보건환경연구원에 원인식품 검사를 맡긴다.

- **원인식품 등에 대한 추적조사 등** : 시장·군수·구청장은 조사·검사 결과 다른 관할 구역에 위치한 식재료 공급업체 및 제조업체 등에 대해 추적조사 등이 필요한 경우 해당 지방자치단체의 장에게 요청한다. 요청을 받은 지방자치단체의 장은 해당 식품 등을 공급한 업체 등에 대한 조사를 하는 등 원인 식품 등에 대한 추적조사 및 필요한 조치(해당 식재료에 대한 잠정 유통·판매 금지 조치, 교육부 등 관계기관 정보 공유 및 행정조치)를 하고 시장·군수·구청장에게 그 결과를 지체 없이 통보한다.

- **식중독 원인·역학조사 결과 보고** : 시장·군수·구청장은 식중독 원인·역학조사를 실시한 후 역학조사결과보고서와 환경조사결과보고서를 작성하고 지체 없이 식중독 조사결과를 식약처장 및 관할 시·도지사에게 문서로 보고하거나 식중독 보고관리시스템(http://admin.foodsafetykorea.go.kr)에 등록·보고한다.

- **통계 관리 등** : 식약처장은 전년도 식중독 발생 현황 등 관련 통계를 당해 연도 6월 말까지 확정하고 '식품안전나라(http://www.foodsafetykorea.go.kr)' 홈페이지를 통해 공개한다.

※ 식중독 역학조사 시 원인규명행위를 방해한 집단급식소 설치자와 운영자에 대해 300만 원의 과태료를 부과할 수 있다(역학조사 완료 전 보존식과 식재료 폐기 훼손하는 경우). – 식품위생법 제101조 제3항 제6호

※ 집단급식소에서 배식 후 남은 음식을 재사용하거나 조리 보관할 경우 100만 원의 과태료를 부과한다. – 식품위생법 제101조 제4항

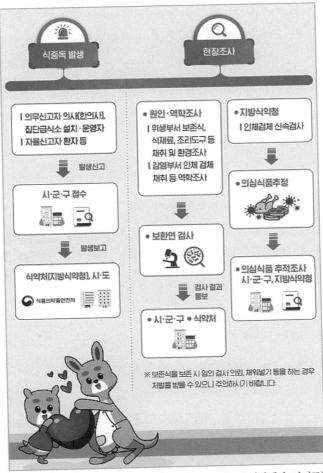

출처 : 식품의약품안전처 식중독예방과(2023_학교급식관계자_가이드)

그림 3-3 식중독 발생 신고 및 현장조사

2 세균성 식중독

세균성 식중독은 우리나라뿐만 아니라 전 세계적으로 꾸준히 발생되고 있다. 우리나라 세균성 식중독은 노로바이러스, 살모넬라, 클로스트리디움 퍼프리젠스, 병원성대장균,

포도상구균 등이 발생되고 있다. 세균성 식중독균의 포자형성 여부에 따라 포자형성균과 포자비형성균 등으로 나뉜다. 포자형성균은 일반적으로 가열조리에 쉽게 제거할 수 없는 균으로 비포자형성균과 구별된다. 식중독을 일으키는 포자형성세균에는 바실러스 세레우스, 클로스트리디움 퍼프리젠스, 클로스트리디움 보툴리눔이 있으며, 비포자형성세균에는 살모넬라, 포도상구균, 비브리오, 병원성대장균군, 캠필로박터, 여시니아 엔테로콜리티카, 리스테리아 모노사이토지니스 등이 있다.

> **포자(spore, 아포)**
>
> - Welchii균(Clostridium perfringens)이나 보툴리누스균, 세레우스균 등은 생육환경이 증식에 적합하지 않게 되면 균체 내에 포자를 형성한다. 포자는 가열이나 건조 등의 극심한 조건에 대한 저항성이 강하다. 또한 발육에 적합한 환경이 되면 본래의 형태인 영양세포가 되어 다시 증식하는 특징을 가지고 있다.

세균성 식중독은 발병원인에 따라 감염형, 독소형, 감염독소형으로 구분한다. 감염형 식중독(Infectious type food poisoning)은 음식물에서 증식한 원인균들이 경구 섭취 후에 소장 내에서 더욱 증식해서 급성위장염과 같은 증세가 나타난다. 대표적으로 살모넬라, 장염비브리오균, 병원성대장균, 캠필로박터균, 여시니아 엔테로콜리티카, 리스테리아 모노사이토제네스, 클로스트리디움 퍼프리젠스, 바실러스 세레우스 등이 해당된다. 독소형 식중독은 식품 내에서 원인균이 증식할 때 생성한 독소를 섭취하여 중독을 일으킬 수 있다. 원인균을 사멸하여도 독소가 남아 있는 식품을 섭취하면 식중독 증상을 일으킬 수 있다. 독소형 식중독은 감염형 식중독보다 잠복기가 짧으며, 가열조리에도 독소가 사멸되지 않는다. 대표적인 독소형 식중독에는 황색포도상구균, 클로스트리디움 보툴리눔 등이 있다. 감염독소형(중간형) 식중독에는 식품 내에 증식한 많은 양의 균을 섭취하거나 아포를 형성한 독소를 섭취한 경우에 발생하며 설사 등의 증상을 보인다. 대표적인 원인균으로는 독소원성 대장균, 웰치균, 세레우스균 등이 있다.

식중독 중 장출혈성 대장균, 비브리오패혈증, 살모넬라균, 황색포도상구균, 캠필로박터균, 클로스트리디움 퍼프리젠스균, 여시니아 엔테로콜리티카, 리스테리아 모노사이토제네스, 바실러스 세레우스균 등은 법정감염병으로 지정되어 있다.

세균성 식중독은 조리장에서의 세균에 의한 오염의 방지, 유해 세균의 사멸, 세균증식의 억제 등을 통해 예방할 수 있다.

1) 감염형 식중독

감염형 식중독(Infectious type food poisoning)은 음식물과 같이 섭취된 병원 미생물이 원인이 되어 발생하며 살모넬라(Salmonella), 비브리오(Vibro), 병원성대장균군(Pathogenic Escherichia coli), 캠필로박터균(Campylobacter), 여시니아 엔테로콜리티카(Yersinia enterocolitica), 리스테리아모노사이토지니스(Listeria monocytogenes) 등의 식중독을 일으킨다.

(1) 살모넬라(Salmonella Enteritidis) 식중독

1885년 Salmon과 Smith에 의해서 콜레라에 걸린 돼지로부터 살모넬라균이 처음 발견되었다. 1888년에는 독일의 세균학자 게르트너(Gärtner)가 프랑켄하우젠(Frankenhausen)에서 쇠고기에 의한 식중독의 원인균으로 발견되었다. 그 후 유사한 세균이 발견되었고 1890년에 살모넬라라고 부르게 되었다. 살모넬라 식중독은 전 세계적으로 발생하고 있다. 살모넬라 식중독은 대표적인 감염형 식중독으로 5~9월의 하절기에 자주 발생한다.

① 원인균

살모넬라균은 2~3×0.6㎛의 포자를 형성하지 않는 gram 음성의 간균으로 편모가 있어 운동성 활발하고, 호기성 또는 통성 혐기성균이다(그림 3-4). 살모넬라는 이질균·대장균과 함께 장내세균과에 속한다. 증식 조건은 온도 범위는 10~43℃이며, 최적온도는 37℃, pH 범위는 4.1~9.0, 최적 pH 6.5~7.5, aw는 0.95 이상, 염도는 4%

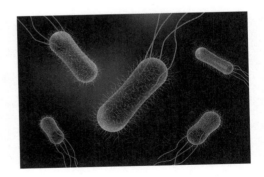

그림 3-4　**Salmonella Enteritidis**

이하이다. 토양과 수중에서 비교적 오래 생존하지만, 내열성이 비교적 약해서 60℃에서 20분 동안 가열하면 사멸된다.

살모넬라종에는 살모넬라 엔테리카(S. enterica)와 살모넬라 봉고리(S. bongori)가 있는데 살모넬라 엔터리카종이 살모넬라 식중독을 일으키는 주된 종으로 6아종과 2,400여 종의 혈청형이 있다. 그중 사람, 소, 닭, 오리, 양, 돼지 등에서 대표적으로 나타나는 살모넬라 엔테리카 혈청형에는 엔테리티디스(Enteritidis), 타이피뮤리움(Typhimurium), 타이피(Typhi), 파라타이피(Paratyphi) 등이 있다.

② 감염원과 감염경로

사람, 가축, 가금, 개, 고양이, 기타 애완동물, 가축 가금류의 식육 및 가금류의 알, 하수와 하천수 등의 자연환경에서 존재하며 보균자의 손이나 발 등에서 2차 오염된 오염식품을 섭취할 때에도 감염될 수 있다. 동물들의 분변과 파충류, 곤충의 배설물이 주 보균소이며 배설물에 의해 오염된 고기, 유즙, 알이나 가공품 등의 감염된 식품을 섭취함으로써 사람에게 감염된다. 원인식품으로는 부적절하게 가열된 동물성 단백질식품(우유, 유제품, 고기 및 육가공품, 가금류의 알 및 그 가공품, 어패류 및 그 가공품)과 식물성 단백질식품(채소 등 복합조리식품) 등의 불완전하게 조리된 복합조리식품이다. 동물성 식재료로부터 조리된 식품으로 교차오염과 부적절한 온도로 가열조리 시 생존하는 균에 의해 모든 식품이 사고를 일으켜 대형 식중독사고로 이어질 수 있다.

③ 잠복기와 증상

증상은 균종에 따른 차이는 있으나 일반적으로 8~48시간 후에 나타난다. 평균적으로 20시간 정도의 잠복기를 보낸 후 두통, 식욕감퇴, 복통, 설사, 전신권태, 구역질과 구토 등의 급성 위장염 증세를 보인다. 특히 발열(38~40℃)과 오한·전율 등의 증상이 나타나다가 3~4일 정도 경과하면 열이 내리고, 약 1주일 후면 회복된다. 그 외 증상으로는 요통, 관절통, 근육통, 현기증도 발생할 수 있고, 중증인 경우는 뇌증상, 불안, 경련, 의식혼탁, 혼수상태가 되며 극히 드물게 합병증을 일으켜 사망에 이르기도 한다. 치사율은 0.3~1.0% 정도로 매우 낮고 대부분이 회복되나 발생빈도가 높고 유아와 노인에게는 민감한 균으로 주의가 필요하다.

④ 예방대책

중요한 감염원인 쥐, 파리, 바퀴 등이 침입하지 못하도록 방충 및 방서시설을 설치해야 한다. 그리고 보균자에 의해 오염되지 않게 정기적으로 보균자를 검색하도록 한다. 또한 조리 후 식품을 가능한 신속히 섭취(실온 4시간 이내 섭취)하도록 하며 남은 음식은 5℃ 이하에서 저온저장한다. 식품은 74℃에서 1분 이상 가열조리한 후 섭취하고 조리에 사용된 기구 등은 세척 소독하여 2차 오염을 방지한다. 특히 계란식품의 취급에 주의해야 하며 김밥을 만들 때는 [그림 3-5]와 같이 위생적으로 조리해야 한다.

그림 3-5 　위생적 김밥 조리방법

2022년 6월 경남의 냉면집에서 고명으로 올라간 계란에 의해 34명 집단 식중독이 발생되었고, 60대 남성 1명이 치료 중에 살모넬라균이 혈관에 침투하여 염증이 생겨 패혈성 쇼크로 숨진 사건, 2022년 8월 초 경기도의 김밥 프렌차이즈점에서 살모넬라 식중독 환자 276명 발생한 사건 등 매해 김밥 관련 살모넬라 식중독은 늘고 있다. 김밥 계란에 의한 살모넬라 식중독은 기온상승에 의해 매해 늘고 있어 '김밥 포비아' 현상이 나타나기도 하므로 세심한 관리가 필요하다. 철저한 조리온도의 준수(75℃ 이상에서 1분 이상 가열)와 달걀 보관(냉장 보관) 및 취급에 유의하고, 유통기한 확인 및 교차오염을 막기 위한 위생관리가 중요하다.

• '포비아(phobia)'란 공포증으로 살모넬라 식중독의 공포로 김밥을 회피하는 현상을 뜻한다.

⑤ **치료방법**

살모넬라 식중독은 대부분 저절로 회복되지만, 탈수를 막기 위해 수액으로 수분을 보충해 준다. 어린이, 면역저하자, 중증환자, 노약자에게는 지혈제나 항생제 치료를 한다.

(2) 비브리오(Vibro) 식중독

Vibro는 20여 종이 있고, 그중 12종이 사람에게 감염을 일으킨다. 대표적으로 콜레라(V. cholera), 비브리오 파라헤모리티쿠스(V. parahaemolyicus), 비브리오 불니피쿠스(V. vulnificus), 비브리오 미미쿠스(V. mimicus), 비브리오 플루비알리스(V. fluvialis), 비브리오 퍼니시(V. furnissii) 등이 식중독을 일으킨다.

비브리오 식중독은 분변에 의해 오염된 해수에서 성장한 수산식품과 패류 등의 섭취와 연관되어 있다.

가. 장염비브리오균(Vibro Parahaemolyticus) 식중독

1950년 일본의 오사카 지방에서 발생한 식중독에서 장염비브리오균이 처음으로 보고되었다. 장염비브리오균은 겨울철에는 해수바닥에 위치하다가 여름이 되면 위로 떠올라 어패류를 오염시키기 때문에 여름철 생식을 피해야 한다. 치료방법은 경구 또는 정맥으로 수분·전해질을 신속히 보충해 주고 심한 설사, 혈류 감염 등의 중증 증상을 보일 경우에는 항생제로 치료한다.

① 원인균

장염비브리오균은 gram 음성 막대균으로 2~4%의 해수에서 잘 생육하는 염분의 호염성세균이다. 10% 이상의 염도에서는 성장이 정지된다. 비브리오 파라헤모리티쿠스가 장염비브리오균으로 비브리오 콜레라와 특성이 유사하다. 주로 여름철에 해수온도가 15℃ 높아지면서 급속히 증식한다. 해안가 등 자연에 서식하며 여름에는 어패류, 해조류 등에 부착해서 사람이 그것을 생식할 때 급성장염을 일으키게 된다. 비병원성 비브리오의 발육 최적온도인 25~30℃이고, 최적 pH는 7.8~8.6이다. 짧은 콤마(comma) 모양의 형태를 가지며 포자와 협막이 없는 것이 특징이다.

② 감염원과 감염경로

여름철 해수 중에 서식하는 장염비브리오균은 해안가, 해양환경에 자연서식하며 오징어, 문어 등의 연체 동물과 고등어 등의 어류, 조개 등 패류의 체표, 내장과 아가미 등에 부착해 있다가 근육으로 이행되거나 유통과정 중에 증식해서 식중독을 일으킨다. 특히 어패류의 체표와 내장 및 아가미 등에 부착되어 있다가 이를 조리한 사람의 손과 기구로부터 다른 식품에 2차 오염되어 식중독을 발생시키기도 한다. 원인은 어패류, 게장, 생선회, 오징어무침, 꼬막무침 등의 수산식품과 해산물 취급 또는 균에 오염된 물에 노출된 음식 섭취에 의해서이다.

③ 잠복기와 증상

잠복기는 4~96시간(평균 12~24시간)으로 복통, 설사, 발열, 구토 등의 전형적인 급성위장염증상을 보이며, 병증은 1~7일간 지속된다. 열이 없는 경우도 있으나 보통 37~38℃ 정도의 미열이 있다. 장독소를 분비하여 수양성 설사를 일으키고 소장 점막에 염증 반응을 일으켜 염증성 혈성설사를 일으킨다. 종종 혈변을 보이기도 하여 이질로 생각할 수도 있지만 설사의 횟수가 많아 약 20회에 달할 때도 있으나 가벼울 때는 1~2회 정도이다. 장염비브리오균은 대장의 상피세포를 뚫고 조직 내로 들어가서 염증을 일으켜 대장염이 발생되기도 한다. 치사율은 매우 낮고 대부분 2~3일 내에 회복된다.

④ 예방책

올바른 손 씻기를 생활화하며 흐르는 물에 비누로 30초 이상 손을 씻고 음식을 조리한다. 어패류는 수돗물로 잘 세척하고 횟감용 칼과 도마를 구분하여 사용해야 한다. 그리고 오염된 조리 기구는 잘 세정하고 반드시 열탕 처리하여 2차 오염을 방지해야 한다. 가능한 생식을 피하고 장염비브리오균은 60℃에서 15분 이상, 80℃에서 7~8분 이상 가열하여 섭취한다.

⑤ 치료방법

설사 등이 심할 경우 경구 또는 정맥으로 수분, 전해질을 신속히 보충해 주고, 심한 설사와 혈류감염 등의 중증 증상이 나타날 경우 항생제치료를 진행한다.

나. 비브리오 패혈증(Vibro Vulnificus) 식중독

비브리오 패혈증은 법정 감염병 3급으로 분류하고 있다. 우리나라는 6~10월에 주로 발생한다. 질병관리청의 감염병 감시연보에 따르면 2018~2022년까지 5년간 259명이 감염되어 99명이 사망하였다고 한다. 사람 간 직접적인 전파는 없어 환자격리가 필요하지는 않으나 피부에 괴사가 진행되었을 경우 치료방법은 괴사조직 제거 및 근막 절제술을 진행한다. 치료는 3세대 세팔로스포린, 플루오로퀴놀론, 테트라시아클린계 항생제를 사용한다.

① 원인균

Vibro vulnificus의 원인균은 1~3% 염도에서 살아가는 필수적 호염성균으로 장염비브리오균과 대체로 같은 특징을 갖는다. Vibrionaceae과에 속하는 gram 음성 막대균으로 3가지 생물형이 있는데 우리나라에서는 제1형이 확인되었다. 냉동, 저온살균, 초고압, 방사선 조사에 민감한 균이 고추냉이소스에 의해 균이 죽으나 식품 내부에 있는 균까지 죽이지는 못한다. 냉장온도에서 살아 있으나 휴면상태로 존재하므로 식중독 원인 조사 때 오류를 야기할 수 있으므로 주의가 필요하다.

② 감염원과 감염경로

물, 퇴적물, 플랑크톤 등 해양환경과 수산식품에서 주로 비브리오 불니피쿠스가 성장하며, 특히 굴과 대합조개에서 많이 발견된다. 해수온도가 높은 날 덜 익은 어패류나 생으로 섭취하였을 때 주로 발생한다. 또한 피부에 상처가 있을 때, 갑각류나 게를 수확하거나 씻으면서 피부에 상처가 나거나 감염되면 봉와직염(상처부위가 썩어감) 등으로 상처 부위를 절단해야 하는 경우도 발생할 수 있다. 몸에 상처가 있을 때 굴 껍질, 생선, 바다 모래 등 균이 있는 해수, 식품 등에 노출되면 감염되고, 20~25%의 치사율 갖는 위험한 식중독균이다. 균혈증이 진행되면 치사율 50% 내외로 매우 위험한 균이다.

③ 잠복기와 증상

잠복기는 12~72시간으로 6일 정도 걸리며, 평균 26시간 정도이다. 비브리오균 중에서 패혈증을 일으키는 가장 심각한 비브리오 식중독이다. 건강한 사람에게 Vibro vulnificus가 감염되면 장염비브리오와 유사한 증세를 나타내지만, 면역력이 낮거나 간 기능에 문제가 있는 경우에는 100개 이하의 균체로도 패혈증에 걸릴 수 있으며 치명적이다. 발열, 오한, 혈압 저하, 복통, 구토, 설사 등의 증상이 발생하고, 1/3 이상은 입원 시 저혈압 증상을 보인다. 대부분 증상 발생 24시간 이내에 피부 병변이 생기는데 주로 하지에 발생하고 발진, 부종으로 시작하여 수포 또는 출혈성 수포를 형성한 후 점차 확대되어 괴사성 병변으로 진행되기도 하는 위험한 균이다.

④ 예방책

Vibro vulnificus는 생선의 아가미, 비늘, 내장에만 균이 있으므로 회를 뜰 때 면장갑이나 행주 사용을 금하고 살코기를 분리한 다음에는 소독된 칼, 도마를 사용하고 손을 자주 씻어 오염을 방지하도록 한다. 비브리오 패혈증 식중독은 주로 여름철에 발생하므로 여름철 어패류의 생식을 삼간다. 어패류의 중심온도를 63℃ 이상으로 유지하여 가열조리하여 섭취하며 취급할 때는 손과 도구를 통해 다른 식품에 교차오염되지 않도록 주의해야 한다.

⑤ 치료방법

의료진의 판단에 따라 괴사조직 제거 및 근막 절개술을 진행하거나 3세대 세팔로스포린, 플루오로퀴놀론 등 항생제로 즉각 치료한다.

(3) 캠필로박터 제주니(Complyobacter Jenuni) 식중독

① 원인균

대장균보다 가느다란 나선형의 gram 음성 막대균으로 S자 모양이고, 배양배지에서는 구형이나 섬유형이다. 병원체는 Campylobacter jejuni, Campylobacte coli이고, 포자를 형성하지 않는 균이다. 산소에 장시간 노출되면 구형으로 변한다. 이분열에 걸리는 시간은 최적조건에서 90분 정도로 길다. 산소 3~5%, 이산화탄소 2~10%, 질소 85%의 미호기성 조건에서 생장한다. 발육 최적온도는 37~42℃, 최적 pH는 6.5~7.5이다. 46℃ 이상의 열에서 손상을 입으며 48℃에서는 사멸되므로 가열조리된 식품에서는 생존할 수 없다. 산소가 없는 혐기조건에서도 성장할 수 없고, 냉장온도에서는 증식이 불가능하지만 생존은 가능하다.

② 감염경로와 원인식품

다양한 접촉으로 인한 전염성 질병의 병원체로 소, 양, 개와 닭 칠면조 등 가금류의 장내와 인간의 배설물 속 등에서 잠복한다. 캠필로박터균은 오염수 및 가축과 가금류를 도살하거나 해체할 때 식육에 오염될 수 있으며, 소, 돼지, 개, 고양이, 닭, 우유 등의 생식 또는 충분히 가열하지 않았을 때와 조류의 분변에 의해서 오염된다. 여름은 기온상승으로 인하여 식중독 발생이 급증할 수 있는데 특히 캠필로박터 제주니는 6~8월에 주로 발생한다. 생닭 세척 손질 시 식재료 및 조리도구 혼합 사용으로 세균이 증식하므로 특별한 주의가 필요하다. 샐러드 등 신선 채소류는 깨끗한 물로 세척하고, 물은 되도록 끓여서 먹도록 하며 교차오염을 주의해야 한다.

③ 잠복기와 중독증상

잠복기는 1~10일로 평균 2~5일이다. 주요 증상으로 설사, 복통, 38~39℃의 발열, 권태감, 두통, 메스꺼움 및 구토, 근육통, 탈수 등이 일주일까지 지속될 수 있다.

④ 예방책

생균에 의한 감염형으로 생육을 만지기 전후 올바른 손 씻기를 생활화하고, 2차 오염을 예방하기 위해 위생적으로 조리를 해야 한다. 이 균은 열이나 건조에 약하기 때문에 식품을 충분히 가열하면 균을 사멸시킬 수 있다. 수중에서 장시간 생존 가능하기 때문에 물도 끓여서 마셔야 한다. 채소류, 육류 등에 사용하는 칼, 도마를 구별하고, 조리도구와 식재료에 교차오염되지 않도록 주의한다. 식재료의 조리는 채소-육류-어류-가금류 순으로 한다. 이 균은 대변을 통해 전파되기 때문에 배변상태를 조절할 수 없는 심한 설사를 하는 어린이나 장애인의 경우는 반드시 격리 조치를 해야 한다.

⑤ 치료방법

일반적으로 대부분 저절로 회복되지만 심한 경우에는 매크로라이드나 퀴놀론 계통의 항생제를 투여하여 보균기간을 줄이고, 탈수가 심한 경우에는 수액을 보충할 수도 있다.

복날 삼계탕에서 캠필로박터 제주니 식중독 주의

식약처에서 2016~2020년 최근 5년간 캠필로박터 식중독 발생통계를 보면 총 2023명(60건)의 환자가 발생했고 5월부터 꾸준히 환자가 늘어나 7월에 25건으로 가장 많이 발생하였다. 학교급식소에서 11건, 37.6%, 기업체 구내식당 29.9%, 18건 순으로 나타났다.

캠필로박터 식중독은 가금류(닭, 오리 등)의 육류 조리에서 816명으로 가장 많이 발생하였고, 채소류 265명 순으로 나타났다.

가금류 내장에 흔하게 존재하는 캠필로박터균은 삼계탕 등의 조리 시 불완전한 가열과 교차오염으로 인하여 여름철에 자주 발생된다. 삼계탕 등 가금류 요리를 할 때 속까지 완전히 익히고, 생닭 또는 닭을 씻은 물이 주변의 도구와 음식에 교차오염되지 않도록 안전수칙을 잘 지켜야 한다.

(4) 병원성대장균(Pathogenic Escherichia Coli) 식중독

대장에 정상 상재하는 대장균은 대부분 식중독의 원인이 되지 않지만 병원성대장균
(Pathogenic Escherichia coli)은 유아에게 전염성 설사증이나 성인에게 급성장염을 일으
킨다. 병원성대장균은 유당을 분해하여 산과 가스를 생산하는 통성혐기성균이고, 운동
성을 가지고 있다. 병원성대장균에 의한 대표 식중독으로는 장출혈성대장균 식중독, 장
병원성대장균 식중독, 장독소형대장균 식중독, 장침습성대장균 식중독 등이 있다.

가. 장출혈성대장균(Enterohemorrhagic Escherichia Coli, EHEC) 식중독

① 원인균

장출혈성대장균(Enterohemorrhagic Escherichia Coli)으로 장내 세균과에 속하는
gram 음성 혐기성 막대균으로 Shiga독소(베로독소)에 의해 대장점막에 궤양을 유발해
서 조직을 짓무르게 하고 출혈성 장염을 일으킨다. 장출혈성 대장균은 혈청형에 따라서
O26, O103, O104, O146, O157 등으로 분류되며 대표적인 혈청형에는 O157 : H7이
있다.

② 감염경로와 원인식품

대장균의 감염경로는 [그림 3-6]과 같다. 적은 양으로 식수, 식품을 매개로 전파된다.
충분히 가열조리되지 않은 음용수를 마시거나 균에 감염된 호수에서 수영할 경우 등 적
은 양으로도 감염된다. 소가 가장 중요한 병원소이며 양, 염소, 돼지, 개, 닭 등에서도 발
견된다.

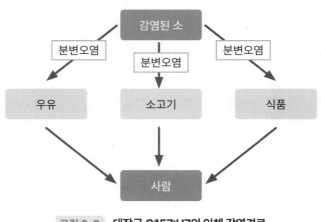

그림 3-6　대장균 O157:H7의 인체 감염경로

③ 잠복기와 중독증상

잠복기는 2~10일로 평균 3~4일 정도이며 발열, 오심, 구토, 심한 경련성 복통을 일으킨다. 설사는 경증에서 수양성 설사, 혈성 설사까지 다양한 양상을 보이며 5~7일간 지속된 후 후유증 없이 회복된다. 그러나 심한 경우 용혈성 빈혈, 혈소판 감소증, 급성신부전증 등의 용혈성요독증후군 합병증이 발생하면 치사율이 3~5%로 사망에 이를 수도 있다.

④ 예방책

사람 대 사람으로도 감염되므로 청결한 위생상태를 위해 손을 자주 씻어야 예방할 수 있다. 특히 어린이들의 감염률이 높아 주의가 필요하며, O-157 대장균은 열에 약하므로 육류제품은 충분히 가열조리해서 음식을 섭취하고, 생고기를 다룬 칼이나 도마 등의 조리기구는 반드시 뜨거운 물로 깨끗이 씻은 후에 소독한다. 야채류는 깨끗한 물로 잘 씻어 섭취한다.

⑤ 치료방법

수분 공급 및 전해질을 신속히 보충해 주며, 용혈성요독증후군 유발 위험이 있으므로 항생제 사용은 권장하지 않는다.

나. 장병원성대장균(Enteropathogenic Escherichia Coli, EPEC) 식중독

① 원인균

장병원성대장균(Enteropathogenic Escherichia Coli)은 장내세균과에 속하는 gram 음성막대균으로 소장에서 일어나는 식중독균이다. 세포질 내에서 균이 증식한 후 베로독소를 분비하고 혈액-수양성 설사를 일으킨다. 주요 혈청형은 O26:H11, O55:H6 등이다.

② 감염경로와 원인식품

오염된 물이나 치즈, 우유, 돼지고기, 닭고기, 소시지, 분유, 도시락, 두부 및 두부 가공품 등의 음식을 통해 전파된다. 드물게 환자나 병원체를 보유한 사람의 대변에 직접 접촉으로 감염되기도 한다.

③ 잠복기와 중독증상

잠복기는 1~6일이고, 구토, 설사, 복통, 발열 등의 증상이 나타난다. 주로 1세 이하의 신생아에게 발생하고 구토, 복통, 설사, 발열을 동반하며, 심한 경우 수양성 설사 증상을 보이나 대부분 회복된다.

④ 예방책

올바른 손 씻기를 생활화하며 식품은 저온에서 저장하고 가열조리해서 섭취해야 한다. 식품 보관 시 뚜껑을 잘 닫고, 주변 환경을 청결히 하기 위한 방충 · 방서시설을 갖춘다.

⑤ 치료방법

설사가 심한 경우 경구 또는 정맥으로 수분을 신속히 보충해 주고 설사가 지속될 경우 항생제로 치료한다.

다. 장독소형대장균(Enterotoxigenic Escherichia Coli, ETEC) 식중독

① 원인균

콜레라균과 비슷한 균으로 Enterotoxigenic Escherichia Coli는 장내세균과에 속하는 gram 음성 막대균이다. 소장 내에 정착하여 증식하는 동안 생성된 열저항 독소와 열민감 독소 2종류의 엔테로톡신 독소를 생성하여 심한 복통과 수양성 설사를 동반하는 식중독으로 균량이 많을 때 증상을 보인다. 주요 혈청형은 O6:H16, O8:H9 등이다.

② 감염경로와 원인식품

오염된 물이나 음식을 통해 전파되며, 드물게 환자 또는 병원체 대변이나 구토물과 직접 접촉하여 감염되기도 한다.

③ 잠복기와 중독증상

잠복기는 보통 1~3일이고, 미열, 복통, 수양성 설사 등의 위장증상을 일으키며, 증상은 5일가량 지속되나 대부분의 감염자는 특별한 치료 없이 회복된다. 그러나 극히 드물게 심부전증, 혈전성 혈소판 감소증 또는 용혈성 요독증후군을 유발한다.

④ 예방책

올바른 손 씻기, 위생적 조리, 음식 익혀 먹기, 물 끓여서 마시기 등을 실천한다.

⑤ 치료방법

설사가 심한 경우 경구 또는 정맥으로 수분을 신속히 보충해 주고, 중증환자에게만 항생제를 권유한다.

라. 장침습성대장균(Enteroinvasive Escherichia Coli, EIEC) 식중독

① 원인균

병원체는 Enteroinvasive Escherichia Coli로 장내세균과에 속하는 gram 음성 막대균으로 독소에 의해 수양성 설사가 발생한다. 대장점막의 상피세포에 적은 양의 균이 침입해서 감염을 일으키는 식중독으로 세포의 괴사로 인한 궤양이 형성되고 점액 및 혈액성의 염증성 설사를 일으킨다. 주요 혈청형으로는 O124:H7, O143:NM 등이 있다.

② 감염경로와 원인식품

오염된 물(지하수 및 음용수 등)이나 음식을 통해 전파되고 드물게 환자 또는 병원체 보유자의 대변에 직접 접촉으로 감염도 가능하다.

③ 잠복기와 중독증상

잠복기는 1~3일이고 주요 증상은 발열, 복통, 구토, 수양성 설사 등이며, 약 10%에서는 혈성설사가 나타나기도 한다. 위장관염 증상은 보통 7일 이내에 소실되어 대부분 증세가 회복된다.

④ 예방책

올바른 손 씻기, 위생적 조리, 음식 익혀 먹기, 물 끓여서 마시기 등을 실천한다.

⑤ 치료방법

설사가 심한 경우 경구 또는 정맥으로 수분을 신속히 보충해 주고 중증환자에게만 항생제를 권유한다.

'햄버거병'의 공식 명칭은 용혈성요독증후군(Hemolytic Uremic Syndrome, HUS)으로 장출혈성대장균으로 인한 합병증이다. 1982년 미국에서 분쇄육인 햄버거 패티를 덜 익혀 먹은 어린이 수십 명이 감염된 이후 '햄버거병'이라 이름이 붙여졌다. 일본에서도 2011년 O-157 대장균으로 인해 육회를 섭취한 여러 명이 사망하는 사건이 발생하였다.

자연에 널리 있는 균으로 수영장, 호수 등에서 노출되는 경우도 있다. 특히 여름철에 대장균(O157:H7)에 감염된 소에서 생산된 고기를 덜 익혀 먹거나, 2차 오염된 균에 의해 감염되기도 하고, 멸균되지 않은 우유나 오염된 야채와 육류를 섭취한 체내에 독이 쌓여 발생하게 된다. 장출혈성 대장균(O157:H7)에 감염되면 건강한 성인은 1~2주 이내 후유증 없이 호전되나 5세 미만의 어린이나 노년층은 이 균에 취약하여 용혈성요독증후군(HUS)으로 이어질 수 있다. 대부분의 환자가 혈변, 오심, 구토 등 출혈성 장염 증상을 보이나 중증인 경우는 급성신부전증이 발생해 목숨을 잃는 경우도 있다.

출처 : 나무위키

(5) 여시니아 엔테로콜리티카(Yersinia Enterocolitica) 식중독

① 원인균

여시니아 엔테로콜리티카(Yersinia enterocolitica) 균은 장내 세균과에 속하며 gram 음성으로 유당을 분해하지 않는 호기성 무포자 간균이며, 편모를 갖고 있다(그림 3-7). 최적 pH는 7.2이고, 발육 최적온도는 25~37℃이다. 0~5℃의 냉장고에서도 발육이 가능한 저온세균이다. Yersinia enterocolitica는 저온보관 상태, 진공포장 상태에서도 증식이 가능하여 가을과 초겨울에도 식중독의 발생 원인이 된다.

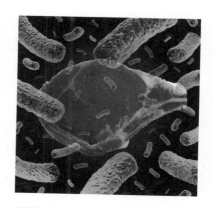

그림 3-7　**Yersinia enterocolitica**

② 감염경로와 원인식품

감염원과 감염경로는 살모넬라 식중독의 경우와 유사하며 도살된 돼지와 소 등의 육류가 감염원이며 쥐가 균을 매개하기도 한다. 또한 동물의 분변과 함께 배출돼서 음료수나 식품에 오염되는 것으로 추정된다. 원인식품으로는 오염된 물, 돼지고기, 양고기, 쇠고기, 생우유, 아이스크림 등이 있다.

③ 잠복기와 중독증상

잠복기는 평균 2~5일이고 주요 증상으로는 복통, 설사, 39℃ 이상의 발열을 수반하는 급성 위장질환으로 심한 경우 패혈증, 피부의 결절성 홍반, 다발성 관절염 등과 같은 증상을 일으킨다. Yersinia enterocolitica 증상 중 어린이 급성위장질환은 맹장염으로 오진되기도 한다.

④ 예방책

돼지고기 등 육류를 취급할 때는 조리기구와 손을 깨끗이 세척하고 소독해야 한다. 그리고 0℃에서도 증식하므로 냉장 및 냉동육, 육가공제품의 유통과정에서 균이 번식하지 않도록 주의해야 한다.

(6) 리스테리아 모노사이토제네스(Listeria Monocytogenes) 식중독

① 원인균

Listeria monocytogenes균은 gram 양성 간균으로 통성혐기성 무아포균이고 세포 표면에 따라 여러 위치에 부착되어 있는 주모성편모이다(그림 3-8). 이균은 중온성 균으로 1~45℃ 범위에서 증식가능하다. 발육 최적온도는 30~37℃이지만 4℃ 이하에서도 느린 속도로 생육한다. 그러나 −18℃ 냉동온도에서는

그림 3-8 **Listeria monocytogenes**

증식하지 못한다. 리스테리아 모노사이토제네스균은 6%의 식염에서도 생존이 가능하나 65℃ 이상에서 5분 이상 가열하면 사멸된다.

② 감염경로와 원인식품

토양, 물, 진흙, 사료 등 부적절한 축산제품을 취급하거나 처리했을 때 오염되며, 자연환경에 널리 분포되어 있는 균이다. 육류, 우유, 연성치즈, 채소 등을 섭취할 경우 감염되고 감염된 동물로부터 사람에게 직접전파도 가능하다. 감염을 일으킬 수 있는 균의 양은 대략 섭취한 음식물 1g당 104~106개 정도이다.

③ 잠복기와 중독증상

잠복기는 2주~2・3개월까지로 기간이 길고, 가벼운 권태감, 발열 등의 인플루엔자와 유사한 증상을 보인다. 건강한 사람은 무증상 또는 1~7일의 잠복기를 거쳐 대부분 정상 회복된다. 그러나 면역력이 저하되고 감수성이 높은 임산부나 신생아, 노인에게는 적은 양으로도 감염이 가능하고 수막염이나 리스테리아 패혈증을 발생할 수 있다.

양, 돼지 등 동물과 조류에 감염되어도 뇌염과 유산, 패혈증의 질병을 일으킨다.

④ 예방책

고염, 저온상태의 환경에서도 생육이 가능하기 때문에 균의 오염 예방이 매우 어렵다. 그러므로 식품제조 단계에서 균의 오염을 방지하거나 제거하거나, 취급할 때 주의한다. 우유는 살균우유를 섭취하고 우유나 유제품・아이스크림, 식육가공품, 과일・야채 등과 같이 저온 보존식품의 경우 세균에 오염되지 않도록 냉장 보관음식은 냉장 보관온도(5℃ 이하)에서 관리・유통해야 한다. 식품을 조리할 때 65℃에서 10분 또는 72℃에서 30초 이상 가열하고 냉장 반조리 식품 등은 반드시 충분히 끓인 뒤에 먹어야 한다.

⑤ 치료방법

대부분 무증상 또는 가벼운 증상으로 회복이 가능하나 심한 경우 페니실린, 암피실린 등의 항생제 치료를 한다.

2) 독소형 식중독

(1) 황색포도상구균(Staphylococcus Aureus) 식중독

① 원인균

황색포도상구균(Staphylococcus aureus)은 음식 내에 증식하며 장독소(enterotoxin)를 생산하여 복통과 설사를 일으키는 독소형 식중독이고, 화농성질환의 원인이 된다. Micrococcaceae과에 속하는 균속이고, [그림 3-9]와 같이 4~5개의 구균이 모여 있는 경우가 많아 포도상구균이라 한다. 소금 농도가 높은 고

그림 3-9 **Staphylococcus aureus**

염과 건조 환경에서 저항성이 강하여 식품이나 가검물 등에서 장기간 생존하여 식중독을 유발하고 오염된 식품을 조리한 식기구 등에 의해 2차 오염이 된다. 엔테로톡신 생성의 최적온도는 40~45℃이고, 포도상구균의 발육 최적온도는 37℃, 최적 pH는 6~7이다. pH 4.3 이하와 60℃에서 3분간 가열하면 균은 사멸되나 식중독 원인독소인 enterotoxin 은 내열성이 강하여 100℃에서 가열해도 잘 파괴되지 않는다.

② 감염경로와 원인식품

토양, 하수 등의 자연계에 널리 분포하고 있고 건강인의 25~30% 정도의 피부, 코 등에 상재하고 있다. 원인식품은 육류 및 가공품과 우유, 크림 버터, 치즈를 재료로 한 과자류 및 유제품과 밥, 김밥, 도시락, 두부 등의 복합조리식품 및 크림, 소스, 어육 연제품 등이다.

③ 잠복기와 중독증상

잠복기는 30분~8시간(평균 2~4시간)으로 세균성 식중독 중 잠복기가 가장 짧은 특징을 가진다. 주요 증상은 타액의 분비가 증가하고 갑자기 발생하는 오심, 구토, 복통, 설사, 심한 복통을 유발하여 발열이 없는 급성위장염을 일으킨다. 대부분 1~3일이면 증상이 완화되고, 사망하는 경우는 거의 없다.

④ 예방책

식품취급자는 손을 청결히 해야 한다. 특히 손에 창상, 화농 또는 신체 다른 부위에 화농이 있으면 식품을 취급해서는 안 된다. 식품제조·조리에 필요한 모든 기구와 기기 등을 청결히 유지해서 2차 오염을 방지해야 한다. 그리고 식품은 적당량만을 조리하고 모두 섭취를 권한다. 음식이 남았을 경우에는 실온에 보관하지 말고 5℃ 이하의 냉장고에 보관한다.

(2) 클로스트리디움 보툴리눔균(Clostridium Botulinum) 식중독

'보툴리즘'은 라틴어로 소시지(Botulus)에서 유래되었고, 1896년 보툴리즘의 원인균이 Van Ermengen에 의해 처음으로 분리된 후 Bacillus botulinus로 명명되었고, 1920년대에 클로스트리디움 보툴리눔으로 부르게 되었다. 전 세계에서 간헐적으로 발생하고 있다. 미국의 경우 연간 100~300건 내외에서 발생하는 것으로 보고되고

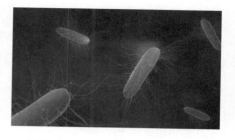

그림 3-10 **Clostridium botulinum**

있고, 2001~2018년 발생사례 분석 시 영아 보툴리눔 중독 71.3%, 식인성 12.1%, 상처형 14.9%, 기타 1.8%로 나타났다. 유럽에서도 100건 내외로 발생되고 있다. 우리나라에서는 2014년 식인성 1회 발생, 2019년 영아보툴리눔독소증 첫 사례 발생, 2020년 보툴리눔독소 실험실 노출사례 등이 보고되고 있다.

① 원인균

Clostridium botulinum은 산소가 없어도 자라는 혐기성균이며 열에 강한 포자를 형성하고 gram 양성 간균이다. 편모가 여러 개 있어 운동성을 가지고 있고, 사람 간 전파는 되지 않는다(그림 3-10). 박테리아인 Clostridium botulinum에 의해 생산된 포자는 환경에 널리 존재하며 산소가 없는 경우 발아하고 성장하여 맹독성의 신경독소(neurotoxin)를 분비한다. 보툴리눔 독소 타입은 7가지 신경독소(A-G) 형태로, 7가지 중 하나의 타입에 의해 유발되는 매우 치명적인 질환이다. 사람의 경우 A, B, E, F형의 신경독소에 의해 유발되고 특히 A형이 가장 치명적이다. C, D, E형은 다른 포유동물, 새, 물고기에서 질병을 일으킨다. 신경독소는 가열해도 생존이 가능하고 운동성 신경을 마비시키는 치명적 독소를 함유해 미량으로도 중증 또는 사망에 이를 수 있다. 1973년에는 독소를 정제시키는 기술이 발달하여 이를 근육 수축이나 마비에 치료 목적으로 사용하고 있다.

② 감염경로와 원인식품

토양, 바다, 호수 등의 자연환경과 동물의 분변, 어류, 갑각류의 장관 등에 널리 분포하며 육류, 채소, 어류 등의 식품 원재료가 1차 감염원이 된다. 이 균에 오염된 식품 원

재료를 식품의 조리 기타 가공과정에서 비위생적으로 처리하게 되면 포자가 발아증식하여 독소를 생성해 식중독을 유발한다. 클로스트리디움 보툴리눔에 의한 식중독을 보툴리누스 식중독(보툴리즘)이라 부른다. 이 균의 원인식품은 pH 4.5 이상의 저산성 통조림과 소시지 등이다.

③ 잠복기와 중독증상

잠복기가 6시간~8일(평균 18~36시간)이지만 2~4시간 이내에 신경계에 영향을 주며 간혹 72시간 후에 발병하기도 한다. 잠복기가 짧을수록 중증증세를 보이는데 E형의 경우 잠복기가 A, B형보다 짧다. 초기에는 현저한 피로, 현기증이 동반되고 시야저하, 입안 건조와 연하 곤란이 온다. 구토, 설사, 변비, 복부팽창의 증상도 발생할 수 있다. 증상은 박테리아 자체에서 유발된 것이 아니라 박테리아에 의해 생성된 독소에 의해 증상이 나타난다. 보툴리누스 중독의 발병률은 낮지만 조기 치료를 받지 않으면 치사율은 50% 이상으로 높다.

| 병기작과 대상에 따라 보툴리눔 중독 구분 |

- **식인성 보툴리눔독소증** : 보존성이 약한 식품 또는 가정에서 만든 식품(부적절하게 처리된) 녹색 콩, 시금치, 버섯, 사탕무와 저산소 보존 야채, 통조림 참치, 발효, 염장 및 훈제 생선, 햄 및 소시지와 같은 육류 제품에서 발견된다. 클로스트리디움 보툴리눔의 포자는 내열성이지만, 독소는 85℃ 이상의 온도에서 5분 이상 가열하면 파괴된다. 식인성 보툴리눔독소증은 저산소 포장재 식품을 바로 먹었을 경우에 중독된 사례가 보고되고 있다. 식인성보툴리누스 중독은 시야 흐림, 구근 약화, 오심, 구토, 설사 후 변비 등의 동반과 심한 경우 호흡부전, 이완성마비 증상을 보인다.

- **영아 보툴리눔독소증** : 주로 생후 6개월 미만의 영아에서 발생한다. 유아가 보툴리눔 균 포자를 섭취하면 포자는 영아 장내에 증식하면서 독소를 방출하고 박테리아로 발아한다. 6개월 이상의 어린이와 성인에게는 장내에서 자연적으로 발생하는 방어기작으로 인해 박테리아의 발아와 성장을 예방한다. 유아의 체내에서 클로스트리디움 보툴리눔은 변비, 식욕 상실, 약화, 외침의 변화 및 머리 조절의 현저한 상실, 영아 돌연사 등을 일으킨다. 특히, 이 균의 포자에 오염된 꿀을 먹어 영아 보툴리눔독소증에 감염

된 사례가 많으므로 1세 이전 영아가 꿀을 섭취해야 할 때는 주의가 필요하다.

- **외상성(상처감염) 보툴리눔독소증** : 상처를 통한 보툴리누스 중독 보툴리즘에서 가장 드문 형태로 혐기성 환경에서 상처가 균에 오염되거나 상처가 불충분하게 치료되었을 때 보툴리누스균의 아포가 발아 증식하여 독소를 분비하고 혈액을 통해 독성이 퍼질 때 발생된다. 증상은 식인성 보툴리누스 중독과 비슷하나 증상이 발현될 때까지 최대 2주가 걸린다. 검은 타르 헤로인 마약 투여자, 외상 혹은 수술환자에게서 발생된다. 외상성 보툴리눔독소 환자는 항독소 투여, 상처의 괴사조직 제거를 위한 항생제 치료를 한다.

- **흡입 보툴리눔독소증** : 흡입 보툴리누스 중독은 자연적으로 발생하지 않고 의도적인 에어로졸의 독소 방출(생물 테러 목적)에 의해 발생된다. 독소를 흡입한 후 1~3일 사이에 증상이 보이며 중독의 발병기간이 길어질수록 발병시간이 길어진다. 흡입 보툴리누스 중독은 식인성 보툴리누스 중독과 비슷한 증상으로 진행되는데 근육 마비와 호흡 부전을 일으킨다. 인간 치사량의 중간값은 체중 kg당 2ng으로 추정된다. (* 1ng(nanogram)=1/109g)

④ 예방책

보툴리눔균은 단순 단백질로서 물리적 방법 pH 4.5 이하, 수분활성 0.94 이하, 염도 5.5% 이상, 80℃에서 20분, 100℃에서 1~2분의 가열로 파괴된다. 화학적 방법인 아질산염 250ppm 존재하에서 포자의 발아가 억제되므로 소시지와 같은 육가공제품에 보툴리눔 식중독 사고를 예방하기 위해 보존제와 항균제를 첨가하는 방법 등이 있다. 그러나 이 균의 아포는 내열성이 커서 멸균처리(120℃에서 4분 이상)하거나 통조림 속 음식을 재가열해 섭취하면 식중독을 예방할 수 있다. 그리고 캔이나 저장 용기가 부풀어 오른 경우는 섭취를 자제한다. 클로스트디움 보툴리누스 식중독의 국내 가용 백신은 없으며 가능한 빨리 항독소제를 투여하고 호흡부전 증상이 있을 경우 인공호흡 등의 치료가 필요하다.

3) 감염독소형(중간) 식중독

(1) 클로스트리디움 퍼프리젠스균(Clostridium Perfringens) 식중독

미국에서는 매년 약 백만 건 이상의 식중독을 유발하는 가장 흔한 식중독으로 알려져 있으며 우리나에서도 해마다 수백명의 클로스트리디움 퍼프리젠스 식중독 환자가 발생하고 있다.

① 원인균

Clostridium perfringens의 welchii균은 [그림 3-11]과 같이 3×9㎛ 크기의 대형 간균으로 gram 양성으로 편모는 없고 포자를 형성하는 세균으로 산

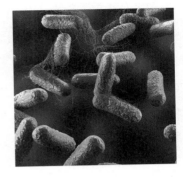

그림 3-11 **Clostridium perfringens**

소가 거의 없거나 전혀 없는 곳에서도 잘 자라는 편성혐기성균이다. 클로스트리디움 퍼프리젠스의 포자는 12~60℃에서 발아한 후 자라기 시작하고, 43~47℃에서 급속히 성장하고 75℃ 이상에서는 균과 독소가 파괴되나 내열성 포자가 있어 가열·조리한 후 장시간 실온에 방치할 경우 아포가 다시 성장하여 식중독을 유발한다.

아포는 퍼프리젠스균이 생존하기 어려운 환경에서 형성하는 것으로 끓여도 죽지 않고 휴면상태로 있다가 세균이 자랄 수 있는 환경이 되면 아포에서 깨어나 다시 증식하므로 대량으로 조리 후 서서히 식힌 음식을 재가열하여 섭취하는 것을 권한다.

② 감염경로와 원인식품

토양, 하천과 하수 등 자연계와 건강한 사람을 비롯하여 포유동물의 장관, 분변 및 식품 등에 널리 분포하고, 공기가 없는 조건에서도 잘 자라며 열에 강한 아포를 갖고 있다. 아포 발아 시 A부터 E까지의 다섯 가지 독소 형태가 나타나는데 주로 A형이 식중독을 가장 많이 일으킨다. 주요 원인식품으로는 닭고기, 국, 고기찜, 분쇄육, 반조리식품 등이다. 대량으로 끓이고 그대로 실온에 방치할 경우 서서히 식히는 과정에서 살아남은 퍼프리젠스 아포(spore)가 깨어나 증식하여 발생한다. 가열조리된 후 실온에서 5시간 이상 방치된 식품에서 많이 발생한다. 제대로 익히지 않았거나 상온에 방치하면 포자가 균으로 자라게 된다. 조리 후 보관온도에 특히 주의해야 한다. 일교차가 큰 봄(3~5월)·가을

(9~11월)에 조리된 식품의 적정 보관온도를 지키지 않는 학교, 병원, 회사 등의 단체급식소에서 식중독이 많이 발생한다.

③ 잠복기와 중독증상

잠복기는 포자 섭취량에 따라 차이를 보이는데, 6~24시간(평균 8~12시간)이다. 대표적 증상은 복통, 설사이며 구토와 발열은 거의 나타나지 않는다. 증상은 갑자기 시작되고 24시간 내에 자연치유된다. 치사율은 약 0.05%로 매우 낮고 사람 간에 전염되지는 않는다. 그러나 영아와 노인의 경우는 1~2주간 설사가 지속되어 탈수와 같은 심각한 합병증이 나타날 수도 있으므로 물을 충분히 마시는 등의 주의가 필요하다.

④ 예방책

혐기성 균이기 때문에 식품을 대량으로 큰 용기에 보관하면 혐기조건이 형성되므로 가능한 소량씩 용기에 나누어 보관해야 한다. 클로스트리디움 퍼프리젠스 식중독의 장독소는 다른 장독소에 비해 열에 약한 편이므로 소고기, 돼지고기, 닭고기 등의 중심온도를 75℃ 이상에서 가열조리하고 남기지 않고 먹도록 한다. 부득이하게 보관했다가 섭취 시에는 75℃에서 1~2분간 재가열하여 섭취해야 한다. 나들이, 현장체험학습, 야유회 등을 갈 경우 김밥, 도시락 등의 보관온도가 높아지거나 보관 시간이 길어지지 않도록 주의해야 한다. 조리된 음식은 가능한 2시간 이내에 섭취하고 그 이상 보관 시 보온(60℃ 이상) 또는 냉장(5℃ 이하)에서 보관한다. 가급적 여러 개의 용기에 나누어 담거나 뜨거운 음식을 차가운 물이나 얼음을 채운 씽크대에 올려놓고 규칙적으로 저어서 빠르게 냉각시키도록 한다.

(2) 바실러스 세레우스(Bacillus cereus) 식중독

① 원인균

Bacillus cereus는 135℃에서 4시간 가열에도 견디는 내열성의 포자를 형성하는 gram 양성 간균으로 사슬형태로 배열되어 있고 주모성 편모가 있어 운동성이 있다. 산소조건에서 잘 증식하는 호기성균이고 7~49℃에서 발육하며 최적 발육온도는 28~35℃이다. 바실러스속에는 비병원균 subtilis와 식중독균 cereus가 있다. 콩을 원료로 한 된장과 간장의 제조에서 바실러스 서브틸리스는 콩을 발효시키는 주된 역할을 하는 세균이다. 바실러스 세레우스는 다른 속과 구별되는 β-용혈 형상을 가지고 있다. 식품 내에 바실러스 세레우스 생장세포나 포자가 존재할 경우에는 대부분 바실러스 세레우스 식중독이 발생한다.

② 감염경로와 원인식품

토양세균의 일종으로 토양, 먼지, 하수 등 자연계에 널리 분포하고 식물에 오염되어 부패, 변패나 식중독을 일으킨다. 바실러스 세레우스균이 검출되는 비율은 높으나 상대적으로 식중독 발생빈도는 낮은 편이다. 영국 등 유럽에서는 발생빈도가 높아 오래전부터 주목을 받아왔다. 최근 우리나라에서도 각종 식품에서 검출되어 규제 대상이 되고 있으며 바실러스 세레우스 포자는 건조식품, 가공조리 식품에서도 발견된다. 바실러스 세레우스 식중독은 계절과 관계없이 발생하고, 지역적인 특성도 없으며 국내 식중독 통계자료에 의하면 어패류, 육류 및 가공품, 복합 조미식품(도시락류), 난류 및 가공품, 야채류 및 가공품 등 다양한 식품에서 발생되고 있다. 조리된 식품을 실온에 오래 방치하면 바실러스균이 이상 증식을 하여 식중독을 일으킨다.

| 바실러스 세레우스 식중독 구분 |

- **구토형 식중독** : 식품에 바실러스 세레우스균이 성장하여 생산한 독소(cereulide)를 섭취하여 발생한다. 독소 세레울라이드는 작은 고리형 펩티드로 매우 안정적이며, 바실러스 세레우스 생장세포가 사멸된 가열식품에서도 생존한다. 대표적으로 쌀밥, 볶음밥 등에서 식중독을 일으키고, 오심, 구토 및 복통을 일으키고, 1~6시간의 잠복기 후 1~2일 내에 회복된다. 바실러스균이 증식하여 독소를 생산하면 조리해도 독소는 불활성화되지 않는다. 이 세균의 경우 10℃ 이하 또는 산소가 없는 조건에서는 성장하더라도 독소인 세레울라이드(cereulide)를 생산하지 못한다고 알려져 있다.

- **설사형 식중독** : 바실러스 세레우스 세균의 생장세포 또는 포자를 섭취한 후 인체의 장 내에서 장독소(enterotoxin)가 생산되어 발생한다. 주로 향신료 사용요리, 육류 및 채소 수프, 푸딩 등이 원인식품이며, 말린 콩, 감자와 같은 건조식품에서도 검출된다. 복통과 설사 증상을 보이며 잠복기는 8~16시간(평균 12시간)이다. 구토는 거의 없고 1~2일 정도 지속된 후에 회복된다. 열에 불안정한 장독소(Nonhemonlytic enterotoxin, Nhe) 혹은 용혈성 장독소(Hemonlytic enterotoxin, HBL)에 의해 발생한다. 설사형 독소는 장내에서 생성되는 열, 산, 알카리, 단백질 가수분해 효소에 민감한 반면에 구토형 독소는 예외적으로 126℃ 열에서 90분 이상 가열할 경우 산, 알칼리, 단백질, 가수분해효소에 저항력을 갖는다.

③ 예방책

식품 조리과정 중에 바실러스 세레우스는 파괴되지만 포자는 조리온도에 훨씬 안정적이어서 식품에 남아 있으므로 높은 습도, 저장성 식품, 10~49℃에서 발아 증식할 수 있다. 가열처리한 식품은 신속히 냉각하여 바실러스 세레우스 포자의 발아와 성장을 방지해야 한다. 곡류와 채소류는 세척하여 사용하고 조리된 음식은 장기간 실온에 방치하는 것을 금지하고 5℃ 이하에서 냉장 보관한다. 저온 보관이 부적절한 김밥 같은 식품은 조리 후 바로 섭취하고, 7~49℃의 상온에 2시간 이상 방치하지 않아야 한다. 바실러스 세레우스를 관리하기 위해서는 HACCP 시스템을 도입하고 온도 관리를 철저히 하는 것이 바람직하다. 낮은 pH(4.5 미만), 낮은 수분활성도(Aw<0.92)는 바실러스 세레우스균의 성장을 억제한다. 바실러스 세레우스균에서 생성된 포자는 100℃에서 1~8분 동안은 열에 저항한다. 바실러스 세레우스에 의한 위장염은 일반적으로 양성질환 치료에 항생제를 사용할 필요가 없고 탈수를 막기 위해 수분을 충분히 보충해 준다. 대부분 1~2일 내에 회복되며 사망하는 경우는 드물다. 세균 성장의 최적 온도는 4~60℃이므로 차가운 음식은 냉장 보관하고 뜨거운 음식은 60℃ 이상에서 보관하면 감염을 예방할 수 있다.

3 바이러스성 식중독

바이러스 식중독의 특징은 호흡이나 발효 등의 대사능력이 없고 식품 내, 장내, 실험실에서 배양되지 않아 식품으로부터 분리하기가 어려우며 손과 건조된 식품 표면에서 수주일간 활성을 잃지 않는다. 반면 산에 대한 저항성이 있어 위산에서는 불활성화되지 않으나 세균을 사멸시킬 정도의 가열조리로 제어할 수 있다. 바이러스성 식중독의 예방법은 분변에 오염되지 않도록 도구, 식품, 손 등을 위생적으로 취급하여야 한다. 오염된 물에 식품을 씻지 말고 식수가 오염되지 않도록 관리를 철저히 하여야 한다. 식품을 가열조리 하여 섭취한다. 식품 속에는 오염된 다양한 바이러스가 있지만 오직 식중독 바이러스만 이 식품을 매개로 하여 전파된다.

세균성 식중독과 바이러스성 식중독의 특징을 [표 3-5]에 비교해 두었다. 그리고 여러 식중독을 예방하기 위해 식중독 예방을 위한 6원칙을 [그림 3-14]에서 확인할 수 있다.

◑ 표 3-5 **세균과 바이러스 식중독의 비교**

구분	세균	바이러스
특성	균 또는 균이 생산하는 독소에 의해 발병	크기가 작은 DNA 또는 RNA가 단백질 외피에 둘러싸여 있는 구조
증식	온도, 습도, 영양성분 등이 적정하면 자체 증식 가능함	자체 증식이 불가능하고, 반드시 숙주가 존재해야만 증식함
발병량	일정량(수백~수백만) 이상의 균이 있어야만 발병됨	소량(10~100개)으로도 발병됨
증상	설사, 구토, 복통, 메스꺼움, 발열, 두통 등의 증상	메스꺼움, 구토, 설사, 두통, 발열 등의 증상
치료	항생제 등을 사용하여 치료 가능하고, 일부 균은 백신이 개발되었음	일반적 치료법이나 백신이 아직 없음
2차 감염	2차 감염되는 경우는 거의 없음	대부분 2차 감염됨

1) 노로바이러스(Norovirus)

노로바이러스는 1968년 미국 오하이오주 노워크(Norwalk) 초등학교에서 발생한 집단 식중독으로 처음에는 노워크 바이러스(Norwark-like viruses(NLVs)로 불리었다. 그 이후 지역이름을 따서 '하와이바이러스', '몽고메리바이러스', '타운톤 바이러스', ' 스노우마운틴 바이러스' 등으로 불리다가 1972년 전자현미경으로 바이러스 형태가 밝혀져 소형구형바이러스(small round virus : SRV)로 명명되었다. 이후 2002년 8월 국제바이러스 분류위원회

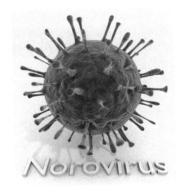

그림 3-12 **Norovirus**

가 '노로바이러스'로 명칭을 통일하였다. 노로바이러스에 오염된 식품을 섭취하면 증상을 일으키고 사람 간 신체 접촉 등을 통해 전파되며 급성 위장관염을 일으킨다.

① 원인균

노로바이러스는 칼리시바이러스(caliciviruses)에 속하며 단일구조의 RNA 바이러스 (Single-strand RNA virus)로 직경 27~40nm의 구형이다. [그림 3-12]와 같이 노로 바이러스는 6개(GⅠ, GⅡ, GⅢ, GⅣ, GⅤ, GⅥ)의 유전자그룹(genogroup)이 있고 3개 (ORF1, ORF2, ORF3)의 면역학적 해독틀(Open Reading Frame, ORF)을 가지고 있다. 이 중 사람에게 급성 위장염을 일으키는 바이러스는 GI, GII, GIV 등 3가지 유형으로 노 로바이러스의 진단은 복잡하다. 바이러스에 감염되면 체내에 항체가 형성되지만 지속기 간이 짧아 몇 개월 만에 상실되어 유전자형에 반복적으로 감염될 수 있다. 노로바이러스 는 pH 2.7로 3시간, 실온에서도 안정, 60℃에서 적어도 30분간 가열해도 불활성화된다.

② 감염경로 및 원인식품

노로바이러스는 감염자의 대변 혹은 구토물, 공기, 오염된 물, 오염된 물에 씻은 과채 류, 오염된 식품을 먹거나 마시거나 접촉한 감염자의 손이나 접촉한 물건 등 경구감염, 접촉감염, 공기감염, 무증상감염, 2차 감염된다. 또한, 생굴을 포함하여 어패류를 날것 으로 섭취함으로써 감염되는 경우가 많고 분변-경구오염 경로에 의해서도 발생한다. 노 로바이러스는 소량(10개)의 바이러스만으로도 감염되며 오염된 손으로 만진 문고리에서 도 감염이 된다. 전 연령층에 위장염을 일으키며 식품 또는 사람을 숙주로 하면서 사람 을 통해 유행한다. 성인의 집단발생은 생굴, 홍합, 대합, 새조개 등의 이매패(쌍각조개) 섭취로 인해 많이 발생하였으며 오염된 채소류를 통해서도 감염된다. 노로바이러스는 인체에서만 증식할 수 있기 때문에 동물실험 및 세포 배양 등의 방법으로 증식시킬 수 없다.

③ 주요 증상

잠복기와 증상은 감염량에 따라 다르나 잠복기는 바이러스에 노출된 후 24~48시간 정도이다. 오심, 분사형 구토, 심한 설사, 복통이 주 증상이고 대부분의 경우 증상은 경 미하여 1~2일 지나면 자연 회복되나 만성 보균자는 없다. 다만 일본의 양로원에서 노로바이러스로 인한 합병증으로 사망자가 발생되었다는 보고가 있다. 노인환자와 같이 면역력이 낮은 사람은 각별한 주의가 필요하다. 노로바이러스로 인한 식중독은 개인위생에 소홀해지는 겨울철에 주로 발생하지만 최근에는 계절에 관계없이 발생하고 있으며 학교, 요양원, 병원, 유람선, 호텔 등 단체 급식시설에서 많이 유행한다.

④ 예방책

노로바이러스는 실내에서 주로 활동해서 사람 간 2차 감염으로 발생 위험이 증가하므로 오물을 만진 후 올바른 손 씻기가 중요하며 자주 손 소독을 해야 한다. 노로바이러스에 감염된 급식소 종사자는 완치 후에도 2주 정도 조리업무에 종사하지 않도록 하여야 한다. 전염성은 증상의 발현기에 가장 심하고 회복 후 3일에서 최장 2주일까지 가능하기 때문이다.

노로바이러스는 항바이러스 백신 등이 개발되어 있지 않고 특별한 치료법이 없으므로 개인 위생관리와 식음료관리를 통한 예방 노력이 중요하다. 탈수증상에 대하여는 경구 또는 정맥으로 수분, 전해질 보충을 해준다.

| 노로바이러스의 예방법 |

- 오염이 의심되는 지하수 등은 사용을 자제하고 식수나 세척용 물의 사용은 반드시 끓여서 사용한다.
- 맨손으로 가열, 조리한 음식물은 만지지 않는다.
- 과일이나 채소류는 흐르는 물에 깨끗이 씻어서 섭취한다.
- 오염지역에서 채취한 어패류 등은 85℃에서 1분 이상 가열해서 섭취한다.
- 2차 감염을 막기 위해 노로바이러스 환자의 변, 구토물의 직접 접촉을 피하고 오물처리 시에는 비닐장갑을 착용하고 비닐봉투에 넣은 후 차아염소산나트륨액(200ppm)을 스며들 정도로 분무한 뒤 밀봉하여 폐기한다.
- 손을 충분히 씻고 주변을 철저하게 소독한다.
- 칼, 도마, 행주 등은 85℃에서 1분 이상 가열하여 사용한다.
- 바닥, 조리대 등은 물과 염소계 소독제를 이용하여 철저히 세척해서 살균한다.
- 차아염소산나트륨(염소 200ppm) : 가정용 락스를 200배 희석한 농도로 살균한다.

- 오염된 옷이나 이불 등은 비누와 뜨거운 물로 가열 세탁한다.
- 감염환자 등과 분리하고 감염환자의 옷과 이불은 철저히 소독하고 감염자와의 접촉을 방지한다.

호화유람선의 단골손님 노로바이러스

노로바이러스 집단 식중독은 호화 유람선에서 종종 발생하는데, 이는 수백 명이 수일~수개월 동안 한정된 공간에서 생활하는 특성과 관련이 깊다. 승객 중 단 1명이라도 노로바이러스에 감염되면 다른 사람에게 전파되는 것은 시간문제이다. 유람선 회사는 노로바이러스 전파를 막기 위해서는 여러 사람의 손길이 닿는 난간·문손잡이·엘리베이터 버튼 등을 자주 소독하고, 식당과 화장실 청소를 자주 해야 한다. 유람선처럼 장기간 한정된 공간에서 집단생활을 할 때에는 모든 사람들이 손을 자주 씻어야 한다. 특히 화장실에 다녀오거나 음식을 먹기 전에는 반드시 손을 씻어야 한다. 자신의 감염을 막기 위해 손으로 눈코입을 만지지 않는 것도 중요하다.

노로바이러스 제거에 가장 효과적인 세척방법은?

채소와 과일을 노로바이러스로 오염시킨 후 담근 물 세척, 흐르는 물 세척, 담근 물 세척 후 흐르는 물 세척 등 3가지 방법으로 노로바이러스 제거 효과를 측정하였다. 실험결과 '담근 물 세척 후 흐르는 물 세척'〉'흐르는 물 세척'〉'담근 물 세척' 순으로 세척효과를 보였다. 표면이 매끄러운 과일은 '담근 물 세척'만으로도 거의 제거되지만 굴곡이 있고 표면이 거친 채소류는 '흐르는 물 세척'까지 해야 한다.

세척 유형별 노로바이러스 제거효과

유형	담금 물	흐르는 물	담금 물 + 흐르는 물
양배추	45.1	82.8	82.8
깻잎	77.2	93.0	94.8
블루베리	94.5	99.6	100

출처 : 식품의약품 안전처, 2010

2) 로타바이러스(Rotavirus)

로타바이러스는 유아와 소아 사이에서 설사를 유발하는 바이러스로, 전 세계의 모든 아이들이 5살 전에 한번은 감염되나 성인들은 아이들에 비해 영향을 덜 받는다. 1973년 호주에서 급성 설사증상 환아의 십이지장에서 처음 발견됐으며 전자현미경으로 보면 수레바퀴모양이어서 로타(rota)라는 이름이 붙었다. 국내에서는 원인을 몰라 오랫동안 가성 콜레라로 불리었다.

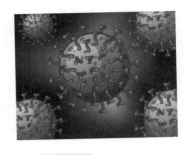

그림 3-13 **Rotavirus**

(1) 병원체

로타바이러스는 [그림 3-13]과 같이 내외 두 층의 캡시드로 되어 있고 지름이 약 65~70nm이다. 11개의 이중가닥 RNA(dsRNA) 분자를 유전체로 갖고 있으며 2개 층의 단백질로 둘러싸인 구조이다. 현재 사람, 동물은 A군~G군까지 분류되지만 A군, B군, C군이 식중독을 일으키며 특히 A형이 세계적으로 만연하고 있고 유아와 어린이의 심한 설사의 주원인이다. 10~100개의 적은 수로도 식중독을 유발한다. 로타바이러스는 설사증 환자의 분변 중 바이러스를 직접 검출하는 많은 방법이 개발되어 시판되고 있다.

(2) 감염경로

A군 로타바이러스는 사람 간 또는 동물 간에도 유행하지만 특히 어린 유아를 중심으로 유행한다. 일본에서는 매년 11월~다음해 3월까지의 동절기에 유행한다. B군, C군 로타바이러스는 형태학적으로 A군과 구별이 어렵다. 그러나 B군 로타바이러스는 1982년 이후 중국에서는 사람 간에 수백~수천 명에 이르는 대규모 유행이 자주 발생하였고, 주로 성인에게 심한 설사 병변을 보여 일명 '성인성 설사 로타바이러스'라고 한다. C군 로타바이러스는 세계 각지에서 위장염을 일으키나 집단발생은 거의 생기지 않았다.

로타바이러스는 분변과 경구로 전파되며 오염된 손에 의해 전파되므로 감염된 조리사가 다루는 음식, 샐러드나 과일 같은 비가열식품을 통해서도 감염된다. 오염된 손을 통해 사람 대 사람으로 전파가 가능하여 가정에서도 흔히 발생된다. A형 로타바이러스는 전 세계적으로 5세 미만의 어린이들에서 중증 급성 위장관염을 유발하는 주요 원인이 바이러스이다. 주로 분변-구강 경로를 통하여 감염되고 잠복기는 2~4일이며 고열, 심한 구토, 설사가 5~7일간 지속된다. 주로 겨울철에 신생아나 유아들에게 장염을 유발한다.

(3) 주요 증상

A군 로타바이러스는 잠복기가 2일 이내이며, 구토, 설사, 발열, 복통, 탈수증상 등을 나타낸다. B군은 잠복기가 평균 2~3일로 심한 수양성 설사, 복부팽만, 구토, 복통 등의 증상을 보이며 20%의 환자에게 1일 10회 이상의 설사를 동반하며 1~14일(평균 6일) 계속하다 회복되며 사망한 경우는 없다. C군은 잠복기가 평균 2~3일이고 수양성 설사, 복통, 구토 등의 증상을 보인다.

(4) 예방책

하수정비가 중요하며 식품의 충분한 가열과 배변 후 철저히 손을 소독한 후 식품을 취급하는 것이 중요하다. A군, B군, C군 모두 유효한 치료법은 없고 구토, 설사에 의한 탈수증상에 대한 액체, 전해질의 보급이 주로 이용되고 있다. A군에서 사람 로타바이러스 항체를 가지는 γ-글로불린이나 우유 투여 등의 효과가 인정되고 있다.

1 손 씻기

"흐르는 물에 비누로 30초 이상 손 씻기!"

손가락 사이와 손톱, 엄지손가락 부분은
잘 씻기지 않으므로 꼼꼼하게 씻기

2 익혀 먹기

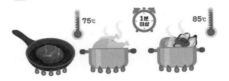

"육류 중심온도 75℃(어패류는 85℃)
1분 이상 익히기"

완전히 가열조리하고, 무더운 여름철에는
가급적 가열식품 위주로 섭취

3 끓여 먹기

"물은 끓여서 마시기"

물은 100℃ 이상 끓이거나
소독된 안전한 물 마시기

4 세척·소독하기

"식재료·조리기구는 깨끗이 세척·소독"

· 생으로 먹는 식품은 흐르는 물에 3회 이상 세척
· 조리도구 열탕소독 또는 염소소독

5 구분 사용하기

"날음식과 조리된 음식
구분하여 보관"

"칼·도마 구분 사용"

 채소류   육류

· 도마나 칼이 1개일 경우
사용 중, 사용 후에 각각 도마와 칼 세척하기
채소류→육류→어패→가금류 순서로 사용

6 보관 온도 지키기

냉동실
-18℃
이하

냉장고
5℃
이하

"냉장식품은 5℃ 이하
냉동식품은 -18℃ 이하 보관"

식재료 배송 시 채소와 육류, 어패류
각각 구분 보관 및 보관온도 지키기

출처 : 식품의약품안전처, 식중독 예방을 위한 6대 수칙, 2023

그림 3-14 식중독 예방을 위한 6대 원칙

4 자연독 식중독

식물 또는 동물이 원래부터 가지는 성분이나 먹이사슬을 통해 동물의 체내에 축적되어 유독물질에 의해 사람이 먹는 식품으로 혼입되거나 식품으로 오인하여 섭취하는 경우 일어나는 질환을 자연독 식중독이라고 한다. 자연독 식중독의 발생건수는 세균성 식중독이나 화학적 식중독 등에 비해 낮으나 발생하면 사망자 수가 제일 높다. 특히 복어독에 중독되면 치사율이 매우 높다. 동물성 자연독에는 복어 외에 독어, 조개류 등이 있고, 식물성 자연독은 청매실, 독미나리, 독버섯 등이 있다.

1) 동물성 독소

(1) 복어독

① 독소의 특징

세계적으로 복어는 수십 종이 있는데 복어의 종류에 따라 독성이 다르고 식용 가능한 복어는 십수 종으로 아주 적다. 복어의 독은 생식선(난소), 간장, 장에 함유되어 있고, 복어의 종류와 부위에 따라 독성이 다르다. 테트로도톡신은 헤미아세탈(hemiacetal) 고리 형태로 매우 강력한 비단백성 독성으로 무색, 무미, 무취의 맹독성 물질이다. Tetrodotoxin은 약염기성 물질로 106℃에서 4시간 이상 가열해도 파괴되지 않고 산에 안정적이다.

② 치사량

성인에 대한 치사량은 1~2mg의 극소량만으로 생명을 위협한다. 청산가리의 13배에 달하는 독소로 섭취 시 치사율이 50~60%이다.

③ 중독 원인 독소

복어류가 가진 독을 총칭하여 테트로도톡신(tetrodotoxin)이라 한다.

④ 증상

복어독 섭취 시 운동장애, 구토 등의 증세가 나타나고 중증인 경우에는 혈관 운동 신경의 마비 및 혈압강하, 호흡중추 마비가 일어나 사망에 이르게 된다. 복어독의 증상은

1~4단계로 증상이 나타난다. 1단계 : 2~3시간 내에 입술, 혀끝, 손끝이 저리고 두통, 복통, 구토를 하고, 2단계 : 지각마비, 언어장애, 혈압강하 등의 증상이 나타나고, 3단계 : 운동 불능의 상태인 호흡곤란상태가 되며, 4단계에서는 전신마비 증세, 청색증(cyanosis) 또는 의식을 잃고 사망에 이르게 된다.

⑤ 예방방법

복어독은 산란기 직전인 5~6월에 강한 독성이 있어 봄철 섭취를 주의해야 한다. 복어 요리는 반드시 자격증을 소지한 전문가가 만드는 것만 먹어야 한다. 복어독의 중독증상은 식후 30분~수 시간에서 시작하여 심한 경우 5분 내에 사망할 수 있다. 그러나 중독 증상은 있으나 8시간이 경과해도 생명에 지장을 주지 않을 경우는 근육 마비 현상이 며칠간 지속되다 회복된다.

⑥ 치료방법

해독제가 없기 때문에 섭취한 즉시 구토를 하고 중독 초기에는 구토제 사용, 2~5% 중조로 위세척 등의 방법으로 독성을 제거하여야 한다. 혈압저하의 경우에는 강심제와 혈압 상승제를 사용하고 호흡이 곤란한 경우에는 호흡촉진제를 투여하거나 인공호흡을 실시한다.

(2) 시가테라독(ciguatera)

① 독성의 특징

시가테라 중독은 일본 동경에서 1949년 최초로 발견되었다. 산호초와 해조류 표면에 부착하여 생육하는 플랑크톤(Gambierdiscus toxicus)이 생성하는 독소(시가톡신, ciguatoxin)를 소형 어류가 섭취하여 독이 축적되고 다시 큰 어류에 농축되고 사람이 농축된 어류를 섭취하여 중독 증상이 발생한다. 시가테라 독어는 300종 이상에 달하고 시가테라 중독을 일으킬 가능성이 높은 물고기로는 육식성 암초어류인 창꼬치(barracuda), 그루퍼(grouper), 곰치(moray eel), 잿방어(amberjack), 농어(sea bass), 암초어류(reef fish), 철갑상어이다. 근육보다는 내장, 머리, 혀 등에 축적되어 있어 독성이 강하다. 시가테라 독성은 가열, 냉동, 염장, 초절이나 위산에 의해서는 분해되지 않는다. 전 세계적으로 시가테라 중독 환자는 연간 약 5만 명에 달한다. 수산물로 인한 식중독 중 세균성

을 제외하고 세계 최대 규모이나 물고기에 함유된 시가톡신의 양이 각기 다르고 독성이
낮다. 중독증상이 매우 심한 경우에는 호흡 곤란 및 마비증상과 저혈압으로 사망에 이를
수 있으나 사망하는 경우는 극히 드물다.

② 중독 원인 독소

시가테라의 원인물질은 시가톡신(ciguatoxin)으로 복어와 달리 지용성 독이다.

③ 증상

1~8시간이 지난 후에 증상이 나타나며 회복기간은 경증일 경우는 2~3일, 중증은 1개
월 정도 걸린다. 주요 증상으로는 입술, 혀, 인후의 통증, 입과 손발의 마비, 오심, 구토,
금속적인 맛, 입건조, 설사, 입과 볼의 경련, 두통, 관절통 및 냉온감각 이상 현상(입 주
위나 손발의 온도 감각에 이상이 생기는 드라이 아이스 감각), 부정맥, 혈압저하 등이 나
타난다.

④ 예방방법

시가테라 중독은 남북위 35도 사이의 열대 또는 아열대 해역에서 발생하며 일본, 대
만, 홍콩 등에서 증가하고 있다. 우리나라는 비교적 안전하였으나 기후 온난화로 우리나
라도 시가테라 중독에 관심을 가져야 한다. 예방방법은 해외 여행 시 열대 · 아열대 지방
의 생선을 함부로 먹지 않는 것이다. 시가테라 중독의 해독제는 아직 없고, 증상이 발현
된 지 48시간 이내인 경우 신경학적 증상이 있는 경우 만니톨 정맥주사 치료를 한다.

(3) 히스타민 중독

히스타민을 많이 함유하고 있는 어류를 섭취하여 나타나는 중독증세로 히스타민 중독
(고등어 식중독)이라 한다. 특정 영양소를 과잉 축적한 히스타민 중독은 우리나라를 포
함하여 세계적으로 자주 발생되지만 대부분 증상이 경미하게 지나간다. 참치, 가다랑어,
전갱이, 고등어와 같이 등푸른 생선을 상온에 저장하면 모르가니균이 근육에 있는 히스
티딘을 분해하여 히스타민으로 탈탄산되거나 유독아민을 생성하여 알레르기 식중독이
발생한다. 독소 생성과정에서 어류에 사우린(saurine), 푸드레신(putrescine), 카다베린
(cadaverine) 등 독소 물질이 생성된다. 이러한 독소는 조리, 통조림, 저온에서 감소되지

않는다. 식중독을 일으키는 히스타민 양은 200~500ppm이고, 사망한 사례는 없다. 중독증상은 히스타민을 함유한 어류 섭취 후 3시간 이내에 메스꺼움, 구토, 설사, 목이 타는 듯한 느낌, 두통, 피부홍조, 두드러기 등의 증세가 3시간 정도 지속된다. 우리나라는 냉동, 염장, 통조림, 건조 절단 형태의 고등어, 다량어류, 연어, 꽁치, 청어, 삼치류의 히스타민 농도를 200mg/kg 이하로 규격을 정하고 있다.

(4) 조개중독

동물성 식품 중 자연독을 함유한 식품은 대부분이 어패류이다. 조개류의 독성물질은 주로 내장에 존재하며 열에 대한 저항성이 높아 잘 파괴되지 않는다. 독성을 지닌 플랑크톤을 섭취하고 축적해서 독을 함유하게 된다. 동물성 자연독의 대부분이 어패류에서 발생된다.

가. 마비성 조개중독(Paralytic Shellfish Poisoning, PSP)

① 특징

미국 캘리포니아 연안과 알래스카 연안에 주로 서식하는 식물성 플랑크톤인 외편모조(gonyaulax catenella)는 삭시톡신(sacitoxin)이라는 독성분을 함유하고 있고, 이를 조개가 섭취함으로써 조개의 체내에서 독이 축적된다. 마비성 조개중독은 섭조개, 진주담치, 홍합, 대합조개, 모시조개 등의 쌍이매패 조개 등을 사람이 섭취함으로써 식중독을 일으키게 된다. 외편모조(gonyaulax catenella)는 5~9월에 주로 증식하는데, 마비성 조개독의 생성은 적조현상과 관련이 높다. 적조현상은 유독 플랑크톤의 농도가 20,000~50,000/ml일 때 나타나며, 2~3일간 지속되는 동안에 독성은 증가하나 적조가 끝나면 3주 내에 독을 배설하거나 분해하여 독력이 소실된다.

② 중독 원인 독소

마비성 조개중독의 원인은 삭시톡신(saxitoxin), 고니어톡신(gonyautoxin), 프로토고니어톡신(protogonyautoxin) 등 20여 종이 알려져 있다. 삭시톡신(saxitoxin)은 신경독소이며 맹독성이다.(식품공전 허용기준 0.8mg/kg)

③ 증상

중독증상은 음식 섭취 후 30분이 경과하면 나타나며 입술, 혀, 잇몸 등의 마비로 시작하여 안면마비, 사지마비, 보행불능, 언어장애 등의 증세를 보인다. 중증인 경우에는 호흡마비로 사망에 이르기도 한다. 사망은 12시간 이내에 일어나며 치사율이 10~15% 정도이다. 경증인 경우에는 1~2일 내에 회복되지만 독성은 5~9월에 가장 강력하다. 응급조치 시 구토에 대한 독성물질 배출, 심폐보조장치 지원과 수액 공급이 이루어진다.

나. 신경성 조개중독(Neurotoxic Shellfish Poisoning, NSP)

① 특징

신경성 조개중독은 독성을 함유한 굴을 섭취함으로써 발생한다.

② 중독 원인 독소

굴은 유독성분을 지닌 플랑크톤이 생성하는 브레베톡신(brevetoxin)을 체내에 축적한다.

③ 증상

섭취한 후 수시간 내에 구토와 설사 증상이 나타나고, 입안이 찌릿해지면서 얼굴, 목 등의 신경에 이상이 생기고, 동광확대현상 등의 중독증상을 보이게 되나 보통 1일 이내에 회복된다.

다. 설사성 조개중독(Diarrhetic Shellfish Poisoning, DSP)

① 특징

1976년 일본에서 진주담치(Mytilus edelis)에 의한 집단식중독 발생 이후 계속적으로 일어나고 있다. 설사성 조개중독은 검은조개(진주담치), 큰가리비, 가리비, 백합, 민들레조개, 모시조개, 검은조개, 바지락 등에서 발생한다. 독성물질은 지용성 패독으로 내열성이기 때문에 가열조리에 의해 파괴되지 않는 것이 특징이다. 지역별로 차이는 있으나 5~8월에 심해지고 여름에 독성이 가장 강해진다.

② 중독 원인 독소

유독성분은 오카다산(okadaic acid), 디노피시스톡신(dinophysistoxin), 펙테노톡신

(pectenotoxin) 등이다.(식품공전 허용기준 0.16mg/kg)

③ 증상

섭취한 후 4시간 이내에 설사, 구토, 복통 등과 같은 급성 위장염, 온냉감각역전 증상을 나타내고, 열은 나지 않는다. 보통 24시간 이내에 완쾌되며 사망한 예는 없다.

라. 베네루핀(Venerupin)에 의한 중독

① 특징

바지락, 굴, 모시조개 등이 유독 플랑크톤을 섭취하고 중장선에 유독성분이 축적되어 사람이 섭취하였을 때 식중독이 발생한다. pH 5~8, 100℃에서 1분간의 가열에도 안정적이다. pH 9 이상이 되면 불안정해진다. 지역적 특이성에 따라서 독성이 다르게 나타나며 무독지역에 유독조개를 이식하면 약 10일이 지나 유독성분이 발생하고 반대로 이식하면 약 2주 후에 조개가 무독화된다.

② 중독 원인 독소

베네루핀(venerupin)으로 치사율이 50%로 높은 편이며 중증일 경우 10시간~7일 이내에 사망하게 된다.

③ 증상

잠복기는 1~2일 이내이고 주요 증상은 초기에 불쾌감, 전신권태, 구토, 두통, 미열이 나타나고 내장 출혈, 피하의 출혈반점으로 배, 목, 다리 등에 적색 내지 암갈색 반점, 황달현상도 나타난다. 중증일 때의 뇌 증상으로 의식혼탁, 잇몸출혈, 토혈, 혈변을 동반하며 사망에 이르게 된다.

마. 기억상실성 조개중독(Amnesic shellfish poison)

1990년대 미국 서부에서 식중독 사례가 발생되었다. 패류, 어류 등이 유독규조류 슈도니츠카이(Pseudonitzschia spp,적조식물)를 직접 섭취하거나 도모산(domoic acid) 독성물질이 축적된 어패류를 섭취하였을 때 중독증상을 일으킨다. 신경독소를 지닌 도모산은 수용성 비단백질물질로 사람이 섭취하면 기억상실 증상이 나타난다. 원인식품은 홍합,

가리비, 오징어, 멸치 등이 있으며, 주요 증세는 구토, 설사, 복통, 위장관증세와 어지러운 두통 등 신경계 증세를 보인다. 위장관증세는 24시간 이내, 신경계 증세는 48시간 이내에 나타난다.

바. 테트라민(Tetramine)중독

소라고둥, 명주 매물고둥, 나팔고둥, 조각매물고둥, 관절매물고둥 등의 권패류의 타액선에는 테트라민이 함유되어 있다. 테트라민에 중독된 조개를 섭취하고 30분 후에 두통, 배멀미, 눈밑 통증, 두드러기와 같은 증상을 보이며 보통 2~3시간이 지나면 자연 회복된다. 조개를 먹기 전에 타액선을 제거하여 테트라민중독을 예방한다.

2) 식물성 독소

감자, 버섯 등과 같이 유독성분을 함유하고 있는 식물을 섭취함으로써 식중독을 일으키게 되는 것을 식물성 식중독이라 한다. 식물 자체에 저분자량으로 구성된 내인성 유독물질과 2차적 대사산물에 의해 식중독이 발생된다. 내인성 유독물질은 광합성, 성장, 생식과정에서 자체적으로 생산된 1차 대사산물이고, 2차 대사산물은 식물색소, 향미, 보호물질 같은 화합물로 성장저해, 신경독소, 돌연변이물질, 발암물질, 기형유발물질 등에 의해 독성을 가지게 된다.

(1) 유독성분을 가진 식용식물

① 감자(Solanum tuberosum)

감자 중 쓴맛의 솔라닌(Solanine)을 함유하고 있으며, 감자의 빛이 노출되어 발아 부위와 녹색부위에는 솔라닌 배당체(solanidin과 glucose, fhamnose, glactose의 결합상태)가 생성되고, 이 부분을 섭취하면 중독증상을 일으킨다(그림 3-15). 솔라닌은 콜린에스테라아제(Cholinesterase) 활성을 저해하는 물질로 신경 전달물질인 아세틸콜린의 분

그림 3-15 **감자(Solanum tuberosum)**

해를 저해하여 신경자극의 전달이 차단되어 신경마비 증상을 보인다. 감자 자체의 솔라닌 함유량은 2~13mg/100g이나 발아 및 녹색부위에 80~100mg/100g 이상을 함유하고 있다. 솔라닌 독소의 함량이 0.2~0.4g/kg 이상 되면 중독의 위험성이 커진다. 조리과정을 통해 솔라닌의 독소는 파괴되지 않으므로 먹기 전에 반드시 발아 및 녹색부위를 제거하고 물에 침지해 두었다가 가열조리하면 독성이 감소된다. 중독증상은 섭취하고 수시간 후에 안면창백, 구토, 설사 증상을 보이며, 피부가 차가워지고 두통, 정신착란, 근육위축 등이 발생한다. 중증일 경우에는 전신이 쇠약해지고 순환기능, 호흡기능에 이상을 초래한다.

② Cyan 배당체 함유식물

살구씨, 청매(미숙한 매실)(그림 3-16)에 있는 아미그달린(amygdalin), 오색두 파세오루나틴(Phase-olunatin), 수수의 두린(dhurrin)의 독성 성분이 시안배당체에 속한다. 시안배당체(cyanogenic glyco-side)는 자연에 널리 분포되어 있으며 산이나 효소에 의해 가수분해되면 청산(HCN)을 형성하는 화합물을 총칭한다. 시안배당체는 원래 식물 세포의 액포

그림 3-16 **청매실**

내에서 시안히드린(cyanohydrin)과 청산 전구체가 결합된 이당류의 형태로 존재하는데, 식물조직이 손상되면 식물 자체 효소(청산가리)에 의해 보호된다. 그러나 사람이 시안배당체 성분을 섭취하면 미토콘드리아(mitochondria)의 시토크롬(cytochrome) 산화효소와 결합하여 세포호흡을 중단시키는 위험한 물질이다. 살구씨에서 검출되는 주요 '청산배당체(cyanogenic glycoside)'는 '아미그달린(Amygdalin)'으로 이를 씹거나 분쇄하면 '시안화물(cyanide)'로 분해된다.

증상은 섭취 후 30~60분 내로 두통, 호흡곤란, 시신경위축, 경련 등이 나타나며 중증일 경우 호흡마비에 의해 사망하게 된다. 시안화물은 인체에는 급성 독성물이며 치사량은 0.5~3.5mg/kg(bw)이고 급성기준노출량을 초과하지 않으면서 섭취할 수 있는 살구씨의 최대 추정량은 유아의 경우 0.06g/kg(bw), 성인은 0.37g/kg(bw)이다. 유아는 하나의 작은 살구씨, 성인은 작은 살구씨 3개를 섭취했을 때 급성기준노출량을 초과하게 된다.

은행, 아마씨, 복숭아씨 등에도 시안배당체가 함유되어 있어 섭취 시 주의가 필요하다. 아마씨는 물에 장시간 침지하여 수차례 세척하거나 가열 후 섭취하여야 하며 권장섭취량은 1회 4g, 하루 16g(약 2숟가락) 미만이다. 은행은 시안배당체와 메칠피리독신이 들어 있어 가열 후 섭취해야 하며 성인은 하루 10알 미만, 어린이는 하루 2~3알 미만 섭취가 적당하다.

③ 목화(Gossypium indicum)

목화의 씨, 뿌리, 줄기에는 유독성분 페놀화합물로 고시폴(gossypol)이 함유되어 있다. 고시폴은 노란 색소로 면실유 가공 시 부적합한 정제과정을 거치면 독성이 남아 있게 된다. 페놀화합물은 펩시노겐이 펩신으로 활성저해 및 철분의 이용을 감소시킨다. 고시폴의 중독증상은 피로, 체중감소, 설사, 현기증, 구내건조, 위장관의 출혈, K결핍, 순환부전 등을 유발한다.

④ 피마자(Ricinus communis, 아주까리)

피마자의 종자에는 리신(ricin)이라는 독성 단백질이 함유되어 있고 종자와 잎에는 리시닌(ricinine)이 함유되어 있다. 리신은 섭취량에 따라 알레르기나 독성 증상을 보이며 체내의 세포에 존재하는 탄수화물과 결합하고 단백질 합성을 저해한다. 메스꺼움, 구토, 위장염, 복통, 설사 등의 증상이 나타나고 심하면 소화기출혈, 간, 비장, 신장의 괴사로 이어져 사망에 이르게 된다.

(2) 오용하기 쉬운 유독식물

① 독미나리(Cicuta virosa Linne)

쌍떡잎식물 산형화목 미나리과의 여러해살이풀로 독근, 독물통소대, 독근채화라 불리며 습지에서 자라나는 유독성 식물이다. 우리나라 중부지방, 북부지방의 산야나 주택주변에 자생하며, 미나리와 비슷하게 생겼으나 높이가 1m 정도로 줄기가 굵고 마디가 있다. 유독성분은 지방족 불포화알코올인 시큐톡신(cicutoxin)을 많이 함유하고 있다. 섭취후 1시간 내에 발병하며 경증은 메스꺼움, 구토, 복통의 증상을 나타내고, 중증은 중추신경마비와 심장박동 증가, 호흡곤란이 오면서 사망을 초래한다.

② 미치광이풀(Scoplia japonica)

광대작약, 미친풀, 미치광이라고도 하며, 깊은 산골짜기의 그늘진 곳에서 자라고 4~5월 자주색 꽃을 피운다. 뿌리줄기에는 알칼로이드인 히오시아민(hyoscyamine)과 스코폴라민이 들어 있어 독성이 강하다. 뿌리나 줄기를 10g 이상 섭취하면 땀이 나기 시작하고, 환각이 보이면서 미친 증상과 흥분, 동공확장, 호흡곤란, 심정지 등으로 사망에 이른다. 한방에서는 이런 독성을 진통제와 진경제의 원료로 쓰고 있다.

③ 독보리(Lolium temulentum, 독맥)

유럽이 원산지로 포아풀과의 일년초이다. 거친 땅에서 잘 자라고 종자에 테물린(temuline)라는 유독한 알칼로이드가 함유되어 있다. 밀가루 중에 혼입되어 중독을 일으키기도 한다. 증상은 두통, 현기증, 구토, 위통, 변비, 설사 등이며, 중증일 때는 배뇨 곤란, 냉한, 사지 경련, 혼수를 일으켜 사망하게 된다.

④ 기타의 독초를 [표 3-6]에 산나물과 구별할 수 있도록 특징과 사진을 실었다.

🌢 표 3-6 **산나물과 독초 구분**

산나물	독 초
원추리 털과 주름이 없음	**여로(독초)** 잎에 털이 많으며, 길고 넓은 잎은 대나무 잎처럼 나란히 맥이 많고 주름이 깊음

산마늘 마늘냄새가 강하고 한 줄기에 2~3장 잎이 달림	**박새(독초)** 잎의 아랫부분은 줄기를 감싸고 여러 장이 촘촘히 어긋나며, 가장자리에 털이 있고 큰 잎은 맥이 많고 주름이 뚜렷함

곰취 잎이 부드럽고 고운 털이 있음	동의나물(독초) 주로 습지에서 자라며 둥근 심장형으로 잎은 두꺼우며 앞, 뒷면에 광택이 있음
참당귀 잎은 오리발의 물갈퀴처럼 붙어 있고 뿌리와 연결되는 줄기 하단부의 색상이 흰색이며 꽃은 붉은색임	지리강활(개당귀, 독초) 잎이 각각 독립되어 있고 뿌리와 연결되는 줄기 하단부 의 색상이 붉으며 꽃은 흰색임
우산나물 잎이 2열로 깊게 갈라짐	삿갓나물(독초) 가장자리가 갈라지지 않은 잎이 6~8장 돌려남

(3) 발암성 물질 함유식물

① 고사리(Pteridium aquilinum)

고사리에 함유된 독성물질인 프타퀼로사이드(ptaquiloside)는 티아미나제(thiaminase)를 함유하여 비타민 B_1 결핍증을 초래하고 위암, 방광암, 후두암, 식도암을 유발한다. 고사리의 프타퀼로사이드는 물에 용해되기 때문에 고사리를 삶고 물에 담가 불리는 과정에서 제거된다. 고사리를 섭취하기 전에는 여러 번 씻어 독성과 떫고 쓴맛을 제거한다.

② 피롤리지딘 알칼로이드(pyrrolizidine alkaloids; PAs) 함유식물

필롤리지딘 알칼로이드는 식물의 곤충에 대한 방어 메커니즘으로 생산되며, 사람이 섭취하였을 경우에는 간독성으로 간정맥경화증과 간암을 유발한다. 국화류, 콩류, 허브류에서 PAs가 발견되고 일반식품을 오염시킬 수 있으므로 주의가 필요하다. 대부분의 벌꿀은 안전 수준이지만 특정 종류는 안전섭취허용량 근접으로 유아, 수유부, 어린이는 섭취를 주의해야 하며 특히 1세 미만 아기에게는 벌꿀 섭취를 금지해야 한다. 우리나라 PAs 1일 섭취한계량은 0.0215µg/kg b.w/day이다.

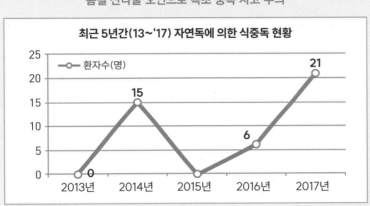

봄철 산나물 오인으로 독초 중독 사고 주의

식품의약품안전처 집계에 따르면 최근 5년간('13~'17) 총 4건의 자연독 중독사고로 환자 42명이 발생하였다. 독초를 산나물로 오인하여 채취하고, 가족이나 지인들과 함께 섭취하면서 다수의 피해자가 발생하게 된다. 봄철 새순이 올라오는 시기에는 독초와 산나물의 생김새가 비슷하여 전문가도 구별이 쉽지 않으므로 산행 중 등산로 주변에서 산나물이나 약초를 직접 채취하지 말고 섭취하지 말아야 한다.
산나물로 혼동하기 쉬운 식물로는 여로(독초)를 원추리로, 동의나물(독초)을 곰취로, 박새(독초)를 산마늘로 혼동하기 쉽다. 그리고 먹을 수는 있으나 미량의 독성분을 함유하고 있어 반드시 끓는 물에 데쳐서 독성분을 제거하고 먹어야 하는 산나물로는 원추리순, 두릅, 다래순, 고사리 등이 있다. 산나물이나 약초를 섭취 후 구토·두통·복통·설사·호흡곤란 등의 이상 증상이 나타나는 경우 즉시 병원으로 가야 한다. 이때, 정확한 진단과 치료를 위해 섭취한 산나물이나 약초를 병원으로 가져가 확인할 수 있도록 하는 것이 좋다.

출처 : 식품의약품안전처

3) 버섯독 식중독

독버섯을 식용버섯으로 잘못 알고 채취하여 먹으면 식중독을 일으키게 되는데 버섯은 널리 식용되고 있다. 버섯의 종류는 수천 종에 이르나 식용버섯은 100여 종이고 독버섯으로 확인된 것은 243종에 이른다. 산이나 들에서 쉽게 발견할 수 있지만 독버섯을 일반인들이 감별하기 어려워 독성 있는 버섯을 식용하여 식중독 사고가 일어난다.

버섯의 독소물질은 사람들이 일반적으로 생각하는 독소 물질과는 다르기 때문에 독버섯에 대한 잘못된 상식을 믿고 야생버섯을 무조건 식용하는 것은 매우 위험하다. 맹독성 버섯은 극히 소량으로도 인체에 치명적인 위해를 줄 수 있기 때문이다.

독버섯의 종류로는 화경버섯(lampteromyces japonicus), 일광대버섯(amanita phalloides), 깔대기버섯(clitocybe infundibuliformis), 독우산광대버섯(amanita virosa), 마귀광대버섯(cyromitra esculenta), 땀버섯(inocybe rimosa), 미치광이버섯(cymnopilus spectabilis) 등이 있다. 독버섯의 유독성분은 무스카린(muscarine), 무스카리딘(muscaridine), 콜린(choline), 뉴린(neurine), 팔린(phaline), 아마니타톡신(amanitatoxin), 아가리신(agaric acid), 필즈톡신(pilztoxin) 등이 있다. 이 중 가장 독성이 강한 것은 뇌신경 장애를 일으키는 무스카린(muscarine)으로 치사량은 0.5g으로 맹독성이며 땀버섯(inocybe rimosa), 마귀광대버섯(amanit pantherina)에 특히 많이 함유되어 있다. 무스카린 중독은 부교감신경 말초를 흥분시켜 체액 분비를 증진시키고 호흡곤란, 경련성 위장수축 등의 증상을 나타낸다.

그 외 독버섯에 의한 중독증상으로 위장장애, 콜레라증, 혈액독형, 뇌장애형으로 구분된다. 위장장애형은 무당버섯, 큰붉은젖버섯, 야광버섯으로 구토, 복통, 설사 등의 위장염 증상을 보이며 사망사례는 낮다. 콜레라형 중독은 식후 6~12시간 후에 발병하고 심한 위장염과 쇠약, 경련, 혼수를 동반하며 심한 경우는 간장과 신장이 파괴되어 혼수상태, 사망에 이른다. 우리나라에서 중독된 예는 드물지만 유럽에서는 버섯중독의 90% 이상을 차지한다. 치사율이 60% 이상으로 상당히 높고 위험하다. 혈액독형은 위장장애를 보이며 빈혈, 혈뇨 등의 증상을 동반하며 뇌장애형은 일시적 흥분과 환각 상태를 보인다.

독버섯 중독을 막으려면 야생버섯의 섭취를 삼가야 한다. 중독증상이 나타나면 바로 119에 전화하여 환자발생과 위치를 알리고 환자의 의식이 있으나 경련이 없다면 구급차가 올 때까지 물을 마시게 하고 손가락을 입안 깊숙이 넣어 토하게 한다. 그리고 먹고 남은 독버섯을 소지하고 환자를 의료기관에 이송한다.

독버섯 잘못된 판별법

- 버섯의 살이 세로로 쪼개지는 것은 무독하다.
- 색이 아름답고 선명한 것은 유독하다.
- 독버섯은 대에 띠가 없다.
- 독버섯은 곤충이나 벌레가 먹지 않는다.
- 버섯을 끓였을 때 나오는 증기를 은수저에 대어봤을 때 색깔이 검게 변하면 유독하다.
- 맹독성 독우산광대버섯은 흰색으로 세로로 잘 찢어지고, 대에 띠가 있고, 벌레들도 버섯을 잘 먹는다.
- 표고버섯은 식용버섯이지만 요리에 은수저를 넣으면 변색되기도 한다.

독우산광대버섯

표고버섯

출처 : 식품안전나라 '독버섯 2014'

5 곰팡이독 식중독

곰팡이 독소는 곰팡이로부터 만들어지는 2차 대사산물로서 사람과 가축에게 발효, 약 등으로 이롭게 사용될 수도 있으나 독소가 생성되면 사람과 동물에게 해롭게 작용한다. 곰팡이의 대사산물로 사람이나 동물에게 질병이나 이상 생리작용을 유발하는 물질을 곰팡이독(mycotoxin, 진균독)이라 한다. 이러한 곰팡이독을 경구섭취하면 급성 또는 만성의 곰팡이 중독증(mycotoxicosis, 진균중독증)을 일으킨다. 진균중독증은 동물 또는 사람 사이에서는 전파되지 않고 계절적 요인과 관계가 없으며 원인식품에서 검출되지 않는다. 곡류, 목초나 사료에서도 발병의 원인이 되고, 항생제나 기타 약제 치료가 거의 어렵다. 곰팡이독소는 농산물의 생육 기간 및 저장, 유통 중에 곰팡이에 의해 생성되는 독으로 열에 안정하여 조리, 가공 후에도 분해되지 않고 곰팡이독에 오염된 식품이나 사료를 섭취한 사람이나 동물은 여러 가지 장애와 발암물질을 함유하고 있어 간암과 식도암 등이 나타난다.

곰팡이는 실 모양의 균사체로 곡류, 견과류에 번식하기 쉬우며 온도, 습도, 수확 전, 수확기, 수확 후의 강우량 등 환경적 요인에 의해 영향을 받는다. 자연계에는 수만 종의 곰팡이가 존재하지만 지금까지 알려진 곰팡이독소는 300여 종이다. 곰팡이는 Fusarium, 아스퍼질러스(Aspergillus), 페니실륨(Penicillium)속에서 생성되지만 모든 곰팡이가 독성이 있는 것은 아니다. 이들 곰팡이 중 사람과 가축에 치명적인 영향을 주는 곰팡이독소는 아플라톡신(aflatoxin)으로 알려져 있다. 그 외 곰팡이독소로 오크라톡신(ochratoxin), 데옥시니발레놀(deoxynivalenol), 파튤린(patulin), 제랄레논(zearalenone), 푸모니신(fumonisin) 등이 있다(표 3-7).

1) 아플라톡신(aflatoxin)

1960년대 영국과 브라질에서 수입한 땅콩 사료를 먹은 칠면조 10만 마리 이상이 집단 폐사하는 사건이 발생하였고 2년 후 사료에 사용된 아스퍼질러스(Aspergillus)속 아플라톡신 곰팡이가 유해물질로 밝혀졌다. 아플라톡신은 동남아시아, 아프리카 등 열대나 아열대 지역에서 건조되지 않은 농산물이나 보관과정에서 환기가 잘 되지 않아 생성된다. 생성조건은 수분 16% 이상, 상대습도 80~85% 이상, 온도 25~35℃에서 탄수화물이 많은 견과류, 두류, 쌀, 보리, 옥수수 등에서 증식한다. 아플라톡신의 종류에는 B_1, B_2, G_1, G_2, M_1 등이 있으며, 최근에 B_1은 고추장, 된장, 수입 고춧가루 등에서 아플라톡신이 검출된 이후, 아플라톡신 B_1 기준은 10㎍/kg 이하로 규제하였다. 아플라톡신은 견과류, 곡류, 콩류(두류), 특히 땅콩에서 빈번히 발생하며 농산물의 수확 및 저장과정 중에 곰팡이 오염에 의해 아플라톡신이 생성될 수 있다. Aflatoxin은 간장독으로 간암의 원인 물질로 분류하고 있다. 주 증상은 쓸개의 부종, 면역체계와 비타민 K 기능 저하, 간장독 등이다.

2) 오크라톡신(ochratoxin)

오크라톡신 A는 땅콩 외의 콩류에서 발생하며 주요 표적 기관은 신장 근위 세뇨관 세포독성과 발암성을 함유한 신장독을 일으키는 곰팡이 독성물질이다. 아스퍼질러스 오크라세우스(Aspergillus ochraceus)가 생성하는 곰팡이독소이며 유럽연합 Codex에서는 기준치를 5μg/kg 이하로 정하고 있다. 건조 저장식품(훈연, 염장, 건조과실, 고춧가루), 암나사, 커피, 밀, 보리, 단순 곡류 가공품, 와인 등을 온도와 습도가 높은 곳에 보관할 때 생성된다.

3) 파툴린(patulin)

파툴린은 페니실륨 익스팬슘(Penicillium expansum)이 생성하는 곰팡이독소로 사과, 배, 포도 등 상한 과일에 생성되는 독소 물질로서 과일주스 가공품에 함유될 수 있다. Patulin은 사람에게는 DNA 손상, 면역억제작용과 최기형성 등의 면역독성, 신경독성, 세포독성, 유전독성에 의해 사람에게 알레르기 반응을 유발한다. 동물실험에서 급성 독성증세는 초조, 경련, 호흡곤란, 폐울혈, 부종, 궤양 형성, 충혈과 내장 팽창 등의 뇌와 중추신경계 장애를 일으키는 신경독성 증세를 보인다. 우리나라에서는 사과 주스, 사과 농축에서 patulin의 기준은 50μg/kg 이하, 어린이 사과 제품, 영유아 곡류 제품에서는 50μg/kg 이하로 기준을 정하여 관리하고 있다. 파툴린은 알칼리에서 불안정하나 산성에서 안정하고, 비타민 C를 첨가하면 곰팡이독소가 불활성화된다.

파툴린 부적합이 많이 증가하였는데 봄 개화 시기의 냉해와 여름철 긴 장마 등으로 사과 내부가 상하는 현상이 발생하였는데 이를 선별하지 않고 주스로 만들어 기준치를 초과한 사례가 늘었다. 파툴린을 억제하는 효과적인 방법은 사과의 저장 기간을 줄이고, 가지에서 딴 사과보다 땅에 떨어진 사과는 오염 가능성이 크므로 분리해 내고, 사과 주스 등을 제조·가공할 때는 사과를 절단해 상한 부분이 없는지 확인하고 일부분만 상한 사과를 사용할 경우 해당 부위를 3cm 이상 충분히 제거한 후에 사용한다.

4) 황변미(Yellow rice) 중독

도정된 쌀이 곰팡이에 의해 누렇게 변질되는 것을 황변미(Yellow rice) 중독이라 한다. 황변미의 원인균은 푸른곰팡이(Penicillium)속에서 생성되며, 쌀의 수분이 14~15%일 때 생육이 가능하다. 황변미 중독에는 톡시카리움(Toxicarium) 황변미, 아이슬란디아(Islandia) 황변미, 태국 황변미가 있다. 톡시카리움 황변미의 원인균은 페니실리움 시트레오비리드(Penicillium citreoviride)로 자외선을 받으면 황색 형광빛을 띤다. 시트레오비리딘(Citreoviridin, 신경독) 독성물질을 생성하며, 심한 경우 사망에 이른다. 아이슬란디아 황변미는 페니실리움 아이슬란디쿰(P. islandicum)이 원인균으로 쌀, 보리 등이 오염되어 회색에서 황색, 적갈색으로 변하고, 루테오스카이린(luteoskyrin), 아이슬란디톡신(Islanditoxin) 등의 간장독을 만든다. 태국 황변미의 원인균은 페니실리움 시트리눔(P. citrinum)이며, 쌀 전체를 황색으로 변화시키고 자외선을 쪼이면 강한 황색의 형광이 나타나고 시트리닌(Citrinin, 신장독)을 일으킨다.

5) 제랄레논(zearalenone)

제랄레논은 푸사리움 그라미네아룸(Fusarium graminearum), 푸사리움 로세움(Fusarium roseum), 푸사리움 컬모룸(Fusarium culmorum) 등이 생성되는 독소 물질로 강력한 에스트로겐 대사산물이다. 제랄레논의 구조가 여성호르몬인 에스트로겐과 비슷하고 생체 내에서 에스트로겐과 유사한 작용을 한다. 제랄레논의 독성은 동물에게는 생식기능 이상, 체중감소, 돌연변이 유발, 간암 발생률 증가, 과민증 피부염을 일으킨다. 사람에게는 생식기 장애, 체중감소, 돌연변이 유발의 위험성이 있으며 자궁의 비대와 남녀모두에게서 불임을 유발한다. Zearalenone은 열에 안정적이고 수분이 많은 옥수수와 보리, 귀리, 밀, 쌀 및 수수와 같은 여러 곡물 작물에서 전 세계적으로 증식하고 있으며 우리나라 농작물의 피해가 크다. 제랄레논은 습도 20% 이상, 온도 25~30℃, pH 중성에서 Fusarium은 독소 생성을 초래한다.

6) 데옥시니발레놀(deoxynivalenol)

Deoxynivalenol은 밀, 옥수수, 귀리, 보리, 호밀, 쌀 같은 곡물이 오염되어 나타나며 특히 밀이나 옥수수에 높은 농도로 존재할 수 있다. 동물에게는 면역 기능 억제와 기형 유발 등이 나타났고 사람에게는 구토, 음식 섭취 거부, 체중감소, 설사 등의 증상이 나타난다.

7) 푸모니신(fumonisin)

푸사리움 베틸리오데스(Fusarium vetillioides)와 푸사리움 프로리퍼라티움(Fusarium proliferatium)에 의해 생성되며 주로 옥수수에 생성된다. 동물실험결과 폐부종, 신장독소, 간암 등의 다양한 증세가 나타났다. 우리나라와 유럽에서는 옥수수 푸모니신의 함량을 4,000μg/kg, 옥수수가공품 2000μg/kg 기준으로 정해 관리하고 있다.

8) 맥각중독

맥각의 맥각균은 클라비셉스 푸에푸레아(Claviceps purpurea)이며 호밀, 보리, 밀, 귀리에서 생성되는 독소 물질이다. Claviceps purpurea는 곡류 수확 전 목축, 곡류의 초기 단계에 자라는 곡류 곰팡이독소로 10~30℃ 온도와 비교적 높은 습도에서 생육하고 균핵을 형성하였다가 포자를 분산시켜 피해를 확산시킨다. 맥각에 중독되면 환각, 헛소리, 경련, 세동맥 경련이 나타나며 심하면 괴저를 동반한다. 환각작용은 할루시노겐 리세르그산(hallucinogen lysergic acid) 유도체에 의해 나타난다. 그 외에 근육경직, 말초동맥 수축, 신경질환, 사지의 얼얼함, 온냉감각역전 등의 증상이 나타나며 신경계 증세로 구토, 두통, 마비, 근육경련, 수축 등도 동반된다. 맥각중독은 알칼로이드계의 에르고타민(ergotamine), 에르고톡신(ergotoxin), 에르고메트린(ergometrine)의 독소에 의한 것이다.

구분	종류
Aspergillus속	아플라톡신, 오크라톡신(열대지역)
Penicillium속	오크라톡신(캐나다, 유럽, 남아메리카 일부), 파툴린, 황변미 등
Fusarium속	푸모나신, 데옥시나발레놀, 케랄레논

곰팡이독소의 피해를 줄이는 방법은?

곡류 등을 보관할 때는 습도 60% 이하, 온도 10~15℃ 이하이면서 최대한 온도 변화가 적은 곳에 보관하는 것이 좋으며 옥수수나 땅콩은 껍질째 보관하고, 곡물의 껍질에 곰팡이가 생성되었을 경우는 그 곡물은 즉시 제거하도록 한다. 껍질에 생긴 곰팡이는 육안으로 보이지 않더라도 식품 내부 내용물에 안전성을 위협할 가능성이 높으므로 섭취하지 않도록 한다. 부서진 곡류 알갱이는 해충이나 곰팡이가 증식하기 쉬우므로 부서진 알갱이는 분리해 낸다.

곰팡이독소는 가열조리하더라도 대부분이 파괴되지 않으므로 땅콩, 옥수수, 너트류, 곡류 등은 먹기 전에 꼭 곰팡이의 여부를 확인하여 곰팡이가 있을 경우는 먹지 않는다.

곰팡이는 습기가 많은 주방 환경에서 잘 생기므로, 장마철이나 비가 많이 온 후에 보일러를 가동해 건조시키거나 에어컨을 가동해 습기를 제거하는 등의 온도와 습도 조절이 필요하다. 또한, 음식물 쓰레기통이나 개수대 등도 소독제 등으로 주기적으로 소독해서 곰팡이를 방지해야 한다. EU, 미국, 일본, 호주, 캐나다 등 대부분의 국가에서도 곰팡이독소별로 기준을 두고 있고, 우리나라도 식품의약품안전처에서 곰팡이 독소 기준을 두어 식품 안전을 관리하고 있다.

6 화학적 식중독

사람들은 식품의 생산, 저장, 가공, 유통, 저장 등의 과정에서 여러 화학적 유해물질에 다양한 경로에 노출되어 있다. 자연재해, 환경오염, 식품 유해물질 혼입 등에 의해서도 유해물질에 노출되게 된다. 유독한 화학물질에 오염된 식품을 섭취하여 중독증상을 일으키는 것을 화학적 식중독(chemical food poisoning)이라 한다. 화학물질에 의한 식중독은 미생물에 의한 식중독보다 발생건수가 적으며, 계절적 요인에 영향을 받지 않으나, 적은 양으로도 발병 규모가 크고, 체내에 흡수가 빨라 증상이 급격히 나타나고, 치사량을 초과하면 사망에 이른다. 또한, 섭취한 원인물질을 장기간 섭취하면 체내에 축적되어 만성중독을 일으키게 된다. 고의 또는 오용 때문에 식품에 첨가되는 식품첨가물, 재배, 생산, 제조, 가공, 저장 중 식품에 혼입되는 농약, 기구, 용기 및 포장재 등에서 식품으로 용출·이행되는 중금속, 제조, 가공, 저장 중 생성, 환경오염, 방사능 등에 의한 유해물질들에 의해 화학적 식중독이 발생된다. 식품 원료 기구, 용기, 포장 등은 항상 청결하고 위생적으로 관리한다.

| 화학적 식중독 예방방법 |

- 부정, 불량식품을 제조하거나 판매하지 않는다.
- 식품첨가물을 사용하지 않거나 화학적 합성품의 식품첨가물 사용을 자제해야 한다.
- 독성이 낮고 잔류성이 적은 농약을 사용한다.
- 공업약품이나 농약 등은 식품, 식품첨가물, 기구, 용기, 포장 등과 별도의 장소에 보관하여 교차오염되지 않도록 한다.
- 식품, 식품첨가물, 기구, 용기, 포장지 등이 유해물질에 오염되지 않도록 한다.
- 색깔이 아름다운 식기나 완구 등의 사용을 피한다.
- 식품위생법을 준수한다.

국제암연구소 발암물질 기준

발암물질이란 흔히 사람이나 동물에게 암을 일으키는 원인 물질로서 대부분이 화학물질 종류로 알려져 있으나 세균, 바이러스 등도 포함된다. 식품과 미생물은 자연환경에서 유래하는 화학물질과 각 인공 합성물 및 방사성 물질 등을 포함하고 있기 때문이다.

국제암연구소(International Agency for Research on Cancer, IARC) IARC는 1965년에 설립된 국제기구로 900개 이상의 암을 발생시킬 가능성을 가지는 화합물을 검토하여 활성도에 따라 4개의 그룹으로 분류하고 있다.

- Group 1(확정적 발암물질) : 인간에게 암을 유발하는 것이 확실함(Carcinogenic to humans), 126종
- Group 2A(발암 추정물질) : 인간에게 유발할 개연성이 높음(Probably carcinogenic to humans), 94종
- Group 2B(발암 가능 물질) : 인간에게 암을 유발할 가능성이 있음(Possibly carcinogenic to humans), 322종
- Group 3(발암 가능성 낮은 물질) : 인간에게 발암성 분류할 수 없음, 동물 발암성 자료 불충분함. 500종

출처 : 국제암연구소

1) 농약에 의한 식품 오염

농약은 토양의 소독, 종자의 소독을 위해 사용되는 약재로, 작물 재배 기간 중 농작물의 병충해로부터 농작물을 보호 및 생육을 촉진 또는 억제하기 위해 사용된다. 농약이 식품 중에 잔류하면 급성중독 또는 만성중독이 되므로 농약의 종류 및 재제 형태, 작물의 종류·품종·재배방법, 농약의 사용 시기, 농약의 살포농도·살포량, 농약의 살포횟수, 농약을 살포한 후 수확 시기 등에 대해 충분히 숙지하고 사용을 해야 한다. 농약의 구비조건은 소량으로 약효가 확실해야 하며, 농작물과 사람과 가축 및 어패류에는 안전하고, 가격이 저렴하고, 약효가 우수하며, 사용이 간편하고 대량 생산이 가능해야 한다. 농산물의 단위면적당 생산량 증대와 안정적 생산으로 농민이나 소비자에게 공급해 주기 위해 병충해나 잡초로부터 농작물을 보호하여 생산성을 향상하고 품질을 안정화하기 위하여 다양하고, 많은 양의 농약을 사용하게 되었으나, 농약의 독성과 잔류성 등의 부작용을 가지고 있다.

(1) 농약의 분류

농약은 사용 목적에 따라 해충의 방제를 위한 살충제(insecticide), 병원미생물 제거를 위한 살균제(fungicide), 잡초를 제거하기 위한 제초제(weed killer, herbicide), 식물의 생장을 촉진 또는 억제하기 위한 식물 생장조절제(plant growth regulator), 유화제, 증량제, 협력제와 같은 보조제 등 다양하게 있다. 농약은 유제, 물약, 가루약, 수화제, 수용제, 훈증제, 정제 등의 다양한 형태로 있으며, 성분 특성에 따라 무기농약, 천연 유기 농약, 합성 유기 농약 등으로 나뉜다.

① 유기염소제(Organochlorine pesticide)

유기염소제는 강력한 살충효과와 제초효과를 가지고 있는 농약으로 상온에서 무색의 결정된 고체로 물에 잘 녹지 않는 특징을 가진다. 토양 중에 2~5년 동안 잔류하여 물을 오염시키고 만성중독을 일으킨다. BHC, 다이페닐, DDT(dichloro-diphenyl-trichloroethane), aldrin 등이 있다. 유기염소제 농약의 중독증상은 식욕 부진, 구토, 두통, 발한, 복통, 운동마비, 경련 등의 신경마비 증상을 보이며, 혼수상태에 이를 수 있다. 잔류성이 크고 지용성으로 인체의 지방조직에 축적되어 발암물질 2등급으로 분류하고 있으며, 우리나라에서는 곡류, 대두, 면실, 파인애플, 생허브류 등 일부 농산물에만 사용을 제한하고 있다.

② 유기인제(Organophosphorus pesticide)

농약 중에 인(P)을 중심으로 각종 원자 또는 원자단으로 구성하고 있는 농약으로 잔류기간이 1~2주로 짧은 비잔류성 농약이며 유기염소계 농약보다 잔류성과 독성이 낮다. 유기인제 농약에는 파라티온(parathion), 메틸파라티온(methyl parathion), 슈라단(schradan), EPN 등이 있다. 신경독 약제로 신경세포 내의 콜린에스테라아제(cholinesterase)의 작용을 억제하여 아세틸콜린을 축적해 흥분을 유도한 결과 전신경련, 근력감퇴, 혈압상승, 현기증, 두통, 발열, 혼수 등의 부작용이 있다.

③ 카바메이트제(Carbamate pesticide)

카바메이트제는 잔류성이 큰 유기염소제의 사용금지로 인해 개발된 농약으로 항곰팡이제로 이용되고 있다. 유기인제와 같이 cholinesterase의 저해작용으로 신경흥분 현상을 유발한다. 중독 증상은 급격한 발현을 하고 회복까지의 1일 정도로 타 농약보다 잔류성과 독성이 비교적 낮은 편이다. carbaryl, NAC, BPMC, CPMC, fenobucarb, carbosulfan, isoprocarb 등과 제초제로 barban, chlorpropham, propham, benthiocarb 등이 있다.

④ 중금속제 농약

수은제, 비소제, 구리제, 납제 등의 중금속제 농약은 중독을 일으킨다. 금속이 인체에 들어가서 단백질 변성을 일으키고 세포원형질을 침해하여 SH기와 결합해서 단백질 기능과 효소의 작용을 저해한다. 중추신경계 질환 증상을 보인다. 특히 비소제(Fluorine pesticide) 농약은 독성과 축적성이 강하여 오래전부터 살충제로의 사용에 논란이 되어 왔다. 현재, 우리나라에서는 네오아소진(neoasozin)을 허용하고 있다.

⑤ 유기수은제

유기수은제는 살균제, 종자소독, 벼의 도열병 방제, 과수, 채소의 각종 병해 방제용 살포제, 토양 소독제 등 광범위하게 사용되어 왔으나 강한 축적작용과 만성중독으로 1978년부터 사용을 전면 금지하였다.

⑥ 유기불소제

불소제의 진드기, 쥐약 등의 구제에 이용되며 인체에 독성이 매우 강하다. 중독되면 30분~2시간이 지나면 구토, 복통, 경련 등의 증상을 보이고, 장, 방광의 점막을 침해하며 뼈의 성장을 저해하며, 중증이 되면 보행 및 언어장애의 마비성 경련과 심장 장애로 사망할 수도 있다.

(2) 식품과 잔류농약

농약은 농작물의 병충해와 잡초 등을 해결해 주고, 경제적인 효과를 주는 화학물질이나, 극독으로 급성중독과 만성중독의 문제점을 가진다.

일부 농약은 살포 시 일정 기간 농작물 표면에 부착되거나 식물의 내부조직에 흡수되어 분해되지 않고 남아 있게 된다. 농약을 수천 배 희석하여 사용한 농산물에서 남아 있는 극미량의 농약은 최대잔류허용기준(MRLs)을 넘지 않아야 한다. 잔류허용기준이란 일생 그 식품을 섭취해도 건강에 전혀 해가 없는 수준을 법으로 규정하는 양이다. 농약은 분해되지 않고 지방조직 등에 축적되어 중독되면 신경계 증상이나 간, 신장의 독성, 신경과민, 체중감소 등의 중독 증상을 일으키게 된다. 우리나라는 2019년 1월 1일부터 모든 농산물 잔류농약 불검출수준을 관리하는 농약허용기준 강화(Positive List System : PLS) 제도를 도입하여 식품공전에 식품 기준 및 규격을 정해 관리하고 있다. 별도의 잔류허용 기준이 없는 농약은 0.01mg/kg 이하로 정하여 관리하고 있다.

2) 유해성 식품첨가물

식품의 변질 억제, 품질개량, 기호도 향상, 영양강화를 위해 식품위생법에서 허용하지 않는 유독물질을 식품의 제조 및 가공과정에서 사용함으로써 발생하는 화학적 식중독을 뜻한다. 식품첨가물 중 과거에는 허용되었다가 유해성이 밝혀져 허용이 취소된 예도 있다.

(1) 유해 보존료

① 붕산(H_3BO_3) 또는 붕사($Na_2B_4O_7$) : 백색의 결정으로 어육연제품, 마가린, 버터 등에 균을 억제하는 보존료로 쓰였으나 체내에 축적되면 소화불량, 체중감소, 구토,

설사, 홍반 등의 증상이 나타나 식품 사용은 금지하고, 결막염, 구내염, 비염 치료용 세척액으로 사용한다.

② **포름알데히드(formaldehyde, HCHO)** : 주류, 간장, 시럽 및 육제품에 방부력, 살균력이 뛰어나서 사용되었으나 두통, 위경련, 소화 장애, 순환 장애, 신장염증 유발 등의 중독 증상으로 사용을 금지하고 있다.

③ **유로트로핀(urotropin, hexamine)** : 포름알데히드와 암모니아가 결합하여 생성된 백색의 비늘 모양 결정으로 물에 녹아 포름알데히드가 유리되어 방부효과를 높여준다. 그러나 신장염, 방광염 등을 유발하여 식품 사용은 금지되었다.

(2) 유해 착색료

① **아우라민(auramine)** : 황색의 염기성 타르색소로 1950년 일본에서 과자, 국수, 카레 가루, 단무지 등에 사용하였으나 섭취 후 20~30분이 지나면 흑자색의 반점이 생기고, 두통, 구토, 맥박감소 및 두근거림, 심하면 의식불명이 되는 중독성을 가지고 있어 사용이 금지되었다.

② **로다민 B(rhodamine B)** : 분홍색의 염기성 형광 타르색소로서 어묵, 과자, 케첩 및 빙과류에 사용되었으나 메스꺼움, 구토, 설사, 복통 등의 중독 증상을 보여 식품 사용을 금지하였다.

③ **파라니트로아닐린(p-nirtoaniline)** : 지용성 황색의 합성 착색료이며, 중독되면 혈액 독과 신경독, cyanosis(청색증), 혼수 등의 증상을 보인다.

④ **실크스칼렛(silk scarlet)** : 수용성 적색 타르색소로 구토, 복통, 두통, 오한, 마비 증상을 보여 식품에 사용이 금지되었다.

(3) 유해 감미료

① **둘신(dulcin)** : 열에 안정적이고, 찬물에 잘 녹는 성질을 가지고 있으며, 설탕보다 250배의 감미도로, 중독되면 소화기 장애, 중추신경계 이상을 초래하여 1966년 사용이 금지되었다.

② **싸이클라메이트(cyclamate)** : 백색 결정 물질로 설탕보다 30~50배 단맛을 가졌으나, 1969년에 발암물질로 보고되어 1970년에 사용을 금지하였다.

③ 톨루이딘(toluidine) : 공업용 화약, 염료 등의 원료로 설탕의 200배에 달하는 단맛을 가지고 있는 황색 결정 또는 분말이나 독성이 강하다.

④ 페릴라틴(perillartine) : 체내의 흡수 시 신장에 염증을 유발하며, 설탕보다 2,000배 달다.

(4) 유해 표백제

① 롱가리트(rongalite) : 물엿의 표백제로 쓰였으나 1967년 사용이 금지되었다.

② 과산화수소(H_2O_2) : 식품과 식품에 접촉되는 기구의 부패균이나 병원균을 살균하여, 보존성을 높인다. 국수, 생선묵 등에 사용량은 1kg당 0.1g 이하, 기타 식품에서는 0.03g 이하로 제한하고 있으며, 중독 증상은 구토 등이다.

(5) 유해 증량제

과거에 설탕, 조미료, 고춧가루, 향신료, 곡분, 어분 등이 구하기 어렵고 값이 비싸 양을 늘리기 위해 산성백토, 규조토, 백도토, 석회 등을 첨가하였는데 과량 섭취 시 소화불량, 복통, 구토, 설사 등의 중독 증상이 나타난다.

3) 제조, 가공, 저장 중에 생성된 유해물질

(1) 아크릴아마이드(Acrylamide)

아크릴아마이드는 백색·무취의 화학물질로 식수 및 폐수처리 시 불순물제거제, 피부연화제, 종이 강화제, 식품 포장재, 접착제, 거품생성 보조제 등으로 사용된다. 2002년 4월 스웨덴 '국립식품청'에서는 탄수화물이 많은 식품을 고온에서 조리할 때 아크릴아마이드가 비의도적으로 생성된다는 사실을 밝혀냈고, 현재는 세계 각국이 식품 조리 시 아크릴아마이드 생성을 줄이기 위해 노력하고 있다. 감자나 시리얼, 빵, 비스킷 등 전분이 많은 식품을 160℃ 이상의 고온에서 가열할 때 생성되며, 가열시간이 길어질수록 양이 늘어난다. 일반적으로 120℃보다 낮은 온도에서 삶거나 끓이는 음식에서는 acrylamide가 생성되지 않는다. 국제암연구소(IARC)에서 아크릴아마이드는 인체발암 추정물질(그룹 2A)로 분류하고 있다.

| 탄수화물 식품의 아크릴아마이드 생성 제어 방법 |

- 120℃ 이하에서 조리하는 것이 가장 좋으며, 튀김 온도는 160℃를 넘지 않게 조리한다.(160℃ 이상에서는 아크릴아마이드가 급격히 증가한다.)
- 식품을 장시간 가열하지 않는다.
- 식품의 조리방식을 굽거나 튀기는 것 대신 찌거나 삶는 방법으로 바꾼다.
- 생감자를 튀기면 물과 식초 혼합물(물:식초=1:1)에 15분간 담근 후 조리한다.
- 장기간 냉장 보관을 하지 말고, 8℃ 이상의 서늘한 곳에서 보관한다.
- 조리 시 설탕을 적게 사용한다.
- 조리 시 황금색 정도가 되도록 하고 갈색으로 변하지 않도록 주의한다.

고기 구울 때 후추는 언제 뿌려야 할까요?

고기를 조리하기 전에 후추를 뿌리고 가열조리한 결과 후추 1g당 볶음조리 5,482ng, 튀김조리 6,115ng, 구이조리 7,139ng이 검출되었다. 고기를 가열조리하기 전에 후추를 뿌렸을 때는 후추 1g당 492ng의 아크릴아마이드가 검출되었던 것보다 급격히 아크릴아마이드의 양이 증가한 결과가 나왔다. 따라서, 고기를 구울 때 후추는 구운 뒤에 뿌려 아크릴아마이드가 증가되지 않도록 한다.

출처 : 식품의약품안전처 보도자료(2014.8.12.)

(2) 니트로사민(Nitrosamine)

니트로사민은 자연환경(공기, 물, 토양), 식품, 생활용품(고무제품, 화장품), 담배 연기 등에서 검출되는 화학물질로 식생활과 밀접한 관계가 있다. 단백질이 풍부한 식품에는 '아민'이 들어 있어 보존제와 발색제로 '아질산염'이 첨가되면 체내에서 아민과 아질산염이 반응하여 니트로사민이 생성될 수 있고, 젓갈류 등의 식품을 저장·발효하는 과정에서 생긴 전구물질(바이오제닉아민 등)을 섭취하면서 위에서 니트로사민으로 변할 수 있다. 아질산 햄, 베이컨, 소시지 등 가공육 식품의 가열조리 과정과 담배 연기로 인한 고농도의 니트로사민 등에 의해 인체에 노출될 수 있다. 니트로사민은 입·피부·호흡기 등의 경로로 몸속에 들어오면 간 경변, 간비대, 간염의 증상을 나타낸다. 그리고 저농도의 니트로사민에 장기간 노출되면 구토, 두통, 출혈 등이 유발된다. 우리나라는 2016년 식품의약품안전처에서 시중에 파는 어육 가공품에 함유된 니트로사민 양을 조사한 결과 불검출~1.54ppb로 매우 적은 것으로 분석되었고, 섭취로 건강 피해를 보게 될 가능성은 작다고 하였다. 국제암연구소(IARC)에서는 니트로사민(니트로소메틸아민, 니트로소에틸아민)을 인체발암 추정물질(그룹 2A)로 규정하고 있다.

(3) 에틸카바메이트(Ethyl carbamate, 우레탄)

에틸카바메이트는 살충제, 훈증제, 화장품 등의 용매, 실험동물의 마취제, 섬유의 구김 방지 공정 등에 사용되는 향이 없는 흰색 결정체이다. 이 물질은 과실 주류와 발효식품 (간장, 치즈, 된장 등)의 저장 및 숙성과정에서 자연적으로도 생성된다. 서양에서는 주로 브랜디, 위스키 등의 주류에서 많은 양이 검출되었고, 음주를 즐기는 사람이 비음주자보다 에틸카바메이트에 노출 수준이 4배 정도 된다. 우리나라에서는 간장, 된장 등 장류 식품을 통해 노출된다. 2013~2016년까지 식약처에서 에틸카바메이트의 위해 평가 결과 국민 평균 노출 수준은 0.0021μg/kg 체중/day로 인체 위해 발생가능성이 작게 평가되었다. 에틸카바메이트에 짧은 시간 동안 일정 농도 이상 노출되면 소화기관에 자극을 주어 메스꺼움, 구토, 설사를 동반한 위장염증, 간 및 신장을 손상시켜 중추신경계 기능 저하를 유발한다. 국제암연구소(IARC)에서는 에틸카바메이트를 인체발암 추정물질(그룹 2A)로 분류하고 있다.

(4) 3-MCPD(3-Monochloropropane-1,2-diol)

3-MCPD는 단맛의 향을 가진 무색 혹은 옅은 노란색의 화합물은 물과 에탄올에 용해된다. 식품의 가공, 제조과정 중 특정 식품 및 성분에서 3-MCPD 유해물질이 생성된다. 우리나라 발효간장인 재래 간장과 양조간장 모두에서 에틸카바메이트가 검출되었고, 산분해 간장에서는 3-MCPD(3-Monochloropropane-1,2-diol)가 검출되었다. 대두를 염산으로 처리하여 단백질을 아미노산으로 가수분해하는 과정에서 지방이 지방산과 글리세롤로 가수분해된 후 글리세롤이 염산과 반응하여 3-MCPD가 생성된다. 동물 독성 실험에서 이물질은 신장, 간, 생식기에 영향을 주었고, 사람에게도 발암 위험성이 보고되었다. 국제암연구소(IARC)에서 인체발암 가능 물질(2B)로 분류하고 있고, 우리나라에서는 3-MCPD의 안전기준을 2022년 이후 0.002mg/kg로 강화하여 관리하고 있다.

(5) 벤조피렌(Benzopyren)

벤조피렌은 다환방향족 탄화수소(Polycyclic Aromatic Hydrocarbons : PAHs)의 일종의 유기물질이 불완전 연소할 때 생성되는 물질이다. 석유나 석탄, 담배 연기, 자동차 배기가스 등이 주 배출원이며, 대기에서 배출된 벤조피렌은 토양, 먼지에 흡착하여 환경호르몬으로 작용한다. 벤조피렌은 육류, 어패류, 식육가공품 등을 고온에서 가열하면 자연적으로 생성되고, 불과 직접 접촉하여 검게 탄 부위, 지방이 많은 육류 부분에 벤조피렌이 가장 많이 함유되어 있다. 훈연식품의 경우 조리 중 훈연 과정에서 식품 내부로 침투하여 벤조피렌양을 증가시킨다. 커피, 참기름 등의 원재료를 볶는 과정에서 높은 온도와 긴 시간으로도 이 물질의 양이 증가한다. 훈제 육류와 어류를 많이 섭취하면 위암 발생 위험이 커지고 직화구이를 구워 먹는 습관을 지닌 사람들은 대장암과 유방암 발생위험이 커지는 것으로 알려졌다. 국제암연구소에서는 벤조피렌이 사람에게 암을 유발할 수 있는 인체 발암물질(그룹1)로 규정하고 있다.

(6) 바이오제닉아민(Biogenic amine)

바이오제닉아민은 단백질 식품이 부패하거나 발효 및 숙성되는 과정에서 히스티딘, 티로신 등의 유리아미노산이 탈카복실화제(decarboxylase)를 생산하는 미생물에 의해 생성되는 저분자량의 질소화합물이다. 식품의 부패나 발효 및 숙성과정에서 미생물에 의해 단백질이 분해될 때 생성되는 물질로 된장, 간장, 젓갈, 치즈, 다랑어 · 참치 통조림, 고기, 고등어, 초콜릿 등에 함유되어 있다. 특히 육류 및 어류를 부적절하게 보관할 경우와 전통 발효식품의 제조 숙성과정 중에서도 바이오제닉아민이 다량 생성된다. 바이오제닉아민은 식품섭취량에 따른 다양한 농도를 제시하고 있으며, 대표적인 증상으로 히스타민 중독이 있다. 그리고 1960년대 유럽에서 바이오제닉아민이 생성된 치즈를 먹은 후 급격히 혈관이 수축하여 두통과 고혈압이 발생하였다. 바이오제닉아민의 우리 국민 노출량은 26~387μg/kg 체중/day로 벤치마크 용량 하한값의 1/264로서 안전하다. 이 물질의 노출을 줄이려면, 생선 구매할 때는 신선도를 체크, 발효식품은 구매 후 냉장보관, 만성 편두통이 있을 때는 발효 · 숙성 식품 섭취를 줄이고, 진공포장 제품의 보관 등에 주의한다.

(7) 퓨란(Furan)

퓨란은 정제, 석탄채굴, 산업폐기물, 담배 연기, 자동차 배기가스 등에서도 검출되며, 자연의 송진, 나무에도 포함되어 있고, 인체의 호흡기와 피부를 통해 흡수한다. 이 물질은 라커름, 살충제의 원료로도 사용되고, 무색의 고휘발성 액체이다. 가정에서 조리과정이나 병·조림 포장과 같은 식품의 열처리 과정에서 퓨란이 생성되고, 흡입이나 피부접촉을 통해 인체에 노출된다. 퓨란은 끓는 점이 31℃로 휘발성이 강해 금방 사라지지만 밀봉 포장된 식품에서는 검출될 수 있다.

식품에 들어 있는 퓨란은 ppb 수준(10억분의 1g)의 저농도로 존재하고 있으나, 인체의 암 발생 가능성을 고려하여 국제암연구소(IARC)에서 인체발암 가능 물질(그룹 2B)로 분류하고 있다. 퓨란은 동물에게 경구 투여 시 호흡기·심혈관계·혈액·위장관·간장 등 전신독성, 마취를 유발하는 신경독성 등을 나타냈다.

4) 기구 및 용기, 포장 등 중금속 유해물질

(1) 수은(Hg)

수은은 실온에서 유일하게 액체 상태인 금속으로 독성이 크며 무거운 백색으로 무기수은과 유기수은(메틸수은)과 같이 다양한 형태로, 해수, 토양, 대기 등 환경뿐만 아니라 미생물에서부터 동·식물까지 모든 생명체에 미량 존재한다. 수은은 산업화하면서 온도계, 혈압계, 수은등, 전기 스위치 등 약 3,000여 가지의 용도로 사용되고 있다. 사람들은 대부분 식품 및 음용수의 섭취와 먹이사슬을 통해 메틸수은 고농도가 축적된 대형어류에 의해 중독된다. 수은은 몸에 흡수되면 용해되지 않고 내장기관과 신경계에 축적된다. 체내 축적량이 30ppm 이상이면 중독 현상이 나타난다. 수은 제품군별 검출량은 수산물, 가공식품, 축산물, 농산물 순으로 나타났다. 세계보건기구(WHO) 산하 국제암연구소(IARC)에서 수은을 인체 발암 기능성 물질 2급으로 분류하고 있다. 수은에 중독되면 운동장애, 언어장애, 기억상실, 우울, 수면장애 증상을 나타내고, 중증이면 사지가 마비되고 사망에 이른다. 어린이나 태아에 노출되면 주의력 결핍, 과잉행동 장애, 자폐증 등의 심각한 문제를 일으킬 수 있다.

1953년 일본 최남단 규슈지방의 구마모토현의 미나마타만 근처 어촌에서 어패류를 먹은 사람들이 몸에 심한 마비 증상을 보이다가 사망하였다. 원인은 염화비닐과 아세트알데하이드를 생산하던 인근 화학공장에서 수은이 함유된 공장폐수를 정화하지 않고 바다에 장기간 방류해서 어패류가 오염되고 이를 섭취한 사람들이 수은에 중독되어 약 40년간 수백 명이 사망한 사건으로 지역 이름을 따서 '미나마타병'이라 부르게 되었다. 우리나라는 2015년 1월 1일부터 수은 혈압계, 체온계의 제조, 수입, 판매를 금지하였고, 2021년 4월부터 시행하여 무수은 제품 사용을 권장하고 있다.

(2) 카드뮴(Cd)

카드뮴은 가공하기 쉬운 금속으로 식품용 기구나 용기, 여러 기구나 기계의 도금, 건전지 제조, 페인트 제조 등에 쓰인다. 카드뮴은 토양, 물, 공기 등 어디든지 존재하며, 사람은 식품에 의해 카드뮴에 노출된다. 식품에 포함된 카드뮴 중 10% 이하만 소화기관을 통해 흡수되고, 식품을 통해 경구로 들어온 카드뮴은 소장에서 흡수되어 여러 장기로 이동하여 축적되며, 특히 신장에 가장 많이 축적된다. 카드뮴 중독이란 카드뮴과 그 화합물이 인체에 접촉·흡수됨으로써 일어나는 장애를 총칭한다. 카드뮴은 세계보건기구(WHO) 산하 국제암연구소(IARC)에서 인체발암 물질 1급으로 분류하고 있다. 카드뮴 중독은 신장을 손상해 단백뇨, 뼛속의 미네랄을 제거하고 밀도와 강도를 낮추어 골연화증, 폐기종 등의 증상을 일으킨다.

제2차 세계대전 말기 일본에서 '이타이이타이병(itai itai : 아프다아프다)'이 발생하였다. 광산의 폐수에 함유되어 있던 카드뮴을 강에 버려 수백 명이 식수와 오염된 물에서 자란 식품을 통해 고통을 호소하거나 사망한 사건이 있었다.

우리나라 식품의약품안전처에서는 두류 0.1mg/kg 이하, 유지·종실류 0.2mg/kg 이하, 연체류 2.0mg/kg(다만, 오징어는 1.5mg/kg), 갑각류 1.0mg/kg로 카드뮴 기준을 두고 있다.

(3) 납(Pb)

납은 무거우나 녹는점이 낮고 연하여 쉽게 늘어나 가공성이 좋고 부식성이 낮은 금속이다. 땜납, 총알, 방사선사들의 앞치마, 방사선 차단벽 등에 사용된다. 납은 지각 표층부에 0.002% 정도로 적은 양이 존재하나, 석탄연소, 화력발전소 등의 연소과정과 페인트, 살충제, 세라믹, 금속공정, 소각장, 유해 폐기물처리장, 환경유래 오염지역의 공기·식수·식품·토양 등을 통해 인체에 노출된다.

또한, 산성수에 의한 부식 및 용해작용으로 상수관, 금속 수도관에서 납 용출되어 식수로 유입될 수도 있다. 일반인들은 주로 식품과 식수를 소화기로, 미세분진에 흡착된 납이 호흡기로 들어온다. 소화기를 통해 들어온 납의 5~10%(성인 경우)는 체내에 흡수되어 연부조직(간, 신장)과 뼈에 축적되어 쉽게 배출되지 않고 몸에서 남아 있게 된다. 납의 농도가 절반 줄어드는 데 5년의 기간이 걸린다. 납이 중독되면 우리 몸 곳곳에서 다양한 증세를 나타낸다. 신장 독성으로 급성신부전증, 통풍, 고혈압을 일으키고 근골계 독성으로 청색 잇몸, 근육 약화, 경련, 관절 등의 통증을 유발, 유산, 선천성 기형 발생, 미숙아 출산 등이 발생하며, 심각한 경우 뇌·신경 손상 사망에 이른다. 세계보건기구 (WHO) 산하 국제암연구소(IARC)에서는 인체발암 기능 물질 2급으로 분류하고 있다. 우리나라에서 13세 이하 어린이는 목제 장난감의 페인트와 금속 장신구 용도로 제조, 수입, 판매, 보관, 저장, 운반 시 납의 사용을 금지하고 있다.

(4) 주석(Sn)

주석은 가공성이 높고 부식이나 변색 방지 효과가 뛰어나 캔의 부식과 식품 갈변 방지를 위해 코팅제로 사용되는 금속이다. 주석은 캔, 통 조리식품, 기구·용기, 대기, 토양, 물에 존재한다. 주석은 캔, 통조림 등을 개봉한 상태로 보관하면 코팅된 주석이 산소와 접촉하여 식품으로 용출되어 인체에 들어오거나 공기, 토양, 물 등을 통해 체내에 들어온다. 우리나라 농산가공식품류에서 검출되는데 주간 평균 노출량 잠정주간섭취한계량 (PTWI)이 0.0005%로 매우 안전한 수준이다. 그러나 다량섭취하면 복통, 빈혈, 간과 신장기능 이상이 발생할 수 있다. 조리 및 보관 시 개봉한 통조림은 다른 용기에 보관하고, 수산물은 내장을 제거하며, 황사와 미세먼지가 많은 날은 마스크를 착용하고, 주석은 섭취 후 대부분 배설되므로 배설을 돕기 위해 운동해서 땀으로 배출하거나, 김, 미역 등의 해조류 등을 섭취하도록 한다.

(5) 크롬(Cr)

크롬중독은 6가 크롬으로 인해서 발생하며, 증상으로 자극성 피부염, 비중격 천공 등을 일으키며 폐암의 원인이 되기도 한다. 크롬의 정련 공정에서 주로 생긴다.

크롬은 스테인리스 강철의 부식 및 변색을 방지하며 다양한 색을 낼 수 있어 85%가 합금재료로 사용되고, 다른 원소와 결합하여 2~6가 크롬산화물로 존재하며 그중 3가와 6가 크롬이 대표적이다. 금속표면 도금, 가죽가공, 염료나 물감, 진균제 등에 쓰인다. 3가 크롬은 당과 지질의 대사에 필요한 미량원소로 영양보조제에 미량 첨가되고, 6가는 산업 공정 중에 인위적으로 만들어지는 환경오염 물질이다. 6가 크롬은 체내에서 3가 크롬으로 환원되지만, 환원되기 전 신장, 간, 혈액세포를 산화시켜 훼손한다. 또한, 6가 크롬은 급성 경구독성이 3가 크롬보다 10배 이상 높으며, 피부알레르기, DNA 손상을 가져온다. 세계보건기구(WHO) 산하 국제암연구소(IARC)에서 6가 크롬은 인체발암 물질 1급, 3가는 발암물질로 분류할 수 없는 물질로 분류하고 있다.

우리나라 식품(해조류, 유지류, 견과류 등) 속 크롬은 주로 3가 크롬이며, 평균 검출량은 0.16mg/kg로 낮고, 1일 성인 크롬 노출량은 1.8~4.8μg/kg로 크롬 일일섭취한계량 300μg/kg의 1/50 이하로 나타났다.

(6) 구리(Cu)

구리는 주석과 합금하여 유기그릇, 기구, 식기 등에 많이 사용된다. 그런데 물이 남은 상태로 보관하면 물기가 남은 곳이 어둡게 변색하고, 녹청에 의한 식중독이 발생된다. 구리에 중독되면 구토, 설사, 위통, 신장 및 간의 장애를 유발한다.

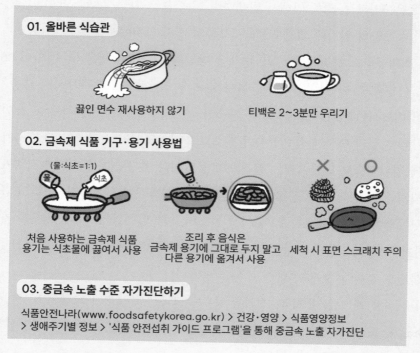

중금속 노출 줄이는 방법

01. 올바른 식습관

끓인 면수 재사용하지 않기

티백은 2~3분만 우리기

02. 금속제 식품 기구·용기 사용법

(물:식초=1:1)

처음 사용하는 금속제 식품 용기는 식초물에 끓여서 사용

조리 후 음식은 금속제 용기에 그대로 두지 말고 다른 용기에 옮겨서 사용

세척 시 표면 스크래치 주의

03. 중금속 노출 수준 자가진단하기

식품안전나라(www.foodsafetykorea.go.kr) > 건강·영양 > 식품영양정보 > 생애주기별 정보 > '식품 안전섭취 가이드 프로그램'을 통해 중금속 노출 자가진단

출처 : 식품의약품안전처(https://www.foodsafetykorea.go.kr/portal/board/boardDetail.do)

5) 고의 또는 오용 첨가되는 유해물질

(1) 폴리염화바이페닐(Polychlorinated biphenyl, PCBs)

PCBs(폴리염화비페닐이라고도 함)는 점성이 있거나 끈적이는 액체로 인공적인 합성을 통하여 생성되며, 토양과 해수에 오래 잔류하는 특성이 있다. 변압기, 무카본 복사용지, 방화재료, 가소제 등 전 세계적으로 사용되었으나 이미 사용되었던 폴리염화바이페닐이 환경으로 배출되어 대기·수질·토양 등에서 검출되고 있다. 이 물질은 호흡기·피부접촉뿐만 아니라 식품 섭취를 통한 노출이 90%를 차지한다. 폴리염화바이페닐은 [그림 3-17]과 같이 먹이사슬을 거치며 동·식물에 누적되어 쌓이고 농도가 높아진다. 동물과 사람의 몸속에서 호르몬의 작용을 방해하거나 교란하는 내분비계 장애 물질로, 인

체에 유입되면 간 기능 이상, 갑상샘 기능 저하 · 비대, 피부발진 · 착색, 면역기능장에, 기억력, 학습 및 지능 장애, 생리불순, 저체중아 출산 등의 증상이 나타난다.

이러한 폴리염화바이페닐의 사용으로 일본에서 '가네미유증' 사건이 있었다. 1968년 일본 가네미 창고에서 만든 식용유를 사용한 사람들은 피부가 검게 변하고, 손발저림, 탈모, 간질환, 말초신경 장애, 검은색 피부의 태아가 태어나는 등의 고통을 호소하였다. 조사결과, 미강유 제조 시 가열을 위해 폴리염화바이페닐 함유 파이프를 사용하였는데 파이프가 부식되면서 맹독성 물질이 식용유에 혼합되어 발생되었다. 폴리염화바이페닐같이 자연환경에서 분해되지 않는 인체에 유해한 물질을 특정 화학물질로 규정하여 1970년대에 세계적으로 생산 및 사용을 금지 · 규제하고, 일본에서는 1972년, 우리나라는 1979년 폴리염화바이페닐 사용을 금지하고 있다. 국제암연구소(IARC)에서는 사람에게 암을 일으키는 발암물질(그룹1)로 분류하고 있다.

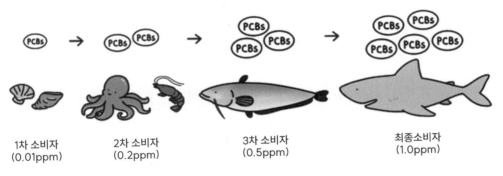

| 1차 소비자 | 2차 소비자 | 3차 소비자 | 최종소비자 |
| (0.01ppm) | (0.2ppm) | (0.5ppm) | (1.0ppm) |

출처 : 식품의약품안전처(유해물질 간편정보지8, 폴리염화비페닐)

그림 3-17 먹이사슬에 의한 PCBs 농도

(2) 멜라민(Melamine)

멜라민은 1853년 독일의 화학자 리비히(Justus von Liebig)가 dicyandiamide를 녹는 점까지 가열하여 멜라민을 합성하였다. 개발 초에는 곡물 생산을 위한 비료 등의 용도였으나, 현재는 생산량의 90% 이상이 포름알데히드와 반응해 멜라민 수지를 생산하는 데 이용되고 있다. 멜라민 수지는 내열성 · 내수성 · 전기 전열성 등이 있고, 강도가 뛰어나 잘 깨지지 않아 주방기기, 플라스틱제품, 비료, 살충제의 원료 등으로 사용되고 있다. 멜라민은 유기화학 물질로 2008년 중국의 '멜라민 파동' 사건이 있었다. 유아 분유의 단백질 함량을 실제보다 부풀리기 위해 멜라민을 고의로 첨가하였다. 고농도 2.563mg/kg에 노출된 약 30만 명의 유아가 신장 질환을 일으켰고, 8명이 사망한 대형사건이었다. 이후 UN · FDA · EU 등에서 연구결과, 멜라민 자체로서의 독성보다는 그 유사체인 사이아누르산과 결합하여 시아뉼레이트가 형성되면서 독성이 급격히 증가한 결과를 밝혀냈다. 멜라민은 급성과 만성 독성이 있는데, 만성은 신장과 방광에만 잔류하여 작은 유해 입자의 결정체들은 소변이 만들어지는 것을 방해하고 신장기능 악화, 요도나 방광, 신장의 결석 등을 유발한다. 미국에서는 영유아 조제 식품에 멜라민 유사체를 포함하여 1ppm 이하로 관리하고 있고, 중국은 유제품에 2.5ppm, 영유아식은 1ppm으로 관리하고 있다. 한편, 인체에 대한 발암성이 불분명하여 IARC에서는 그룹 3으로 멜라민을 분류하고 있다.

(3) 비소(As)

비소는 금속과 비금속의 특성을 모두 가진 준금속(metalloid)으로 분류된다. 비소는 환경 중에서 산소, 염소, 황 등과 화합물의 무기비소(inorganic arsenic)와 탄소 · 수소와 화합물을 이룬 유기비소(organic arsenic)로 구분한다. 비소는 무색의 가루로 증발성이 없고, 무향, 무미하며, 유기비소 화합물이 무기비소 화합물보다 독성이 낮다. 비소의 노출은 피부, 호흡에 의한 노출보다는 해산물, 쌀, 가금류 등의 식품과 식수 때문에 경구 노출이 주원인이 된다. 무기비소는 IARC에서 발암성 물질(그룹1)로 분류하고 있다. 인체에 노출되면 폐암, 피부암, 간암, 방광암을 유발한다. 1955년 일본에서 비소에 오염된 우유 사건으로 어린이들이 집단으로 열이 나고 식욕을 잃었으며, 피부가 검게 변하고, 간이 커지는 증상 등이 발견되었다. 이 오염 사고로 12,131명의 중독 환자가 발생하였고 130명이 사망하였다. 그 외 비소 사건으로는 영국에서 1990년대 비소에 오염된 맥주로 6,000명이 중독되고 70여 명이 사망한 사건이 있었고, 2012년 국내 미국산 수입 쌀에 비소 오염 기준치 초과 등의 비소 관련 노출 등이 있었다. 국제연합 식량기구와 세계보건기구와 미국, 유럽연합, 영국, 캐나다, 일본, 호주, 뉴질랜드, 우리나라 등은 무기비소에 대해 관리를 하고 있다.

(4) 말라카이트그린(Malachite Green)

말라카이트그린(Malachite Green, MG)은 녹색을 띠며, 실크, 가죽, 종이 등의 염료로 사용되고, 수산업계에서 어류의 진균과 gram 양성에 효과가 있어 1930년대 초부터 물곰 팡이 제거제, 기생충 구제로 사용되어 왔다. 그러나 유전독성 등이 알려지면서 미국, 유럽, 우리나라에서는 식용어류에 사용을 금지하고 있다. 말라카이트그린의 폐수 방출 및 수산업계에서의 불법적인 사용으로 말라카이트그린에 오염된 어류(장어 등) 섭취를 통해 노출되었었다. 국내에서는 식품의약품안전처가 2014년 양식어류를 수거하여 검사한 결과 220건 중 23건에서 말라카이트그린이 검출, 국립수산물품질관리원에서 2013~2014년 1,096건을 수거하여 검사한 결과 59건이 검출되었고, 국외의 경우 매년 20~70건 정도가 검출되고 있다. 말라카이트그린을 사용하는 작업장에서는 흡입과 피부접촉 때문에 노출되며, 이 물질은 열에 의해 분해될 때 매우 강한 독성의 질소 산화물과 염화수소 화합물 연기를 발생시킨다. 국제암연구소(IARC) 등에서는 말라카이트그린을 인체 발암성 물질로 분류(그룹3)하고 있지는 않으나, 실험동물에서의 연구결과 발암성 및 유전독성을 보였다.

스톡홀름협약(Stockholm Convention on Persistent Organic Pollutants)

스톡홀름협약(POPs 규제협약)은 잔류성 유기오염물질(POPs)의 국제적 규제를 통해 2004년 5월 협약을 발효하였다. 환경오염물질 중 특히 독성이 높고, 분해 속도가 느려 생태계에 피해를 일으키는 물질은 잔류성 유기오염물질(persistent organic pollutants, POPs)로 분류하여 유엔식량농업기구와 유엔환경계획(UNEP)을 중심으로 전 세계적으로 관리하고 있다. 1차 스톡홀름협약에서는 다이옥신, DDT, 퓨란, 클로르단, 디엘드린, 엔드린, 헵타클로르, 폴리염화바이페닐(PCBs) 등 12종에 대한 생산과 사용을 금지하였고, 현재는 26종을 금지하고 있다. 우리나라는 2010년 10월에 서명하였고, 2008년 1월부터 POPs 물질의 사용 및 폐기 등 안전관리를 시행하고 있다. 우리나라는 폴리염화바이페닐을 한시허용물질로 분류하고 2025년까지 사용하고 2028년까지 폐기 처분할 대상 물질로 지정하고 있다.

---

6) 방사성(Radioactivity) 물질에 의한 식품 오염

방사능(radioactivity)이란 불안정한 원소의 원자핵이 붕괴하면서 α, β, γ 등의 방사선을 방출하는 능력으로 이러한 방사능을 지닌 물질을 방사성 물질이라 하고, 방사성 물질은 토양과 암석 등에 공기나 물, 음식 등 천연으로 존재하며 소량씩 발견된다.

　1950년대 말과 1960년대 초에 수행된 수많은 핵폭발실험 및 1986년 체르노빌 원자력발전소 사고로 많은 양의 방사성 물질들이 대기 중으로 방출되어 장기간에 걸쳐 빗물과 함께 토양에 침적되었다. 침적된 방사성 물질은 토양의 pH 및 산화 · 환원 조건 등에 의해 다양한 화학종 형태로 존재하며, 흡착 · 탈착 반응 및 변환과정을 통하여 주변 생태계로 확산한다. 1954년 비키니 환초에서 핵폭발실험에 의한 수산물 오염, 1968년의 중국 핵실험에 의한 해수의 방사능 수치 상승, 1986년 4월 소련의 체르노빌 원자로 폭발사고로 농작물, 축산물 등의 심각한 오염 등이 발생하였다. 이때, 국제연합 식량농업기구(FAO), 세계보건기구(WHO)에 의해 Sr-90, Cs-137 등에 대한 국제적 규제치를 정하게 되었다. 원자력 가동과 핵연료 처리 과정에서 매우 극소량이라도 방사성 물질이 대기로 방출될 가능성이 큰 방사성 핵종으로는 Cs-134, Cs-137, I-131, Sr-90 등이 있다. Cs-134, Cs-137, I-131, Sr-90 등의 핵종은 원자력 시설의 운용, 핵폭탄 실험, 원자력 시설 사고 등으로 환경으로 방출되고, 먹이사슬을 통해 인간에게 축적된다. 신체에 대한 장애는 방사선 에너지가 생체에 흡수되기 쉬울수록, 생체기관의 감수성이 클수록, 반감기가 길수록, 혈액에서 특정조직으로 옮겨져 침착되는 시간이 짧을수록 인체에 주는 영향이 커진다. 방사선의 인체에 대한 주요 장애로는 탈모, 눈의 자극, 궤양의 암 변성, 세포분열 억제, 세포기능장애, 세포막 투과성 변화, 생식불능, 백혈병, 염색체 파괴, 유전자 변화, 돌연변이 등을 유발한다.

(1) 방사능(Radioactivity)

　자연방사능에는 지각 내 방사성 핵종(U계열, Th계열, 40K 등)과 체내 방사성 핵종(40K, 14C, 87Rb 등과 222Ru계열)이 있다. 인공방사능에는 핵실험 핵종 90Sr, 137Cs 등과 방사능 낙진, X-ray 장치나 방사성 의약품, 원자력발전소, 핵연료 재처리시설, 입자가속기 등이 있다. 방사능이란 불안정한 원소의 원자핵이 붕괴하면서 알파, 베타, 감마 등의 방사선을 방출하는 현상으로 핵폭발이나 핵시설의 사고로 방사성 물질이 유출되어 방사능에 오염된 식품을 섭취할 경우 내부피폭의 가능성이 크다. 방사능에 피폭되었을 때는 방사선량에 따라 임상 증상이 없거나 구토와 설사 또는 암을 유발한다. 우리나라는 1989년부터 방사능 기준을 [표 3-8]과 같이 설정하여 관리하고 있다.

● 표 3-8 **방사능 기준**

핵종	대상식품	기준(Bq/kg, L)
^{131}I	모든 식품	100 이하
$^{134}Cs + {}^{137}Cs$	영아용 조제식, 성장기용 조제식, 영·유아용 이유식, 영·유아용 특수조제 식품, 영아용 조제유, 성장기용 조제유, 원유 및 유가공품, 아이스크림류	50 이하
	기타 식품*	100 이하

* 기타 식품은 영아용 조제식, 성장기용 조제식, 영·유아용 이유식, 영·유아용 특수조제 식품, 영아용 조제유, 성장기용 조제유, 원유 및 유가공품, 아이스크림류를 제외한 모든 식품을 말한다.

출처 : 식품 일반의 기준 및 규격, 식품의약품안전처 고시, 제2023-29호

(2) 방사선(Radiation)

물질을 투과할 수 있는 광선과 같은 여러 에너지의 전자파로서 α선, β선, γ선 등이 있다. 위해성 크기가 외기에서는 γ 〉 β 〉 α 순이나 식품을 통하여 인체에 침투하는 경우 α선이 큰 피해를 유발한다. 정성적으로는 "방사성 물질이 내는 에너지의 강도"를 뜻하며 정량적으로는 "방사성 물질에 들어 있는 불안정한 핵의 양"과 비례한다. 식품의 방사선 조사는 전자레인지의 전자파나 자외선 살균 시 자외선 등과 같은 원리를 이용한다. 이와 같은 식품들은 세계보건기구(WHO), 국제식량기구(FAO), 국제원자력기구(IAEA) 및 미국식품의약품안전청(FDA) 등이 50년 이상 연구한 결과 안전성을 인정하고 있다.

(3) 방사능 오염식품

방사능 오염식품은 핵 반응기 누출사고 또는 핵실험에서 발생된 방사성 물질에 의해 우발적으로 오염된 식품을 말한다. 한편 방사선 조사식품은 발아 억제·속도 조절·식중독균과 병원균의 살균·기생충 및 해충사멸을 위해 이온화 에너지로 처리한 식품을 말한다. 식품의 보존성을 높이고 위생적으로 품질을 향상한 방사선 조사식품은 방사능 오염식품과 전혀 다른 것이다. 식품과 관련된 핵종 중에서 90Sr는 뼈 조직에 침착하여 β선을 방출하고, 물리학적 반감기가 28년, 유효반감기가 18년으로 매우 길다. 백혈병, 조혈 기능장애, 골수암 등을 유발할 수 있고, 동물실험에서 유전적 영향이 큰 것으로 나타났다.

137Cs는 물리학적 반감기가 30년, 유효반감기가 70일로 β선을 방출하여 근육, 특히 연한 조직에 침착한다. 137Cs는 90Sr와 같이 장기간 인체에 체류하지는 않지만, 오염성이 크고 흡수력이 좋다. 131I는 물리학적 반감기가 매우 짧은 8.1일이고 유효반감기가 7.6일 정도이지만 오염 가능성이 크고, β, γ선을 방출하여 갑상선 장애를 유발한다. 우리나라 식품의약품안전처는 2013년부터 국내 유통 중인 식품 등의 방사능 안전성 조사와 검사를 매년 하고 있다.

(4) 방사선 조사식품

식품조사(food irradiation)처리에 이용할 수 있는 선종은 감마선, 전자선 또는 엑스선으로 하며, 감마선을 방출하는 선원 60Co는 식품조사처리가 가능하다. 허용대상 식품별 흡수 선량을 초과하지 않는 선에서 조사한다. 전자선 가속기를 이용하여 식품조사처리를 하면 전자선은 10MeV 이하에서, 엑스선은 5MeV(엑스선 전환 금속이 탄탈룸(Tantalum) 또는 금(Gold)일 경우 7.5 MeV) 이하에서 조사처리하여야 하며, 방사선 조사처리가 허용된 품목별 흡수 선량을 초과하지 않아야 한다. 식품조사처리는 허용된 원료나 품목만 위생적으로 취급·보관된 경우에만 실시할 수 있으며, 발아 억제, 살균, 살충 또는 속도 조절 이외의 목적으로는 사용할 수 없고, 한번 방사선 조사처리한 식품은 다시 조사해서는 안 된다. 조사식품(Irradiated food)을 원료로 사용하여 제조·가공한 식품도 다시 조사해서는 안 된다.

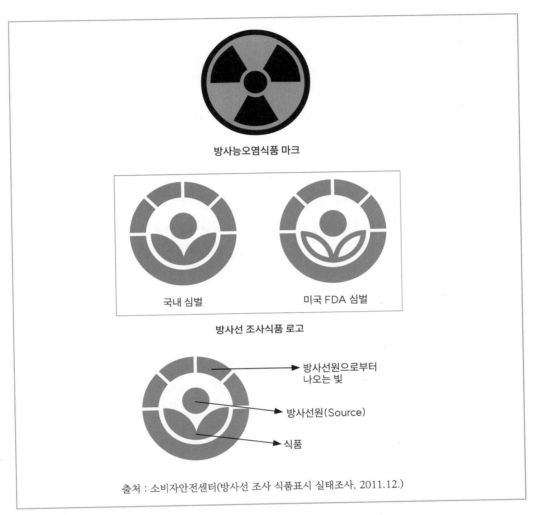

방사능오염식품 마크

국내 심벌   미국 FDA 심벌

방사선 조사식품 로고

방사선원으로부터
나오는 빛

방사선원(Source)

식품

출처 : 소비자안전센터(방사선 조사 식품표시 실태조사, 2011.12.)

그림 3-18 **방사능오염식품과 방사선 조사식품의 로고**

　방사선오염식품과 방사선 조사식품의 로고를 [그림 3-18]에 비교해 두었다. 방사능오염식품은 우리 인체에 유해한 물질에 노출된 식품으로 방사선 조사식품과 구별하고 섭취해서는 안 된다.

7) 환경호르몬 유해물질

(1) 다이옥신(dioxin)

다이옥신은 유기화합물의 산소 공급이 적거나 연소 온도가 낮으면 불완전 연소할 때 생성되는 무색 또는 흰색의 유해물질이다. 공기, 물, 토양에 광범위하게 존재하는 다이옥신은 그 외 생활용품, 염소계, 제초제, 살충제, 피부접촉 등을 통하여 체내로 들어온다. 그리고 폐기물소각, 화학제품의 열분해, 난방, 자동차 배기가스, 담배 연기, 산불에서 다이옥신이 발생되어 식물이 오염되고, 생물의 체내 지방에 축적되어 먹이사슬의 상부로 갈수록 농도가 높아져 사람들은 가장 고농축된 다이옥신을 섭취하게 된다. 육류, 알류, 유제품 등의 식품에 주로 노출된다. 다이옥신은 동물이나 사람의 몸속에서 호르몬의 작용을 방해하거나 교란하는 내분비계 장애 물질(환경호르몬)로 추정하고, 생식기능 저하 및 생식기관 기형 유발, 생장 저해, 암 유발, 면역기능 저하 등의 노출 부작용을 일으킨다. 체내에 돌아와 90~95%는 소화관 내로 흡수되어 간, 피부, 근육 등의 지방조직에 축적되고 흡수되지 않거나 신진대사를 거친 다이옥신은 대변, 소변으로 소량 배출되고 체내에 축적된다. 체내의 다이옥신 반감기는 체지방의 함량에 따라 6~11년 소요된다.

(2) 비스페놀A(bisphenol A)

비스페놀 A는 물, 토양 중에서 미생물에 의해 비교적 빠르게 분해되고, 장기적으로 축적되지 않는 물질로, 치과 치료용 봉합제와 실내·외 공기, 마룻바닥, 먼지 등의 다양한 재료들과 환경에서 검출된다. 우리가 자주 주고받는 영수증에서도 비스페놀A가 검출되고, 경구, 경피, 흡입을 통해 체내에 노출된다. 산업 합성 비스페놀A는 약 70%가 폴리카보네이트의 합성에 이용되고, 약 25%는 에폭시수지의 합성에 이용된다. 인체 노출은 주로 폴리카보네이트와 에폭시수지를 통하고, 식품을 통한 노출과 관련해 폴리카보네이트는 페트병과 플라스틱 식기류, 에폭시수지는 캔(내부 부식 방지 코팅 소재 사용)에 의해서이다. 주 증상은 산모에게서 태어나는 아이들의 과잉행동, 불안, 우울증세, 갑상선 기능 이상, 심혈관질환, 제2형 당뇨병, 생식 호르몬 관련 질환 등을 일으킨다.

비스페놀A는 기구 및 용기·포장에서 용출되어 식품으로 이행될 수 있는 최대 이행량을 30mg/L 이하로 규정하고 있다.

(3) 프탈레이트(phthalate)

프탈레이트류는 플라스틱을 부드럽게 하는 성질이 있어 폴리염화비닐(Polyvinyl Chloride, PVC)의 가소제(고온에서 성형·가공을 쉽게 해주는 첨가제)로, 작업 매트, 이형제, 안료, 염료, 프리박스 장난감, 일부 병마개 개스킷, 플라스틱 용기, 충전기케이블 등에 사용된다. 생활 속 프탈레이트가 들어 있는 접촉, 공기 흡입 등의 경로로 인체에 노출된다. 국제암연구소에서 프탈레이트류 중 다이에틸헥실프탈레이트(DEHP)를 인체발암 가능 물질(그룹2)로 분류하였다. 부틸벤질프탈레이트(BBP)는 인체 발암물질로 분류할 수 없는 물질(그룹3)로 분류하였다. 프탈레이트는 동물이나 사람의 몸속에서 호르몬의 작용을 방해하거나 교란하는 내분비계 교란물질(endocrine disrupter)이며, 심할 경우 자궁내막증, 다낭성난소증후군을 유발, 프탈레이트에 노출된 임산부는 양수, 탯줄, 혈액을 통해 태아에게 영향을 미치고, 신생아, 유아, 어린이의 경우 체내 면역체계가 발달 저하, 주의력 결핍, 과잉행동 장애(ADHD), 여아 성조숙증 등의 원인이 된다.

식품위생학

4장

식품 알레르기

4장
식품 알레르기

1 알레르기의 이해

식품으로 인한 이상 반응을 면역 반응에 따라 면역 매개 이상 반응과 비면역 매개 이상 반응으로 구분한다. 면역 매개 이상 반응은 식품 알레르기로 면역글로빈(immunoglobulin E, lgE)이라는 항체 단백질의 관여 여부에 따라 반응하게 된다. 식품 알레르기란 특정 식품을 섭취하면 인체의 면역시스템이 과다 작용하여 두드러기, 홍반, 가려움증과 복통, 구토, 의식 저하, 전신 과민반응 쇼크, 기침, 재채기, 호흡곤란, 아토피피부염, 천식 등의 병증을 일으킨다. 식품 알레르기는 특정 식품을 섭취하고, 반복적으로 이상반응을 보이며, 가족력이 있는 경우 부모 중 한 명이 식품 알레르기 환자일 경우 발생률 2배이고, 부모 모두 식품 알레르기 환자일 경우 발생률 4배가 된다.

비면역 매개 식품 이상 반응은 효소가 부족하거나 물질 운반의 결함 등으로 식품 불내증(Food intolerance)이라 한다. 식품 불내증은 우유를 먹었는데 유당 분해효소가 부족하거나 결핍되어 우유의 유당을 분해하지 못하는 이상 반응, 히스타민에 의한 식중독 반응, 식품첨가물 과민반응 등이 있다.

2 알레르기 원인식품

알레르기(allergy)란 희랍어에서 유래된 '변형된 반응성'이란 의미로 과민반응을 뜻한다. 알레르기는 본질에서 생체의 방어 효과를 발휘하는 면역 반응에서 오는 주반응이 아닌 일종의 부반응이다. 생체는 체내에 균이나 독소 등 이물질이 들어오면 이것의 효과를 완화하는 작용을 하는 항체를 생산하여 이물질이 다시 체내에 들어오면(노출) 이물질과 결합하여 균이나 독소를 완화해 생체를 보호하는 것이 면역의 원리이다. 알레르기는 면역반응을 일으키는 일종의 과민증(hypersensitivity)이다. 식품 알레르기를 일으키는 원인물질을 식품 알레르겐(allergen)이라 한다. 식품 알레르겐은 특정 식품들이 다른 식품에 비해 알레르기 항원성이 더 높게 나타나는데 원인이 아직 밝혀지지는 않았다. 두류에 속하는 대두, 땅콩 등과 갑각류에 속하는 게, 새우, 가재 등의 식품 알레르겐 교차반응을 일으킨다. 식품 알레르기를 일으키는 주요 항원은 당 수용성 당단백질로 분자량은 약 10,000~60,000d Alton 정도이고 가열, 산, 소화효소 등에서 파괴되지 않는다. 하나의 식품 단백은 여러 개의 IgE 결합 항원을 지닌다.

동물성 식품 항원은 tropomyosin, parvlbimin, casein으로 나눈다. Tropomyosin은 갑각류와 연체동물(새우, 게, 달팽이, 오징어, 굴, 전복 등)이 주요 알레르겐이고, 서로 교차 항원성을 가진다. Parvlbimin은 생선(대구, 연어, 참치 등)의 근육에 존재하는 알레르겐이다. 카세인은 포유류의 젖에 들어 있는 인화 칼슘-단백 복합체로서 우유가 대표적 알레르겐이다.

식물 유래 항원은 prolamin superfamily, profilin 등이 중요 알레르기를 일으킨다. Prolamin superfamily는 곡류, 땅콩, 견과류, 겨자 등으로 식물성 알레르겐은 콩류이고, profilin은 모든 식품에 존재하는 알레르겐이다. 이들 식물성 알레르겐들은 서로 높은 교차 항원성을 가지고 있으며, 특이 IgE 검사나 임상에서 교차반응을 보일 수 있다.

구강알레르기 증후군(oral allergy syndrome)은 식품 접촉 알레르기의 일종으로 과일 또는 채소를 섭취 후 입술, 구강, 인두 부위에 두드러기나 부종이 발생하는 질환이다. 화분과 식품 알레르겐 사이의 교차 항원성에 의해서도 발생된다. 대표적으로 자작나무 꽃가루 알레르기 환자가 Rosaceae에 속하는 과일인 사과, 배, 복숭아, 아몬드를 섭취하였을 경우 구강 알레르기 증상이 유발된다. 자작나무 꽃가루 성분이 식물성 식품 알레르겐과 교차반응을 보였기 때문이다.

우리나라의 대표적인 식품 알레르겐에는 난류(가금류), 우유, 메밀, 땅콩, 대두, 밀, 고등어, 게, 새우, 돼지고기, 복숭아, 토마토 등으로 식품 알레르기의 90% 정도를 차지한다. 식품 알레르기는 소아에게는 우유, 달걀, 땅콩, 콩, 밀 등이고, 성인에게는 땅콩, 견과류, 어패류, 갑각류 등이 대표적인 원인 식품이다.

알레르기 유발 식품

출처 : 식품의약품안전처, 중앙급식관리지원센터

3 식품 알레르기의 증상과 진단

식품 알레르기의 증상은 식품의 양보다는 그 식품에 대한 사람의 민감도에 따라 다르게 나타난다. 개인에 따라 알레르기 증상은 차이를 보이는데 일반적으로 호흡기 증상은 콧물, 기침, 천명, 호흡곤란을 유발하고, 피부는 아토피피부염, 두드러기, 혈관부종 등으로 나타난다. 장관계는 구토, 복통, 설사, 메스꺼움의 증상을 보이고, 순환계에서는 아나필락시스(Anaphylaxis, 알레르기 쇼크)라는 중증으로 나타난다. 아나필락시스란 달걀, 땅콩, 해산물, 과일 등 알레르기 유발 식품을 극소량만 접촉해도 기도가 부어 숨쉬기 어려우며 급격한 혈압 저하, 불규칙한 심장박동, 의식불명 등 갑작스러운 증상을 보이는데 신속히 대처하지 못하면 사망에 이를 수 있다. 세계적으로 아나필락시스 환자가 증가하고 있는데, 특히 소아 유병률이 급격히 증가하고 있다. 우리나라 건강보험심사평가원에 따르면 0~19세의 유아ㆍ청소년의 아나필락시스 환자 수는 2015년에는 전체 환자의 27.8%를 차지하였으나 2018년 41.5%로 1.8배가 증가하였다(그림 4-1).

식품 유발성 아나필락시스가 증상 발생 즉시 에피네프린을 최대한 빨리 근육주사를 하도록 하며, 가정이나 학교에서 급식 등 식품 원인 아나필락시스가 발생하면 에피네프린을 자가 주사(혹은 주변의 도움을 받아)한 후 병원으로 이송하여야 한다.

우리나라 영유아기에는 식품 알레르기와 아토피피부염 등이 많이 발생되지만, 10대와 성인이 되면 천식과 알레르기성 비염을 앓게 되는 것을 알레르기 행진(allergic march)이라고 한다.

식품 알레르기를 진단하는 첫 번째 방법은 환자 스스로 진단하거나 아이의 부모가 원인식품과 알레르기 증상과의 연관성을 찾고 전문의의 지도하에 식사일기를 작성한 후 전문의의 진단을 받은 후 혈청검사와 피부 단자시험을 통해 식품 알레르기 진단을 받는다. 두 번째는 직접 환자에게 의심되는 식품을 섭취하도록 한 후 임상 증상이 유발되는 것을 관찰하는 경구 식품유발검사이다. 경구유발검사 중 이중맹검유발시험 방법은 검사자와 환자가 구분하지 못하도록 음식 추출물을 캡슐에 넣어 투여하거나 주스, 시리얼 등과 섞어서 환자에게 섭취하도록 하므로 시간과 노력이 필요한 방법이다. 식품 알레르기를 치료하는 방법은 아직 없어 식품 알레르겐을 피하는 것이 가장 중요하며 알레르기 유발 식품에 대해 정확한 진단을 받고, 식품 섭취 시 관리가 중요하다.

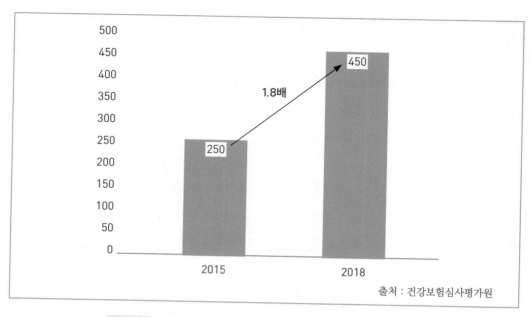

출처 : 건강보험심사평가원

그림 4-1 우리나라 0~19세 아나필락시스 환자 수(2015~2018년)

4 식품 알레르기 관련 제도

식품 알레르기는 관리를 잘하면 예방할 수 있으므로 개인뿐만 아니라 사회적 차원에서도 모니터링과 관리를 꾸준히 해야 한다. 각국의 정부와 기관에서는 국민의 식품 알레르기 반응을 보호하기 위해 표시제도와 관련 법률을 만들어 시행하고 있다. 국제적인 식품규격 기준인 Codex에서는 포장 식품에 대한 알레르기 유발 식품으로 글루텐을 포함한 시리얼, 갑각류, 달걀, 생선, 땅콩, 대두, 우유, 견과류, 셀러리, 겨자, 참깨, 아황산염(SO_2, 10mg/kg 이상 시)을 표시하도록 하고 있다. 미국은 2004년 식품 알레르기로 인한 위험요소를 줄이기 위해 '소비자보험법'을 제정하였고, 미국 FDA가 규제하는 모든 수출입 포장 식품에 적용하여 가금류, 육류, 특정 난류 제품에 표시하도록 권장하고 있다. 유럽연합(EU)에서는 Codex에서 정한 식품과 루핀, 연체동물을 포함하여 포장식품과 비포장식품에도 표시를 권장하고 있다. 일본은 밀, 메밀, 식용조류의 알, 우유, 땅콩, 새우, 게 등이 함유된 포장상태의 가공식품에 표시를 의무화하였고, 전복, 오징어, 연어 알, 쇠고기, 돼지고기, 닭고기, 연어, 고등어, 대두, 호두, 오렌지, 키위, 복숭아, 사과, 참마, 젤라틴, 바나나, 송이버섯은 표시를 권장하고 있다. 우리나라 식품의약품안전처에서 고시한 식품 등의 표시기준에 따르면 알레르기 유발물질은 함유된 양과 관계없이 원재료명을 표시하도록 하고 있다. 알류(가금류), 우유, 메밀, 땅콩, 대두, 밀, 고등어, 게, 새우, 돼지고기, 복숭아, 토마토, 아황산류(이를 첨가하여 최종제품에 10mg/kg 이상 함유한 경우), 호두, 닭고기, 쇠고기, 오징어, 조개류(굴, 전복, 홍합), 잣을 원료로 사용 19종의 식품은 [그림 4-2]와 같이 표시해야 한다. (단, 단일 원재료로 제조·가공한 식품, 포장육 및 수입하는 식육의 제품명이 알레르기 표시 대상 원재료명과 동일한 경우 알레르기 표시 생략 가능함) 또한, 알레르기 유발식품과 비유발식품을 제조할 경우 혼입의 가능성이 있을 경우는 표시해야 한다.

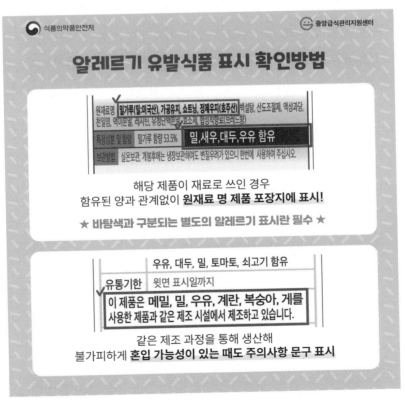

그림 4-2 구입한 제품의 알레르기 유발식품 확인방법

5 식품 알레르기 예방

　식품 알레르기 예방법에는 자신이 어떤 식품에 민감한지를 사전에 검사하고, 알레르기 진단받은 식품은 섭취하지 않도록 주의해야 한다. 그리고 알레르기 유발물질 표시사항을 확인한 후 제품을 구입하고 음식을 주문할 때는 알레르기 유발물질이 들어 있는지를 확인하여 주문한다. 그리고 알레르기 유발식품과 비슷한 영양소를 지닌 식품으로 찾아 영양을 섭취하도록 한다.

　알레르기 증상의 대체식품을 살펴보면, 우유 알레르기 증상은 두유, 달걀, 생선이 대체식품이다. 달걀 알레르기 대체식품으로 두부, 콩나물, 육류, 콩이 있고, 가금류, 돼지고기 식품의 알레르기 대체품은 소고기, 흰살생선, 밀 등으로 대체할 수 있다. 성장기 영유아의 경우 식품 알레르기로 영양결핍과 성장 장애를 초래할 수 있으므로 음식을 판매하는 매장에서는 메뉴 등의 제품명이나 가격표시 주변에 해당 원재료명을 표시하고, 알레르기 유발식품이 있는 경우는 알레르기 유발식품 정보를 포스터와 책자, 메뉴판 등에 표시하여 소비자의 눈에 잘 보일 수 있는 곳에 비치하도록 한다. 알레르기 환자는 자가진단으로 식품 알레르기를 판단하지 말고 진단을 받도록 권장하며, 알레르기질환을 표시해 둔 목걸이, 팔찌 등을 착용하여 자신의 알레르기 증상 발현에 대비하는 방법도 있다.

5장

감염병 및 예방

5장
감염병 및 예방

1 감염병의 이해

    병원체가 인간 또는 동물에 침입해서 장기에 자리를 잡고 증식하는 것을 감염이라고 총칭하여 감염병이라 한다. 세균(bacteria), 바이러스(virus), 리케차(rickettsia), 원충 (Protozoa) 등의 병원체가 인간이나 동물로부터 직접적 또는 모기나 파리와 같은 매개동물이나 음식물, 수건, 혈액 등과 같은 비동물성 매개체에 의해서 간접적으로 면역이 없는 인체에 침입하여 증식함으로써 일어나는 질병을 감염병이라 한다. 감염증과 감염병을 같이 사용하기도 한다. 감염병은 전염력이 매우 강하고 적은 양의 병원체로도 쉽게 감염된 전염성이 높은 질병을 뜻한다. 병원체의 전염성 유무에 따라 전염성과 비전염성으로 감염병을 구분한다. 전염성 감염병은 유행성이 있는 병원체가 인체에 감염되어 발생하는 것으로 질병에 걸린 인체에서 분비물이나 배설물을 통해 나온 병원체가 다른 인체와 직접 또는 간접 접촉하여 침입, 증식하여 수두, 성홍열, 유행성이하선염, 장출혈성 대장균 감염증 등을 일으킨다. 비전염성 감염병은 유행성이 없고, 감염된 인체 안의 병원체가 외부로 배설되지 않고, 배설되더라도 감염이 안 되는 일본뇌염, 비브리오패혈증 등이 해당된다. 감염병의 발생에 관여하는 요인으로는 감염원(병원소), 감염경로(병원체의 전파수단), 숙주의 감수성이 있는데, 이들을 감염병 발생의 3대 요인이라고 한다. 감염원은 숙주에게 병원체를 전파하는 모든 근원이 되는 병원체가 존재하는 장소로 병원소(인간, 동물, 토양)와 오염된 환경, 재료, 식기구 등이 해당된다. 병원체가 나와 새로운 숙주(사람)에게 침입하여 면역력이 낮은 경우 질병을 일으킨다. 병균을 가지고 있어도 증상을 일으키지 않은 사람을 보균자라 한다. 보균자는 병원체를 보유한 자로 역학조사에서 중요하며, 잠복기보균자, 병후보균자(회복기보균자), 건강보균자로 나누어진다. 병원체를 가지고 있어도 면역성이 높은 경우에는 유행이 잘 이루어지지 않으나, 감수성이 낮은 집단에서는 질병이 발생할 수 있으므로 보균자를 찾아내는 게 중요하다. 감염경로는 숙주에게 병원체가 운반되는 과정으로 직접전파와 간접전파의 방법이 있다. 직접전파는 환자나 보균자에게서 나온 병원체가 피부접촉, 비말접촉을 통해 중간숙주 없이 직접 전염되는 방법이고, 간접전파는 병원체가 파리, 모기, 벼룩, 물, 공기, 식품, 기구 등의 여러 매개체에 의해 전파되는 방법이다.

[표 5-1]에 다양한 감염병의 종류를 병원체에 따라 구별했다. 세균성 감염병에는 콜레라, 장티푸스, 파라티푸스, 세균성이질, 장출혈성대장균 등이 있고, 바이러스성에는 폴리오, 전염성 설사증, 유행성간염, 천열 등이 있다. 그리고 세균과 바이러스의 중간크기인 리케차성에는 발진티푸스, 발진열, 쯔쯔가무시병, Q열 등이 있다.

💧 표 5-1 **병원체로 구분한 감염병 종류**

병원체	감염병의 종류
세균성	콜레라(Vibrio cholerae O1 · O139), 장티푸스, 파라티푸스, 세균성이질, 장출혈성대장균 감염증, 비브리오패혈증, 성홍열, 디프테리아, 탄저(Bacillus anthracis), 결핵, 브루셀라 (Brucella melitensis, Brucella suis), 렙토스피라증, 백일해, 파상풍 등
바이러스성	폴리오, 전염성 설사증, 유행성간염, 천열, 인플루엔자, 홍역, 유행성이하선염 등
리케차성	발진티푸스(Rickettsia prowazekii), 발진열, 쯔쯔가무시병, Q열(Coxiella burnetii) 등
원생동물성	아메바성 이질 등

2 감염병의 분류 및 현황

1) 감염병의 분류

우리나라는 감염병의 위해 정도에 따라 법정 감염병(제1급 감염병, 제2급 감염병, 제3급 감염병, 제4급 감염병)과 기타 감염병으로 구분한다. 법정 감염병의 분류는 [표 5-2]와 같다. 1급 감염병은 생물테러 감염병 또는 치명률이 높거나 집단 발생의 우려가 커서 발생 또는 유행 즉시 신고하여야 한다. 또한, 음압격리와 같은 높은 수준의 격리가 필요한 감염병이다. 2급 감염병은 전파 가능성을 고려하여 발생 또는 유행 시 24시간 이내에 신고하여야 하고, 격리가 필요하다. 3급 감염병은 그 발생을 계속 감시할 필요가 있어 발생 또는 유행 시 24시간 이내에 신고하여야 하는 감염병이다. 4급 감염병은 유행 여부를 조사하기 위하여 표본감시 활동이 필요하므로 감염병 7일 이내에 신고해야 한다. 1~3급 감염병은 감염병의 예방 및 관리에 관한 법률 제11조에 의하여 모든 의사, 확인기관의 장이 신고 의무를 가져 전수 감시하고, 질병 관리청장 또는 관할 보건소장에게 신고하여야 한다. 제1급 감염병의 경우는 신고서를 제출하기 전에 관할 보건소장 또는 질병관리청장에게 구두, 전화 등의 방법으로 알려야 한다. 제4급 감염병은 법률 제16조 및 제11조 제5항에 의하여 표본감시기관을 지정하고, 지정된 기관은 질병별 신고 서식을 작성하여 지정일에 관할 보건소장 또는 질병 관리청장에게 신고하여야 한다. 신고 의무를 위반하였을 경우 제1급 감염병 및 제2급 감염병은 500만 원 이하의 벌금을 부과하고, 제3급 감염병, 제4급 감염병에 대해 신고 의무를 위반하였을 때는 300만 원 이하의 벌금을 부과한다. (감염병의 예방 및 관리에 관한 법률 제11조)

기타 감염병에는 기생충 감염병, 세계보건기구감시대상 감염병, 생물테러 감염병, 성매개 감염병, 인수공통 감염병 등 [표 5-3]과 같이 구분한다.

법정 감염병의 신고 순서

의사, 치과의사, 한의사, 의료기관의 장 → 관할 보건소로 신고 → 보건소장 → 시장·군수·구청장에게 보고 → 특별시장·광역시장·도지사 → 질병관리청

표 5-2 법정 감염병의 분류(감염병의 예방 및 관리에 관한 법률 제2조 제2호)

구분	제1급 감염병(17종)	제2급 감염병(24종)	제3급 감염병(26종)	제4급 감염병(23종)
특성	발생 즉시 환자격리	예방접종대상	모니터링 및 예방홍보 중점	방역대책 긴급수립
기준	생물테러 감염병 또는 치명률이 높거나 집단 발생의 우려가 커서 발생 또는 유행 즉시 신고하여야 하고, 음압격리와 같은 높은 수준의 격리가 필요한 감염병	전파 가능성을 고려하여 발생 또는 유행 시 24시간 이내에 신고하여야 하고, 격리가 필요한 감염병	그 발생을 계속 감시할 필요가 있어 발생 또는 유행 시 24시간 이내에 신고하여야 하는 감염병	제1급 감염병부터 제3급 감염병까지의 감염병 외에 유행 여부를 조사하기 위하여 표본감시 활동이 필요한 감염병
감염병명	1) 에볼라바이스러병 2) 마버그열 3) 라싸열 4) 크리미안콩고출혈열 5) 남아프리카출혈열 6) 리프트밸리열 7) 두창 8) 페스트 9) 탄저 10) 보툴리눔독소중 11) 야토병 12) 신종감염병증후군 13) 중증급성호흡기증후군(SARS) 14) 중동호흡기증후군(MERS) 15) 동물인플루엔자 인체감염증 16) 신종인플루엔자 17) 디프테리아	1) 결핵 2) 수두 3) 홍역 4) 콜레라 5) 장티푸스 6) 파라티푸스 7) 세균성이질 8) 장출혈성대장균감염증 9) A형간염 10) 백일해 11) 유행성이하선염 12) 코로나바이러스감염증-19 13) 풍진(선천성) 14) 풍진(후천성) 15) 폴리오 16) 수막구균 감염증 17) b형헤모필루스인플루엔자 18) 폐렴구균 감염증 19) 한센병 20) 성홍열 21) 반코마이신내성황색포도알균(VRSA) 감염증 22) 카바페넴내성장내세균속균종(CRE) 감염증 23) E형간염 24) 엠폭스	1) 파상풍 2) B형간염 3) 일본뇌염 4) C형간염 5) 말라리아 6) 레지오넬라증 7) 비브리오패혈증 8) 발진티푸스 9) 발진열 10) 쯔쯔가무시증 11) 렙토스피라증 12) 브루셀라증 13) 공수병 14) 신증후군출혈열 15) 후천성면역결핍증(AIDS) 16) 크로이츠펠트-야콥병(CJD) 및 변종크로이츠펠트-야콥병(vCJD) 17) 황열 18) 뎅기열 19) 큐열 20) 웨스트나일열 21) 라임병 22) 진드기매개뇌염 23) 유비저 24) 치쿤구니야열 25) 중증열성혈소판감소증후군(SFTS) 26) 지카바이러스 감염증	1) 인플루엔자 2) 회충증 3) 편충증 4) 요충증 5) 간흡충증 6) 폐흡충증 7) 장흡충증 8) 수족구병 9) 임질 10) 클라미디아 감염증 11) 연성하감 12) 성기단순포진 13) 첨규콘딜롬 14) 반코마이신내성장알균(VRE) 15) 메티실린내성황색포도알균(MRSA) 16) 다제내성녹농균(MRPA) 감염증 17) 다제내성아시네토박터바우마니균(MRAB) 감염증 18) 장관감염증* 19) 급성호흡기감염증** 20) 해외유입기생충감염증*** 21) 엔테로바이러스감염증 22) 사람유두종바이러스감염증 23) 사람유두종바이러스감염증(매독)

신고 주기	즉시	24시간 이내	24시간 이내	발생 후 7일 이내

* 장관감염증 : 살모넬라균, 장염비브리오균, 장독소성대장균(ETEC), 장침습성대장균(EIEC), 장병원성대장균)(EPEC), 캠필로박터균, 클로스트리듐 퍼프린젠스, 황색포도알균, 바실루스 세레우스균, 예르시니아 엔테로콜리티카, 리스테리아 모노사이토제네스, 그룹 A형 로타바이러스, 아스트로바이러스, 장내아데노바이러스, 노로바이러스, 사포바이러스, 이질아메바, 람블편모충, 작은와포자충, 원포자충

** 급성호흡기감염증 : 아데노바이러스, 사람보카바이러스, 파라인플루엔자바이러스, 호흡기세포융합바이러스, 리노바이러스, 사람메타뉴모바이러스, 사람코로나바이러스, 마이코플라스마균, 클라미디아균

** 해외유입기생충감염증 : 리슈만편모충, 바베스열원충, 아프리카수면병, 주혈흡충증, 샤가스병, 광동주혈선충, 악구충증, 사상충증, 포충증, 톡소포자충증, 메디나충증

출처 : 질병관리청 감염병 누리집(https://npt.kdca.go.kr)

🔵 표 5-3 기타 감염병의 분류 : 질병관리청장이 지정하는 감염병의 종류

분류	정의	대상감염병	근거
기생충 감염병 (7종)	기생충에 감염되어 발생하는 감염병	회충증, 편충증, 요충증, 간흡충증, 폐흡충증, 장흡충증, 해외유입기생충감염증	감염병예방법 제2조 제6호
세계보건기구 감시대상 감염병 (9종)	세계보건기구가 국제공중보건의 비상사태에 대비하기 위하여 감시대상으로 정한 질환	두창, 폴리오, 신종인플루엔자, 중증급성호흡기증후군(SARS), 콜레라, 폐렴형 페스트, 황열, 바이러스성 출혈열, 웨스트나일열	감염병예방법 제2조 제8호
생물테러 감염병 (8종)	고의 또는 테러 등을 목적으로 이용된 병원체에 의하여 발생된 감염병	탄저, 보툴리눔독소증, 페스트, 마버그열, 에볼라바이러스병, 라싸열, 두창, 야토병	감염병예방법 제2조 제9호
성매개 감염병 (7종)	성접촉으로 전파되는 감염병	매독, 임질, 클라미디아감염증, 연성하감, 성기단순포진, 첨규콘딜롬, 사람유두종바이러스 감염증	감염병예방법 제2조 제10호
인수공통 감염병 (11종)	동물과 사람 간에 서로 전파되는 병원체에 의하여 발생되는 감염병	장출혈성대장균감염증, 일본뇌염, 브루셀라증, 탄저, 공수병, 동물인플루엔자 인체감염증, 중증급성호흡기증후군(SARS), 변종크로이츠펠트-야콥병(vCJD), 큐열, 결핵, 중증열성혈소판감소증후군(SFTS)	감염병예방법 제2조 제11호

출처 : 질병관리청 감염병 누리집(https://npt.kdca.go.kr)

2) 감염병의 현황

매년 질병관리청은 질병보건통합관리시스템을 통해 신고된 법정감염병 현황을 분석 정리하고 있다. 2022년 감염병 신고 현황연보에 따르면, 연도별 법정감염병 발생률(표 5-4)은 2012년 이후 10만 명당 발생률이 꾸준히 증가추이를 보였고, 2020~2022년에는 감소추이를 보였다.

표 5-4 연도별 법정 감염병 발생률(2012~2022년)

연도	2012	2013	2014	2015	2016	2017	2018	2019	2020	2021	2022
10만 명당 발생률	101.3	148.4	181.0	185.7	201.5	347.7	377.7	352.2	321.6 (204)	1294.1 (192)	55,332 (180)

* 표본감시 감염병 제외, ( ) 코로나19 제외 시 발생률

출처 : 2022 감염병신고현황연보, 질병관리청

2022년 감염병 66종 중 40종의 감염병이 신고되었다. 2022년도 법정감염병 신고 환자 수는 28,517,466명(인구 10만 명당 55,332명)으로 전년 대비('21년 669,478명) 크게 증가하였으나, 코로나19 제외 시 2021년 99,406명에서 2022년 92,831명(인구 10만 명당 180명)으로 전년 대비 6,575명(6.6%) 감소하였다. 2022년 코로나 바이러스감염증-19는 1급 감염병에서 2급 감염병으로 조정되었다. 해외유입 감염병은 지속적으로 증가하여 2010년 이후 매년 400~700명 내외로 신고되었고, 2021년과 2022년 코로나 바이러스감염증-19의 전 세계적 유행에 따라 2021년 11,992명, 2022년 56,046명으로 대폭 증가하였다. 주요 유입지역은 아시아 지역(베트남, 필리핀, 태국, 일본 등)이 전체의 약 53.5%를 차지하였고, 다음으로는 유럽 지역(터키, 프랑스), 아메리카 지역이 각각 20.2%, 19.2%로 나타났다. 법정감염병 환자를 확인한 기관의 장은 [그림 5-1]의 절차를 거쳐 신고 및 보고가 이루어져야 한다. 그런데 법정감염병 신고의 의무를 위반한 경우에는 아래의 '신고의무 위반에 따른 벌칙'을 받게 된다.

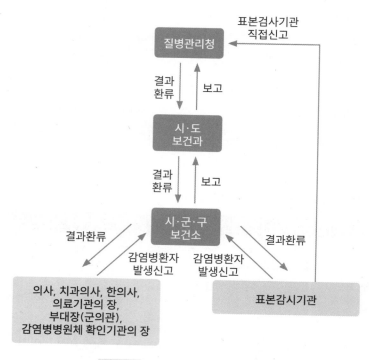

그림 5-1 법정 감염병 신고 및 보고체계

| 신고 의무 위반에 따른 벌칙 |

- 제1급 감염병 및 제2급 감염병 : 위생법 제11조에 따른 보고 또는 신고 의무를 위반하거나 거짓으로 보고 또는 신고한 의사, 치과의사, 한의사, 군의관, 의료기관의 장 또는 감염병 병원체 확인기관의 장은 500만 원 이하의 벌금을 부과한다.
- 제3급 감염병 및 제4급 감염병 : 위생법 제11조에 따른 보고 또는 신고 의무를 위반하거나 거짓으로 보고 또는 신고한 의사, 치과의사, 한의사, 군의관, 의료기관의 장, 감염병 병원체 확인기관의 장 또는 감염병 표본감시기관은 300만 원 이하의 벌금을 부과한다.
- 감염병의 예방 및 관리에 관한 위생법 제12조 제1항에 따라 신고를 게을리한 자는 200만 원 이하의 벌금을 물린다.
- 가구주, 관리인 등으로 위생법 제12조 제1항에 따라 신고를 하지 않으면 200만 원 이

하의 벌금을 부과한다.

[감염병의 예방 및 관리에 관한 법률 제79조의 4, 제80조, 제81조]

3 경구 감염병

　경구 감염병이란 식품, 식기구, 음료수, 손, 곤충 등에 감염되어 있던 균이 입을 통해 우리 몸 안으로 들어와 소화기계 기계에 장애를 일으키는 질병이다. [표 5-5]에 병원체에 따른 경구 감염병 종류를 구분하였다. 경구 감염병은 병원체가 사람에 대해 강한 감염성을 가지고 있어 미량의 균으로도 발병할 수 있고, 질병에 걸린 사람에 의해서 감수성이 높은 사람에게 감염이 된다.

　경구 감염병은 환자나 보균자의 분뇨나 분비액에 대부분의 병원체가 들어 있고, 식품이나 기타 물건을 오염시킨다. 병원체는 식기, 손가락, 쥐, 곤충 등이 오염된 이후 식품으로부터 사람에게 감염된다.

● 표 5-5 병원체에 따른 경구 감염병

병원체	경구 감염병 종류
세균성 감염	세균성 이질, 장티푸스, 파라티푸스, 콜레라, 브루셀라증
바이러스성 감염	폴리오, 급성회백수염, 전염성 설사증, 유행성간염, 천열, 인플루엔자, 홍역, Trachoma, 유행성이하선염 등
기생충성 감염	아메바성 이질 등

　세균성 식중독과 경구 감염병은 [표 5-6]과 같이 차이가 있다. 경구 감염병은 소량의 균으로도 감염되고, 2차 감염이 되며, 잠복기가 긴 특징을 가지고 있다.

　경구 감염병의 예방을 위해서는 감염원, 감염경로, 감수성자에 대한 대책이 필요하다. 감염원 대책은 사람과 동물 또는 환경으로부터 병원체를 제거하기 위해 환자의 격리 및 소독을 하는 방법으로, 각각의 병원체 감염양식(비말감염, 접촉감염, 경구감염)에 따른 전파경로를 차단한다. 경구 감염증의 대부분은 분변이 감염원이기 때문에 분변으로부터 식품, 음료수, 기구, 위생 동물과 곤충 등을 통해 감수성자들에게 감염되므로 발병할 수 있는 감염경로를 차단하여 감염병의 유행을 방지한다. 감수성자 대책은 감염을 일으키는 사람에게 백신 등의 예방접종을 한다.

| 식품위생적인 측면에서 경구 감염병을 예방하는 방법 |

- 환자와 보균자, 경증환자와 보균자를 구별하고, 식품을 취급하지 않도록 한다.
- 식품 원료에 신선하고 위생적인 것을 이용한다.
- 식품 보존에 유의하며, 가열하지 않은 생식은 가급적 피한다.
- 식품에 사용하는 물, 음용수는 반드시 위생적이어야 한다.
- 식품 취급자는 개인위생을 철저히 한다(특히 손 세척 방법을 준수한다.).
- 식품의 제조, 취급, 조리 등에 사용되는 기구, 식기는 깨끗이 소독한 것을 사용한다.
- 쥐, 파리, 바퀴 등의 침입을 방지하고 방제를 철저히 한다.
- 작업장 환경 위생을 철저히 해야 한다.
- 식품 종사자의 예방접종을 실시한다.
- 수입 감염증을 차단하기 위해 검역을 철저히 하여 예방한다.

◐ 표 5-6 경구 감염병과 세균성 식중독 비교

구분	경구 감염병	세균성 식중독
발병균량	소량	다량
2차 감염	가능	거의 없고, 종말감염 : 사람
잠복기	일반적으로 길다.	경구감염보다 대부분 짧다.
예방조치	불가항력, 사전예방 중요	식품 위생관리 중요(균의 증식차단)
면역	면역성이 있는 경우가 많다.	일반적으로 없다.
독성	강하다.	약하다.
음용수	음용수로 인해 감염된다.	음용수로 인한 중독은 거의 없다.

4 세균성 감염병

1) 이질(Dysentery)

(1) 세균성 이질(Bacillary dysentery : Shigellosis)

① 병원체

세균성 이질의 시겔라(Shigella)균은 운동성과 협막이 없고, 포자를 형성하지 않는 gram 음성의 작은 간균이다 (그림 5-2). 시겔라균은 neurotoxin, enterotoxin, cyto-toxin 등의 체외독소를 만들어내며, 항균제에 대한 내성을 가지고, 보균상태가 수개월 지속되기도 한다. 시겔라 (Shigella)균이 자연계에서 살 수 있는 시간은 물에서 2~6

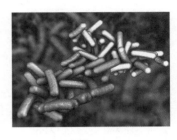

그림 5-2 **Shigella**

주, 우유나 버터에서 10~12일, 과일이나 야채에서 10일, 의복에서는 1~3주 및 5% 석탄산수의 수분에서도 생존한다. 시겔라(Shigella)균이 다른 세균성 이질균보다 저항력이 강하다.

② 감염경로

사람만이 병원소이며, 환자나 보균자에 의한 직접 혹은 간접적인 대변-경구 전파된다. 매우 적은 양(10~100개)의 세균으로도 감염을 일으킨다. 전파경로는 사람들이 배변 후 손을 깨끗이 씻지 않은 상태에서 식품을 취급하면서 간접적으로 전파되고, 직접 신체 접촉에 의해서도 다른 사람에게 전파된다. 이유기 소아는 감수성이 높아 중증이 될 수 있다. 집단시설의 위생상태가 불량할 경우 많이 발생하며, 가정 내의 2차 발생률은 10~40%이다.

③ 주요 증상

균이 발견되지 않는 기간, 즉 발병 후 4주 이내로 간혹 보균상태가 수개월 이상 지속될 수도 있다. 잠복기는 1~7일로 보통 1~3일이며, 급성 염증성 장염을 일으키는 질환으로 고열과 구토, 경련성 복통, 설사가 주요 증상이다. 혈액이나 고름이 섞여 나오기도 하며,

심한 경우에는 경련, 두통, 강직, 환각 등 중추신경계 증상을 보인다. 세균의 침입으로 인해 미세농양이 생기기 때문으로 환자의 1/3이 수양성 설사를 하며, 소아의 경우는 경련 증상이 나타나기도 한다. 균종과 환자의 감수성에 따라 가볍거나 무증상을 보이기도 한다. Shigella dysenteriae는 가장 심한 증상을 보이고, S. flexneri, S. sonnei로 갈수록 증상은 약해진다. 치료는 경구 또는 정맥으로 수분, 전해질을 신속히 보충해 주고 항생 내성을 고려한 항생제 치료를 한다. 일반적으로 증상은 보통 4~7일이 지나면 회복된다. 적절한 치료 시 치사율은 1% 내외이나 치료를 받지 않으면 10~20%로 증가하므로 조기 치료를 받도록 한다.

④ 예방

예방접종 백신은 개발이 시도되었으나 아직 유용한 백신은 없으므로, 음식을 만들기 전과 조리과정에서 손을 잘 씻고, 배변 후에도 손을 깨끗이 씻어야 한다. 상하수도 완비 와 음료수 정화, 염소 소독을 하여 위생적인 물을 섭취하고 사용할 수 있도록 품질 관리 를 한다. 유행지역에서의 물은 반드시 끓여서 먹고, 식품은 선별하여 조리하거나 익혀서 먹고, 과일은 껍질을 벗겨 먹는다. 조리사나 식품 유통업자는 식품 보관 시 적절한 온도 를 유지한다.

(2) 아메바성 이질(Amoebic dysentery)

① 병원체

원충 질환으로 Entamoeba histolytica의 감염 때문에 발생된다. 소장 하부 및 대장 조 직 내에 대부분 기생하여 발육기에 따라 영양형, 전포낭형, 포낭형, 후포낭형으로 탈낭 하여 상피세포에 부착하여 세포와 조직을 파괴한다. 영양형(Trophozoite)은 구형으로 직 경이 18~25μm으로 구형 중심에 핵이 있고 핵이 세포의 중심으로 구성되어 있다. 조직 안에서 기생할 때는 영양형만으로 존재하고, 대부분 적혈구와 숙주세포를 포함하고 외 계에 배출되면 곧 사망한다. 전포낭형(precyst)은 세포질 속의 불필요한 물질들이 방출 되어 체적은 원형 내지 유원형으로 축소되고 봉상의 유염색체 등이 남는다. 핵막은 약간 두텁고 핵소체는 약간 크게 보이는 특징을 가지고 있다. 포낭형(Cyst)은 5~20μm 크기 의 구형 또는 나형으로 보통 2회의 감수분열로 핵은 4개로 나타나기도 하고 1~8개가 되기도 한다. 핵막과 핵소체는 염색되지 않고, 대변에서 검출되는 4핵성 포낭은 감염형이다. 건조 저항력이 비교적 약하고, 수중에서는 9~30일간 생존하며, 대변환경에서는 약 12일간, 실온에서는 2주일 이상, 냉동에서는 2개월 이상 생존한다. 아메바의 포낭형은 외계의 악조건, 즉 온도의 변화, 건조, 각종 유해물질, 위산이나 소화효소 등을 견디어 낸다. 후포낭형(Metacyst)은 경구적으로 감염되면 소장 상부에서 소화액에 의하여 탈낭하여 4개의 영양형이 생기고 한 번 더 분열하여 8개의 영양형이 된다. 직경이 비교적 작고 조직을 침입하는 능력이 매우 커서 능동적으로 파고들어 일차적인 병원소를 만든다.

② 감염경로

병원소는 사람으로 아메바 포낭에 오염되어 있는 음식물이나 물을 경구 섭취하여 감염되고, 오염된 식기, 손 등을 통해서도 감염된다. 포낭은 수도의 염소농도에 저항성을 보이고, 성행위의 경구나 항문 성 접촉에 의해서 감염된다.

③ 주요 증상

잠복기는 보통 3~4주일이며, 설사는 1회~십수 회를 하는데 세균성 이질만큼 심하지는 않다. 주증상은 발열은 없으나 분변에 점액과 분량이 많아지고, 대장의 표면점막이 괴사되어 궤양이 생기고 아메바가 증식함에 따라 병원소가 확대되어 이질 증상이 나타난다.

④ 예방

배변 후의 개인 위생에 대해서 철저히 하고, 조리 전에는 손을 잘 씻고 재료를 잘 세척한다. 그리고 물과 음식은 생으로 먹지 말고 끓여서 섭취한다.

(3) 장티푸스(Typhoid fever)

① 병원체

장티푸스는 Samonella Typhi균 감염에 의한 급성 전신성 열병으로 보통 몇 주간 계속된다. S. Typhi는 사람만이 병원소이며, 길이가 2~3µm, 직경이 0.6µm 정도의 gram 음성 간균이다(그림 5-3). 협막이 없고 아포가 없고, 편모가 있어 운동성이 있다. S. Typhi는 O 항원과 H 항원이 있어서 분류나 진단에 이용된다. 인체 외에서 장티푸스는

그림 5-3 **Thphoid fever**

대변에서는 60시간 내외, 물에서는 5~15일, 얼음에서는 3개월 내외 생존한다. 아이스 크림에서는 2년, 고여 있는 물에서는 6개월, 우유에서는 2~3일, 육류에서는 8주, 과일에서는 6일 등으로 생존 기간이 비교적 길고 추위에 강하다.

② 감염경로

연중 8~9월에 가장 많이 발생된다. 환자나 보균자의 대·소변과 대변에 의해 오염된 음식, 물, 오염된 물에서 자란 갑각류나 어패류(특히 굴) 및 배설물이 묻은 과일, 파리가 오염물을 옮긴 음식물 등에 의해 경구 감염된다. 균 수가 1백만~10억 개 정도 있으면 감염을 일으킬 수 있다.

③ 주요 증상

잠복기는 보통 1~3주로 균의 양에 따라 차이가 나타난다. 증상은 오한과 함께 발열이 단계적으로 상승하여 40℃에 달해 1~2주간 지속된 후 차츰 회복된다. 두통, 권태감, 식욕부진, 상대적 서맥, 백혈구 감소, 피부에 조그마한 장미 모양의 발진(장미진), 건성 기침 등의 증상을 보인다. 치료하지 않으면 병의 경과는 3~4주 정도이며, 일반적으로 설사보다 변비 증상이 나타난다. 중증에서는 중추신경계 이상으로 발전한다. 외관적 합병증에는 장천공, 장폐색, 관절염, 골수염, 급성쓸개염 등이 있다. 사망률은 10~15%이지만 조기에 항생제로 치료하면 1% 이하로 감소된다.

④ 예방

음료수 정화, 염소 소독 처리를 관리하며, 조리 시작 전 손 씻기 등 개인위생을 철저히한다. 모든 우유나 식료품에 대해서는 살균하고, 상업용 우유의 생산과정, 보관방법, 배달과정을 위생적으로 감독하고 조리용 음식물이나 음료수 등을 살균하고 품질 관리를 한다. 통조림 가공을 할 때는 냉각수나 염소 소독한 물을 사용하고, 갑각류나 어패류는 정기적으로 균을 검사한다. 유행지역에서의 물은 반드시 끓여 먹고, 조리사나 식품 유통업자는 식품을 적절한 온도에 보관한다. 균 보균자는 식품을 다루는 업무나 환자의 간호에 종사해서는 안 된다. 장기 보균자에 대해 2년간 보균 검사를 한다.

(4) 파라티푸스(Paratyphoid fever)

① 병원체

Salmonella enteric 중 Salmonella paratyphi A, B(S. Schottmuelleri), C(S. hirschf-feldii)가의 3가지 병원체가 있다. S. paratyphi의 A와 C형은 사람에게만 기생하며 길이 2~3μm의 gram 음성 간균이고 운동성은 있고, 아포와 협막은 없다. 장티푸스균과는 혈청 반응과 발효 반응 때문에 구별된다.

② 감염경로

주 병원소는 사람이며, 간혹 가축일 때도 있다. 보균자나 환자의 대소변에 직·간접적으로 감염된다. 주로 환자나 보균자의 오염된 손에 의해 조개류, 우유 및 유제품 등의 음식이 오염되고 경구감염을 일으킨다.

③ 주요 증상

장티푸스와 유사한 열병의 증세를 나타내지만, 기간이 짧고, 고열, 두통, 비장증대, 발진, 설사 등의 증상을 보이며 경과가 가볍고 사망률이 낮다. 잠복기는 3~6일이나 24시간일 때도 있다. A형에 의한 감염은 장티푸스와 유사하나 치사율이 낮다. B형은 식중독과 같이 주로 급성으로 나타난다. C형은 장티푸스와 유사하며, 증세가 가볍다. 전염 기는 병원체가 배설되는 기간으로 초기 증상의 발현 시기부터 회복기까지로 보통 1~2주 정도로 장티푸스보다 훨씬 짧다.

④ 예방

예방책은 장티푸스와 같다. 손 씻기 등의 개인위생과 음식물 살균 후 섭취, 주방용구 소독, 급수시설 소독, 파리 구제, 예방 접종 등을 해야 한다.

(5) 콜레라(Cholera)

① 병원체

Vrio Cholerae균은 1.0~5.0×0.3~0.6μm의 gram 음성 간균이고 독소를 분비하며, 한 개의 편모가 있어서 운동성이 활발하나, 아포나 협막이 없다(그림 5-4). 콜레라

그림 5-4 **Cholera**

의 혈청군에는 O1과 1992년 인도와 방글라데시에서 발견된 O139(V. cholerae Bengal) 가 있다. pH 6.0 이하나 56℃에서 15분간 가열하면 사멸된다. 콜레라균은 실온에서는 약 2주, 물에서는 수일간, 하천과 해수에서는 더 오래 생존하고, 냉장·냉동에서는 죽지 않고 균은 증식이 정지된다.

② 감염경로

콜레라균은 주로 오염된 식수나 음식물, 어패류, 과일, 채소 등의 음식을 통해 경구 감염으로 전파되고, 드물게 환자 또는 보균자의 대변이나 구토물에 의해서 감염되거나 간혹 환자의 직접 접촉에 의해서도 감염될 수 있다.

③ 주요 증상

잠복기는 수시간~5일(평균 2~3일) 정도이고, 보통 24시간 내외에 급성 장관 질환을 일으킨다. 잠복기가 지난 후 과다한 수양성 설사가 시작되고, 구토가 동반될 수 있다. 극심한 설사로 인해 심한 경우에는 탈수 현상 등으로 저혈량 쇼크 등을 일으킬 수 있다. 대부분은 무증상 감염이고 5~10%의 경우 감염되었을 때 증상이 심하게 나타난다. 증상이 심할 경우 수액 치료 시 치사율은 1% 미만이나 치료를 받지 않으면 50% 정도로 상당히 높아진다. 수분과 전해질을 신속히 보충해 주고 탈수가 심한 환자는 항생제 치료를 한다.

④ 예방

환자의 회복 후 2~3일 무증상 환자 대변 오염에 의해 7~14일간은 전염이 될 수 있으므로 환자 격리가 필요하다. 오염된 음식물이나 식수의 섭취를 금하고, 물은 반드시 끓여 먹고, 음식물을 준비하거나 취급할 때 철저히 끓이거나 익혀서 먹는다. 개인 위생관리를 철저히 하며 특히 음식물을 취급하기 전과 배변 뒤에 손을 깨끗이 씻도록 한다. 콜레라 유행 또는 발생지역을 방문할 때는 백신 접종을 한다.

(6) 디프테리아(Diphtheria)

① 병원체

디프테리아균(Corynebacterium diphtheriae) 감염에 의한 급성 호흡기 감염병을 일으킨다. 디프테리아균은 길이 1~8μm, 폭 0.3~0.8μm인 gram 양성 간균이지만 아포, 협막, 운동성이 없고 형태가 다양한 세균이다.

② 감염경로

주로 호흡기로 배출되는 균과 환자나 보균자가 직접 접촉, 피부 병변 접촉이나 미생물학적 매개체(non biological fomites)에 의한 간접전파에 의해 전염된다.

③ 주요 증상

잠복기는 2~6일이며 흡수한 세포독소에 의해 2~6주 후에 증상이 나타난다. 뇌신경, 지각을 마비시키고, 심근염은 생기고, 중증으로 돌연사하여 사망한다. 인두, 후두, 코, 때로는 다른 점막과 피부, 극히 드물게 결막, 음부를 침범하는 급성질환 증상이 나타난다.

④ 예방

디프테리아, 파상풍은 이환된 후 회복되어도 자연면역이 획득되지 않고 장기간 지속시 문제를 일으킬 수 있다. 우리나라에서는 디프테리아가 거의 발병은 되지 않으나 디프테리아, 파상풍, 백일해는 자연 중에 항상 존재하고 있어 예방접종이 중요하다. 기초접종은 DTaP로 생후 2개월, 4개월, 6개월로 3회에 걸쳐서 한다. 이후 15~18개월에, 4차 만 4~6세에 5차 추가 접종을 DTaP로 하고, 만 11~12세에 6차 추가 접종을 Td로 접종받도록 하고 있다.

(7) 성홍열(Scarlet fever)

① 병원체

성홍열 A군은 β-용혈성 연쇄구균으로 M단백질에 의하여 80여 종의 형으로 분류된다. A군 용혈성 연쇄구균은 여러 가지 질병의 요인이 되며 흔히 인후염, 성홍열 및 농가진의 증상이 나타난다. 일반적으로 용혈성(hemolysis)은 적혈구를 파괴 여부에 따라 α, β, δ 로 나누고, 이 중 적혈구를 완전히 용혈시키는 것은 β-용혈성 연쇄구균이며 병원성이 아주 강하다.

② 감염경로

호흡기 분비물 비말감염 또는 환자나 보균자와의 직접 접촉으로 전파된다. 드물게 손이나 물건을 통한 간접 접촉과 균에 오염된 우유, 아이스크림이나 기타 음식물을 통해서 전파된다.

③ **주요 증상**

잠복기는 1~7일(평균 3일)이며, 12~48시간 후에 발진증상이 나타나며, 주로 5~15세 대상으로 발생된다. 갑자기 시작되는 발열, 두통, 구토, 복통, 오한 및 인후염 증세를 보이다가 1~2일이 지나면 작은 좁쌀 모양의 발진이 입 주위와 손·발바닥을 제외한 전신에 나타난다. 3~4일 후면 사라지기 시작하나 간혹 피부 껍질이 벗겨지기도 한다. 발열은 39~40℃까지 이를 수 있으며 치료하지 않으면 5~7일간 지속된다. 혀가 처음에는 회백색이다가 며칠 후에 붉은 딸기 색깔이 된다(red strawberry tongue). 또한, 편도선이나 인두 후부에 점액 농성 삼출액이 덮여 있는 경우도 있으며, 림프샘 부기 등의 증상도 나타난다. 치사율은 1% 이하이며, 증상이 나타나면 항생제로 치료한다.

5 바이러스성 감염병

1) A형 간염(Hepatitis A)

(1) 병원체

A형 간염바이러스(hepatitis A virus; HAV)에 의해 발병하는 급성감염질환이다. 이 바이러스는 Picomaviridae과의 Hepatovirus속 RNA virus로 바이러스가 인체의 장관을 통과해 혈액으로 침입하여 간의 세포 안에서 증식하며 염증을 일으킨다. A형 간염은 1995년 이후 선진국형으로 변화되어 10~30세의 나이에서 환자가 늘어나고 있다.

(2) 감염경로

A형 간염바이러스의 감염경로는 오염된 음식물에 의해서 감염되거나 환자의 분변을 통한 경구감염으로 직접 전파되고 환자의 분변에 오염된 물이나 음식물을 통해 간접 전파되고, 주사기를 통한 감염(습관성 약물 중독자)과 혈액제제 등에 의해서이다. 환자에

의해 가족이나 친척에게 전파되거나 인구 밀도가 높은 군인, 보육원, 탁아소에서 집단감염이 발생된다.

(3) 주요 증상

잠복기는 15~50일(평균 28일)로 증상 발현 2주 전부터 황달 발생 후 2주까지 바이러스가 활발하게 배출된다. 주요 증상은 발열, 식욕감퇴, 구역, 구토, 쇠약감, 복통, 설사, 황달 등이고, 6세 미만 소아의 70%는 무증상으로 나타나고 10% 정도만 황달이 발생하고, 나이가 많아질수록 70% 이상 황달이 동반된다. 수주~수개월 후 대부분 회복되고 만성감염으로 진행되지는 않는다.

(4) 예방

조리하기 전이나 배변 후에 반드시 깨끗이 손을 씻도록 하고, 상·하수도를 정비하고 식수원의 오염을 방지하도록 해야 한다. 굴, 모시조개, 어류 등은 생식을 금하고 반드시 가열해서 먹고, 물은 끓여 마시며, 위생적으로 식품을 취급한다. 12~23개월의 모든 소아, A형 간염이 없는 고위험군 소아·청소년, 성인, 환자와 밀접접촉자들은 6~12개월 간격으로 2회 접종해야 한다.

2) E형 간염(Hepatitis E)

(1) 병원체

E형 간염바이러스(hepatitis E. virus; HEV)는 Hepeviridae과 orthohepevirus A속 직경 32~34nm의 RNA virus이다. 바이러스와 장관을 통과하고 혈류를 통해 간으로 진입하여 간세포 내에서 염증을 일으킨다. E형 간염바이러스는 염류의 고농도에 노출 시 불안정한 상태가 된다.

(2) 감염경로

분변으로 인한 경구감염과 분변으로 오염된 물, 음식물의 섭취를 통한 전파, 주사기를 통한 감염(주사 사용 약물 남용자), 바이러스에 오염된 덜 익힌 동물의 간, 고기, 조개류,

비가열 소시지를 섭취할 경우 직접 또는 교차 감염되고, 감염된 임산부가 태아에게 수직 감염을 전파한다. 일반인들의 사망률은 1~2%로 낮으나, 임산부의 사망률은 20%로 A형 간염보다 높다. 15세 이상 성인의 감수성이 높다.

(3) 주요 증상

잠복기는 15~64일(평균 26~42일) 정도이다. 증상은 메스꺼움, 흑변, 복통, 구토, 어지러움, 발열, 관절통 등이 나타난다. 대부분 모든 환자에게 간종양이 보이고 만성질환자, 임산부는 경우 간장염, 신장파괴 후 출혈 등으로 사망에까지 이를 수 있다.

(4) 예방

바이러스 치료제는 없으며 대증 요법으로 대부분 회복이 된다. 만성질환자와 임산부는 입원 치료가 필요하다. E형 간염을 예방하기 위해서는 일반적인 예방법으로 손 씻기, 익혀 먹기, 끓여 먹기, 위생적 조리하기 등이 있으며, 간염이 유행할 때는 사람 간의 접촉 시 조심해야 한다.

3) 폴리오(Poliomyelitis; 소아마비, 급성회백수염)

(1) 병원체

병원체에는 Enterovirus속의 poliovirus 1, 2, 3형이 있다. 폴리오 증상을 일으키는 대부분의 형은 poliovirus 1형이고, 그 다음으로 3형의 순으로 많다. 소아마비 바이러스는 한번 앓은 후 다시 바이러스에 접촉되면 걸린 형에서는 재감염이 안 되지만 다른 형에서는 다시 감염될 수 있다.

(2) 감염경로

백신 도입 전에는 전 세계적으로 유행하였지만, WHO의 소아마비 박멸 노력과 생활 수준이 향상되어 많이 감소하였다. 온대지방의 늦여름부터 초가을, 열대지방에서는 더운 우기에 소아감염이 주로 나타났다. 사람 대 사람 감염이 되며, 분변에서 경구, 경구에서 경구감염을 통해 전파된다. 드물게 오염된 음식물을 섭취하여 전파되기도 한다.

(3) 주요 증상

잠복기는 마비형은 4~35일(평균 7~10일)이며, 대변으로 발병 후 6주까지 바이러스가 생존하여 전파된다. 경증은 가벼운 발열과 권태감, 두통, 설사 등의 위장염 증상이 나타난다. 치료는 수시간~수일 내에 회복된다. 그러나 간혹 바이러스가 소화관의 림프샘으로부터 신경조직을 침입하여 근육통, 경부·배부의 경직을 일으키며 이완성 마비가 3~4일 사이에 나타난다. 비대칭성 마비가 특징으로 하지에 많고 호흡근과 연하근이 병에 걸리면 치명적이다. 60일 이후에도 증상이 호전되지 않을 때는 영구적으로 마비 증상이 남게 된다. 감염자 중 90% 이상이 무증상이거나 경증으로 지나가나 감염자의 1% 이하가 이완성 마비 증상을 보인다. 그리고 약 1%의 환자들은 무균성 수막염의 합병증이 나타난다.

(4) 예방

소아마비는 권장 접종 일정에 경구 생백신이나 주사용 불활성화 백신을 접종한다. 소아마비는 예방접종을 받는 것이 가장 효과적인 방법으로 생후 2, 4, 6개월(3회)과 만 4~6세(4차)에 접종한다.

6 인수공통 감염병

인수공통 감염이란 사람과 척추동물에서 같은 병원체에 의해 발생하는 질병이다. WHO에서는 '인간과 척추 동물 사이에 전파되는 질병'이라 하였고, 우리나라(감염병예방법 제2조 제11호)에서는 '동물과 사람 간에 서로 전파되는 병원체에 의하여 발생되는 감염병'이라고 인수 공통감염병을 정의하고 있다. 병원체는 세균, 바이러스, 리케차, 곰팡이, 플라스마, 기생충 등이다. 인수 공통감염병에 걸리는 경우는 감염된 우유, 식육, 동물조직, 분비물 등에 직접 감염되는 경우와 감염된 척추동물의 배설물 등에 접촉한 파리, 쥐 등의 위해 동물이 오염시킨 음식을 섭취한 경우에 감염된다. 세계적으로 현재까지 인수공통감염병은 200종으로 이 중 동물로부터 사람에 감염되어 위해를 주는 것은 90종 정도로 분류하고, 식품위생상 문제가 야기되는 것은 [표 5-7]같이 장출혈성대장균감염증, 일본뇌염, 공수병, 동물인플루엔자인체감염증, 중증급성호급기증후군(SARS), 변종 크로이츠펠트-야콥병(vCJD), 큐열, 결핵, 탄저, 브루셀라증, 중증열성혈소판증후군(SFTS)으로 11종이다. [표 5-8]에는 병원체에 따라 11종의 인수공통감염병을 구별하였다.

인수 공통감염병의 예방방법은 가축의 건강관리와 예방접종을 철저히 하고, 병에 걸린 동물은 조기 발견, 격리 또는 도살 후 소독 등 가축 간의 감염병 유행을 차단한다. 도축장이나 우유 처리장은 병에 걸린 가축이 시중에 유통, 섭취되지 않도록 철저한 검사를 해야 한다. 수입한 가축이나 육류, 유제품 등에 대한 검역과 감시를 철저히 하고 식품의 생산, 가공, 저장, 유통단계 등의 전 단계를 위생적으로 처리하도록 한다.

표 5-7 인수 공통감염병의 구분

구분	감염병
제1급	탄저
	중증급성호흡기중후군(SARS)
	동물인플루엔자인체감염증
제2급	결핵(M. bovis만 해당)
	장출혈성대장균감염증
제3급	일본뇌염
	브루셀라증
	공수병
	변종 크로이츠펠트-야콥병 (크로이츠펠트-야콥병은 제외)
	큐열
	중증열성혈소판감소증후군(SFTS)

출처 : 질병관리청 고시(제2020-23호, 2020.9.14.)

병원체	인수 공통감염병
세균	결핵, 탄저, 브루셀라증, 장출혈성대장균
리케차	Q열
바이러스	일본뇌염, 동물 인플루엔자인체감염증, SARS, SFTS, 공수병
기타(변형 프라이온 단백질)	광우병(소해면상뇌증 : BSE)

1) 결핵

(1) 병원체

결핵균은 길이는 2~4μm의 호기성의 가늘고 긴 간균이며, 아포와 편모가 없고 운동성도 없다. 세포벽의 지질함량이 다른 균에 비해 25% 이상 많아 건조한 환경에서 내성이 있고, 알코올, 알칼리, 산이나 살균제 및 일반 항균제에도 저항성을 가진다. 단, 열과 빛에는 약하다. 협막을 형성하는 내산성 균으로 인형(human type), 유형 모양(bovine type), 조형(avine type)의 3가지 모양이 있다. 사람의 결핵은 인형 결핵균(Mycobacterium tuberculosis)이고, 소에서 일어나는 결핵은 우형 결핵균(Mycobacterium bovis)이다. 결핵균에 감염된 소의 유즙이나 유제품을 섭취하여 감염되기도 한다. 인형 결핵균은 A형, I형, B형, C형 4가지이고 독소를 생산하지 않지만 조직 내에서 증식할 수 있다.

(2) 감염경로

감염성이 높은 폐결핵 및 후두결핵 환자에서 나오는 비말을 통한 흡입 감염과 드물지만 점막과 상처 난 피부를 통한 직접감염이 일어난다. 나쁜 모양 결핵은 저온 살균하지 않은 우유나 유제품을 섭취하여 장관이 감염되어 결핵이 발생한다. 농민이나 가축을 다루는 사람은 공기를 통해 감염되기도 한다.

(3) 주요 증상

잠복기는 4~6주이고 가벼운 기침 등의 증세를 나타내기도 하지만, 폐결핵 환자는 만성경과를 보이고 뚜렷한 증세가 없다. 일단 증세가 나타나기 시작하면 병감, 피로감, 식욕감퇴, 체중감소가 있고 열은 오후에는 39~40℃로 높고 야간에는 해열되어 땀을 많이 흘린다. 가래가 많이 나와 화농성이 되고, 기침하면서 객혈을 호소한다. 반면 상당히 감염병이 진행된 무증상의 환자를 종종 보게 된다.

(4) 예방

국내에서는 모든 영유아를 대상으로 태어나면 4주 이내 BCG 예방접종을 받도록 하고 있다. 정기적인 tuberculin 반응을 하여 결핵 감염 여부를 조기에 발견하도록 한다.

2) 탄저(Anthrax)

(1) 병원체

탄저균(Bacillus anthracis)은 자연계의 토양 어디에나 존재하며, 소, 말, 양, 산양 등의 가축에 급성패혈증을 일으키는 제1급 법정 감염병 및 생물테러 감염병, 인수 공통감염병이다. 탄저균은 gram 양성 호기성 간균이고, 운동성이 없으며 협막을 가지지 않고 아포를 형성하지 않은 균이나 환경조건이 나빠지면 균체 중앙이나 가장자리에 아포가 형성된다. 아포는 고온, 건조한 조건, 자외선, 감마선, 기타 소독제에 대한 저항력이 있으며, 동물이나 인체 밖의 환경에서도 아포는 수십 년까지도 생존할 수 있어 동물의 치명률은 75~100%로 매우 높다.

(2) 감염원 및 감염경로

감염은 소, 말, 돼지, 산양 등의 질환으로 사람은 주로 피부 상처로 감염되고 경구와 흡입 때문에 감염되기도 한다. 농업이나 축산업 종사자, 동물 처리업자나 수의사 등에서 발생된다. 피부감염은 감염동물의 사체와 접촉, 오염된 털을 이용한 모피나 모피제품에 의해 주로 발생하나 파리가 매개로 일어나기도 한다. 흡입 감염은 양모와 모피를 다루는 공장에서 생성된 에어로졸 상태의 아포를 흡입하여 발생된다. 경구감염은 오염된 육류를 섭취하여 발생하며 사람과 사람 사이의 전파는 드물다.

(3) 주요 증상

잠복기는 1~60일 평균 1~7일이며, 노출량과 노출경로에 따라 모두 다르게 나타난다. 피부탄저병의 잠복기는 1~17일, 위장관·구인도 탄저는 1~16일, 흡입탄저는 1~60일로 다른 탄저보다 잠복기가 길다.

- 피부탄저는 피부상처를 통해 감염 부위에 벌레 물린 듯한 구진이 나타나고, 1~2일 후에 지름 1~3cm 크기의 둥근 수포성 궤양이 형성되어 괴사성가피(eschar)가 형성되면서 부종과 소양감을 동반하게 되고, 가피가 떨어지고 나서는 흉터가 남게 된다. 발열, 피로감, 두통 등을 동반할 수 있다. 치명률은 항생제 치료 시 1%로 낮아지나 항생제를 치료하지 않을 경우에는 20%이다.
- 위장관·구인두 탄저의 증상은 발열, 오한, 오심, 구토, 식욕부진, 발진 등이 나타나며, 패혈증으로 진행된다. 치명률은 25~60%이고, 항생제 치료에 따른 사망률은 아직 불확실하다.
- 흡입탄저는 발열, 오한, 발한, 피로나 권태감과 오심, 구토, 마른기침, 의식혼돈, 흉통 등을 동반하며 폐 상태에서 특이적 증상은 없으나 출혈성 괴사와 부종이 유발되기도 한다. 2~5일 호전증상을 보이다가 수시간~3일에 호흡곤란, 발한, 천명음, 청색증을 동반한 갑작스런 호흡부전이 발생되고 패혈증 쇼크와 사망에 이른다. 흡입탄저의 50%는 수막염, 80%는 위장관 출혈의 합병증을 동반하며 후속 증상에 의해 사망한다. 치명률은 97%이며, 항생제 치료 시에는 75%이다.

(4) 예방

탄저가 의심되는 동물 사체는 다루기 전에 혈액 채취하여 검체를 진단한 후 사용하도록 하고, 갑자기 폐사한 경우에는 임의로 사체를 처리하거나 육류 섭취를 금하고 있다. 탄저에 취약한 지역의 가축에게는 백신을 투여하고 있다. 아포는 장기간 생존하므로 감염된 동물 사체는 소각하거나, 불가능할 경우에는 땅속 깊게 묻어야 한다. 탄저에 대한 국내 유효 백신은 없으며, 공동 노출자에게는 탄저 적정, 항생제 선택 치료를 한다. 단독 항생제 사용보다는 항생제 병행 요법으로 생존율을 향상시킨다는 보고가 있다.

생물테러

생물테러란 바이러스, 세균, 곰팡이, 독소 등을 사용하여 사람, 동물, 혹은 식품에게 질병을 일으켜 잠재적으로 사회 붕괴할 의도로 행하는 행위를 뜻한다. 생물테러 감염병이란 생물테러 감염병 또는 테러 등을 목적으로 이용된 병원체에 의하여 발생된 감염병으로 대량환자가 발생할 수 있고, 보건복지부장관이 고시한 감염병이다. 생명테러는 화학테러, 방사능의 테러와는 달리 질병 잠복기로 인해 병원체 살포와 인명 피해 발생의 시간적 차이로 초기에 감지가 어렵다. 생명테러에 이용되는 감염병은 치사율이 높고, 전파가 쉬운 특징이 있어 발생 시 가장 중요한 것은 조기 발견과 신속한 대응이다. 생물테러 감염병은 탄저, 보툴리눔독소증, 페스트, 마버그열, 에볼라열, 라씨열, 두창, 야토병 8종을 국내에서는 지정하고 있고, 이 중 탄저, 보툴리눔독소증, 페스트, 두창, 야토병이 중심이 되고 있다. 국내에서는 국방과학연구소에서 실시간 검사가 가능한 real-time 생물독성감시기(BTM)를 개발하였으나 아직 군에서 생물 감시체계 구축이 미비하며, 생물테러와 관련된 시나라오 개발이 미흡한 실정이다. 국내 탄저 백신의 경우 탄저는 임상 2상이 완료되었으나, 3세대 두창 백신은 개발 중이고, 보툴리눔, 페스트, 야토병은 백신이 아직 없는 상태이다. 해외의 경우는 미국에서 2001년 탄저균 생물테러 사건 이후 미국 NSTC에서 생물 감시 과학기술 로드맵을 수립하여 생물테러의 정보통합, 분석, 공유에 관한 중점분야를 선정하여 연구를 수행하고 있고, FDA CBER에서는 천연구 항원 및 항체 중화 평가 연구 등이 이루어지고 있다. 미국과 영국 등 선진국에서는 전체 인구 대비 두창 백비축률이 100%, 일본은 77% 수준이다. WTO, UN식량농업기구에서는 바이오테러감염병에 대해 조기 경보시스템을 구축하고 있다.

생물테러발생 감염병(8종)

분류	정의	대상감염병	근거
생물테러 감염병 (8종)	고의 또는 테러 등을 목적으로 이용된 병원체에 의하여 발생된 감염병	1. 탄저 2. 보툴리눔독소증 3. 페스트 4. 마버그열 5. 에볼라바이러스병 6. 라씨열 7. 두창 8. 야토병	감염병예방법 제2조 제9호 질병관리청장이 지정하는 감염병의 종류 (질병관리청 고시)

출처 : 질병관리청

3) 브루셀라증(Brucellosis)

(1) 병원체

B. abortus, B. melitensis, B. suis, B. canis가 원인균이며, 파상열이라고도 한다. 소, 돼지, 양, 염소 등에 감염성의 유산을 일으키고, 사람에게는 열성질환 증세를 나타내며, 감염된 동물로부터 사람이 감염되는 인수공통감염으로 미국, 유럽 등에서 주로 발생된다.

(2) 감염경로

소, 돼지, 양, 염소와 같은 동물이 주요 감염원으로 경피감염 또는 식품매개(유제품 등)로 감염된다. 감염된 동물 혹은 동물의 혈액, 대소변, 태반 등에 있던 병원균이 피부 상처나 결막이 노출되어 감염되고, 저온살균되지 않은 우유와 유제품 등을 통해 감염된다.

(3) 주요 증상

잠복기는 5~60일, 통상은 1~2개월이다. 급성으로 증세를 보이기도 하고, 지속적 혹은 간헐적으로 일정하지 않은 기간 동안 계속되는 발열이 나타난다. 두통, 허탈, 다량의 발한, 오한, 관절통, 체중감소, 전신통증을 동반하고, 다른 장기에 화농성 병변을 형성하는 경우도 있다. 치료하지 않으면 열, 피로감, 관절통 등의 증상이 몇 년씩 지속되고, 때로는 중추신경계가 심장을 침범하는 심각한 감염증에 의해 간혹 심내막염으로 사망하기도 한다. 따라서 의심되면 검사 후 치료를 받아야 한다.

(4) 예방

국내에서 고위험집단(축산업 종사자, 수의사 등)에 대한 감시 강화 및 동물에 대한 관리를 통해 현재는 연간 20건 미만으로 발생되고 있다. 브루셀라증은 전 세계적으로 보고되는 흔한 감염병으로 저온 살균하지 않은 치즈, 우유, 그 외 유제품 섭취 시 주의해야 한다. 감염된 동물의 혈액, 소변 또는 유산으로 배출된 태아, 태반 등 조직과의 접촉을 피하고, 동물들과 접촉 가능한 종사자들은 보호 안경, 보호 장갑, 보호복을 착용한 뒤 작업하고 작업 후에는 반드시 손을 깨끗이 씻고, 손소독제를 사용한다. 감염된 소 및 부산물은 소각 또는 매몰 처리를 한다. 도축 시에는 모든 기구, 배수로, 기계, 바닥은 소독약을 이용하여 세척하고, 고온의 물로 재차 세척하여 작업장 환경을 위생적으로 유지한다.

4) Q열(Q-fever)

(1) 병원체

Coxiella burnetii에 의해 급성 감염되는 인수 공통감염병이다.

(2) 감염경로

소, 양, 염소 등 큐열에 걸리면 출산 과정에서 양수와 태반을 통해 병원체가 고농도로 배출되면서 이 균으로 오염된 먼지를 흡입하였거나, 감염된 가축 및 부산물을 가공하는 시설에서 감염되면, 저온살균 소독하지 않은 유제품, 우유 등 음식의 섭취로도 감염된다. 국내에서는 연간 30명 이내로 발생하며, 특히 고위험군(축산업 종사자)의 감염자가 높게 나타났다. 사람이 종말숙주(dead end host)로 사람의 호흡 등을 통해 몸 밖으로 배출되지 않고, 동물에게 전파되지 않으며 사람 간 전파도 드물다.

(3) 주요 증상

잠복기는 2~3주 정도이고, 감염된 사람 중 절반 정도의 사람에게만 증상이 나타난다. 급성 Q열은 갑작스러운 고열, 심한 두통, 전신 불쾌감(general malaise), 근육통, 혼미, 인후통, 오한, 발한, 가래 없는 기침(non-productive cough), 오심, 구토, 설사, 복통, 흉통의 증상을 보인다. 발열은 1~2주간 나타난다. 환자의 3~50%는 폐렴으로 진행되기도 하며 상당수의 환자는 수개월 내에 회복된다. 급성 감염은 치료하지 않으면 치사율은 1~2%이지만, 만성 큐열에 감염되면 심내막염 등의 중증 증세가 나타나 사망에 이를 수 있고, 치사율은 19%로 높아진다.

(4) 예방

브루셀라증과 예방방법은 같고, 생고기 섭취는 피하고, 소가 출산 또는 유산한 경우 전파가 일어나지 않도록 소각 또는 매몰 처리한다.

2019년 2월 충남 소재 염소농장에서 염소 36마리가 사산하자 가축위생방역지원본부에서 방역하였는데, 방역을 담당했던 방역사들 7명 중 3명이 감염자(2명 큐열 확진 환자, 1명은 무증상감염자)로 확인되었다. 농장주에 대한 큐열 검사 실시와 설사 염소농장 환경 검사를 하였고, 무증상에 대한 큐열 관련 교육을 시행하였다. 그리고 같은 해 6월 염소육 포장처리업체 종사자가 큐열에 확진되어 역학조사 및 환경 검사대상물 유전자 분석을 하였더니 포장처리업체 총 11명 중 9명(81.8%)이 큐열 양성이 나왔고, 도축업체 43명 중 79.1%에 해당하는 34명이 큐열에 걸렸다.

5) 변종 크로이츠펠트-야콥병(vCJD)

오염된 동물의 사체를 섭취하여 원인물질이 전이되는 전염성 해면뇌상증은(Transmissible Spongiform Encephalopathy : TSE)은 동물의 종에 따라 구분한다. 소의 해면상뇌증(Bovine Spongiform Encephalopathy : BSE), 산양은 스크래피(Scrapie), 사슴류는 만성소모성질병(Chronic Wasting Disease : CWD), 밍크는 전염성 밍크뇌증(Transmissible Mink Encephalopathy : TME), 고양이 해면상뇌증(Feline Spongiform Encephalopathy : FSE), 사람은 변형 크로이츠펠트-야콥병(Variant Creutzfedt-Jakob Disease : vCJD) 등으로 분류한다. 변형 크로이츠펠트-야콥병은 '인간 광우병'이라고 부른다.

(1) 병원체

병원체는 변형 프리온 단백질이 비정상적인 프리온 단백질(감염력을 지닌 단백질)로 변형되어 세포 내에서 분해되지 않고 축적되면서 신경세포의 기능을 저하하고 세포를 죽이고, 중추신경계의 변성을 유발하여 스펀지처럼 뇌에 구멍이 뚫리는 전염성 해면양 뇌병증을 일으키게 된다. 일반 감염 질병들은 DNA나 RNA 같은 유전물질을 통해 감염되는데, vCJD는 단백질에 의해서 전염된다. 보통의 경우 단백질은 체내에서 단백질 분해효소에 의해 분해되는데, 변형 프리온 단백질은 분해가 되지 않는다. 그리고 끓여도 파괴되거나 감염력이 저하되지 않는다. CJD와 vCJD의 병원체는 같으나 발병기작이 다르다.

(2) 감염경로와 주요 증상

자연적으로 발생하는 산발성의 경우 원인은 아직 불분명하다. 퇴행성 뇌질환으로 나이가 들어가면서 자연적으로 발생하는 것으로 유전적 소인에 의한 감염과 감염환자의 조직을 수수한 도구의 비위생적 처리로 인한 감염, 감염환자의 각막, 호르몬 등의 이식을 통해 감염된다. 잠복기는 길게는 수십 년까지 되는데 아무런 증상을 보이지 않다가 발현되기도 한다. vCJD는 4~5세의 소에서 주로 발생하는 해면상뇌증으로 이상 행동을 보이다가 죽는 광우병에 걸린 소의 신경조직을 섭취했을 때 사람에게 감염되는 것으로 확인되었다. 임상 증상으로는 크로이츠펠트–야콥병환자와는 달리 우울증, 불안감, 초조감, 공격적 성향, 무감동증의 정신질환증상이 지속되고, 평균 6개월 정도 뒤에 기억력이 상실되고 지적 장애 및 치매가 생기고, 팔, 다리 감각 이상 증상의 통증이 동반된다. 말기에는 운동 불능, 무언증의 상태가 되며, 증상 발현 후 평균 14개월 이내에 사망하게 된다. 변종 크로이츠펠트–야콥병은 크로이츠펠트–야콥병(평균 35세 이상)보다는 젊은 연령(20~30세)에서 발생하였다.

(3) 예방

아직까지 정확한 치료법이 없는 실정이다. 소의 감염을 막기 위해서 용제를 이용해 지방을 제거한 단백질 사료를 사용하지 못하도록 하고, 모든 동물의 사료에 뇌, 갑상선, 지라, 척추, 창자, 편도선 등의 특정 부위의 고기를 사용하지 못하도록 한다.

7 기생충 감염병

기생충은 서로 다른 종이 한 생물체 속에서 내부 또는 외부에서 살아가며 외부에 살면서 다른 생물체의 영양분을 얻어먹으면서 기생 생활하며 질병을 일으키는 것을 기생충감염이라 한다. 기생충은 우리 몸속에 들어와 살면서 음식의 영양분을 몰래 가져가서 성장하는 매우 작은 생물이다. 우리 몸이 써야 할 영양분을 취하기 때문에 성장과 건강에 나쁜 영향을 미친다. 오래전에는 대변 등을 활용하여 농사를 지어 기생충이 몸 안에 많았지만, 농약 등의 화학약품 사용으로 기생충감염이 예전보다는 많이 감소하였다. 그러나 최근에는 유기농, 무기농과 같은 선호가 늘어나고, 애완동물을 키우는 가정이 늘면서 점차 늘고 있다. 국내에서는 기생충 감염병을 [표 5-9]와 같이 국내 6종(회충증, 편충증, 요충증, 간흡충증, 폐흡충증, 장흡충증)과 해외유입기생충 11종(리슈만편모충증, 바베스열원충증, 아프리카수면병…)으로 범위를 정해 적용하고 있다.

기생충은 병원소 내부에 기생하고 간혹 외부기생을 하는 경우도 있다. 일생 동안 한곳에 머무르는 정류기생, 일시적으로 잠시 머무르는 일시적 기생으로 나뉜다. 일시적 기생은 유생기생과 성충기생으로 분류한다. 기생충은 일생 동안 몇 번의 중간숙주가 바뀌며 변태나 유생 생식 등을 반복한다. 기생충의 몸은 좌우대칭으로 등과 배의 구별이 있는 편형동물과 가시모양의 위체강을 가진 선형동물로 구분한다. [표 5-10]과 같이 편형동물에는 흡충류의 간흡충, 폐흡충, 요코가와흡충이 있고, 선형동물에는 조충류의 무구조충, 유구조충, 광절열두조충, 만손열두촌충 등이 있고, 선충류의 회충, 구충, 요충, 편충, 십이지장충, 선모충, 아니사키스충 등이 있다.

| 기생충병 예방원칙 |

- 분변을 완전히 처리하여 기생충란을 사멸 또는 배제하도록 한다.
- 정기적으로 검진하여 조기에 광범위하게 구충을 한다.
- 감염성 충란 또는 유충으로 오염된 조리기구를 통한 다른 식품의 오염에 유의해야 한다.
- 수육, 어육은 충분히 가열조리하여 섭취해야 한다.
- 채소류는 흐르는 물에 충분히 세척해야 한다.
- 손을 항상 깨끗이 씻어 청결을 유지해야 한다.

표 5-9 기생충 감염병 적용 범위

구분	종류
국내 기생충감염병 (6종)	회충증, 편충증, 요충증, 간흡충증, 폐흡충증, 장흡충증
해외유입기생충감염증 (11종)	리슈만편모충증, 바베스열원충증, 아프리카수면병, 주혈흡충증, 샤기스병, 광동주혈선충증, 악구충증, 사상충증, 포충증, 톡소포자충증, 메디나충증

출처 : 「감염병의 예방 및 관리에 관한 법률」 제2조제6호

표 5-10 기생충의 종류 구별

구분		종류
편형동물 (Plathelminthes)	흡충류(trematoda)	간흡충, 폐흡충, 요코가와흡충 등
선형동물 (Nemathelminthes)	조충류(cestoda)	무구조충, 유구조충, 광절열두조충, 만손열두촌충 등
	선충류(nematoda)	회충, 구충, 요충, 편충, 십이지장충, 선모충, 아니사키스충

1) 어패류의 기생충

(1) 간디스토마(간흡충 : Clonorchis sinensis)

간흡충 감염에 의한 간과 담도의 기생충 질환이며 중국, 베트남, 대만, 한국 등에서 감염률이 높다. 간디스토마의 성충은 사람, 고양이, 개 등 포유류의 간 또는 쓸개관이나 쓸개 내에 기생한다. 우리나라에서는 낙동강, 영산강, 섬진강 유역에 사는 사람들이 주로 감염된다.

성충은 버들잎 모양의 담홍색 흡충으로 몸 길이는 15~25mm이고, 너비는 4~6mm이다. 충란은 달걀모양으로 엷은 갈색을 띠고 크기는 27~35×12~20㎛이며 표면에 돌출된 주름이 많다.

감염경로는 분변에 섞인 충란이 물 속에 들어가 제1중간 숙주인 왜우렁이, 담수산 패류에 충란을 먹고, 몸 속에 세르카리아(cercaria)가 된다. 세르카리아가 헤엄쳐 나와 제2중간 숙주인 민물고기(잉어, 참붕어, 붕어) 등에 침입하여 피낭유충을 형성하게 되고, 사람들은 민물고기를 생식할 때 피낭유충을 섭취하여 감염이 된다. 또는 자연산 민물고기

의 회, 젓갈, 조림, 피낭유충에 오염된 칼, 도마 등을 통해서도 경구감염되기도 한다. 잠복기는 3~4주로 대부분 무증상이나 소화불량, 황달, 식욕 부진, 설사 등의 증상이 나타나고 중증이 되면 간경변증과 유사한 여러 증상을 보인다. 담염관, 담석형성, 담관폐쇄, 간비종대, 간경변, 담관암 등의 합병증을 나타나기도 한다. 간흡충 증상이 나타나면 프라지콴텔(praziquantel)을 하루 3차례 1~2일간 복용하여 치료하는데 임산부는 투약을 금지한다. 간흡충의 예방대책은 민물고기의 생식을 금지하는 것이 가장 확실한 예방이고, 민물고기를 손질한 칼과 도마 등 주방용품은 분리 사용하거나 소독한 후 사용한다.

(2) 페디스토마(폐흡충 : Paragonimus westermani)

폐흡충 감염에 의한 폐 기생충 질환으로 한국, 일본, 중국, 동남아에서의 감염률이 높다. 폐흡충은 피낭유충에 감염된 민물 참게, 가재즙 등을 통하여 경구 감염된다. 폐, 기관지에 주로 감염되고 흉강, 복강, 피하조직에도 기생한다. 폐에 기생할 경우 폐결핵과 유사한 증상이 나타난다. 폐흡충은 난원형으로 표면은 비늘 같은 작은 돌기로 덮여 있고, 크기는 10~20mm이다. 충란은 난개가 넓고 납작하며 크기는 $80\sim100\times45\sim65\mu m$로 난개 반대쪽 난각이 두껍고 비후한 특징을 가졌다. 충란이 제1중간숙주인 다슬기, 담수 패류에서 피낭유충을 거쳐 제2중간숙주인 가재나 게 등의 담수산 갑각류에 유입되고, 성충의 갑각류를 먹고 인체에 감염된다. 성충은 십이지장을 뚫고 횡격막과 흉강을 지나 폐에 도착하여 폐 안에서 피를 빨아 먹고 그 분비물로 염증을 일으켜 기관지와 폐에 손상을 입힌다. 잠복기는 6주이고, 증상은 흉부통증, 가래, 혈담, 흉막염, 각혈, 장간막의 임파절, 장벽에 낭포, 시각장애, 뇌막염 등 폐, 복부, 뇌 등에 폐흡충증이 나타난다. 치료는 praxiqantel 25mg/kg을 1일 3회(2~3일간) 복용한다. 환자의 격리는 하지 않아도 되나 1개월 후 가래검사, 6개월 후 흉부 X선 검사가 필요하다. 페디스토마를 예방하기 위해서는 담수산 게류, 참가재 등의 생식이나 덜 익은 조리상태로 섭취를 금한다. 게류로 담근 게장은 최소 7일이 지난 후에 섭취하여야 한다.

(3) 요코가와흡충(장흡충 : Metagonimus yokogawai)

요코가와흡충 감염 등에 의한 장내 기생충 질환이다. 중국, 일본, 대만, 시베리아, 인도네시아, 스페인, 한국에서 주로 감염되며 장흡충 또는 요코가와흡충이라 한다. 충란은 담갈색으로 크기가 28~30×16~17μm로 간흡충과 비슷한 형태이나 장흡충은 유탄원형으로 난개가 뚜렷하지 않으며 어깨 돌출부와 겉표면에 주름이 없이 매끈하게 생겼다. 충란이 외부로 배출되어 물 속에서 미라시디움(miracidium)으로 부화한 후 제1중간숙주인 다슬기(Semisulocospira sp.)에 침입하여 세르카리아가 성장하여 배출되어 제2중간숙주인 담수어(특히 은어)의 소장에서 탈낭하여 점막 내에서 7~10일 내 성충으로 되어 인체에 기생하게 된다. 간혹 오염된 칼, 도마 등을 통해 경구감염이 일어나기도 한다. 주요 증상으로는 설사, 복통, 혈변, 탈력감 등 감염 충체 수 및 감염기간에 따라 발현되는 증상이 다르게 나타난다.

우리나라는 강원도, 경남 하동, 대구, 제주도, 밀양지역에서 높은 감염률을 보이고, 대부분 소장의 점막에 침입해서 기계적 장애나 염증 등을 유발한다.

예방책으로는 분변으로 인한 강물의 오염을 방지하고, 은어나 황어 등의 생식을 금하고 꾸준히 보건교육을 해야 한다.

(4) 아니사키스(고래회충 : Anisakis)

아니사키스충은 흰실 모양의 기생충으로 고래회충이라고도 한다. 고래, 돌고래, 물개 등에 선충류의 아니사키스 유충이 기생한다. 병원체는 Anisakis로 성충의 암컷은 12cm, 수컷은 8cm 정도이고 유충은 20~25×0.3~0.6mm 정도이다. 주로 바다 생선을 날것 또는 잘 익지 않은 상태로 섭취하여 경구 감염되는데 최근 우리나라에서도 환자가 보고되었다. 아나사키스 유충인 제1중간숙주는 크릴새우, 바다 새우류 등의 소갑각류이고, 이를 해양 포유류인 오징어, 고등어, 조기, 청어, 갈치, 대구, 오징어, 돌고래, 물개 등이 잡아먹어 제2중간숙주에 감염된다. 감염된 제2중간숙주를 사람이 다시 섭취하여 감염되면 입안 벽, 위장 벽, 십이지장 벽 등에도 서식하게 된다. 증상은 복통과 메스꺼움을 호소하다가 위궤양이 일어나며, 인체 내로 고래회충이 들어가 장을 파고들어 복막염이나 패혈증 같은 치명적인 질병을 일으키기도 한다. 일반적인 구충제는 효과가 없기 때문에 치료를 위해서는 외과적인 수술, 또는 내시경을 이용한 수술을 통해 유충을 제거해야 한다. 예방을 위해서는 해산어류를 섭씨 −20℃ 이하에서 24시간 냉동 또는 섭씨 70℃ 이상에서 가열 후 섭취하고, 생선회를 먹을 때 생선의 내장을 피하고 반드시 싱싱한 것을 먹도록 한다.

(5) 광절열두조충(긴촌중 : Diphyllobothrium latum)

광절열두조충은 길이가 상당히 길어서 긴촌충이라고도 부른다. 몸의 길이는 8~12m이고 너비는 1.5~2cm이고, 편절수는 3,000~4,000마디로 길이와 폭이 넓어 '넓은마디촌충'이라 부르기도 한다. 배쪽과 등쪽에 2개의 흡구가 있어 위, 소장 장벽에 기생하며 하루 100만 개 이상의 알을 낳는다. 알은 달걀 모양이고, 난각이 두껍고 황갈색으로 작은 돌기를 관찰할 수 있다. 대변으로 배출된 충란이 물 속에서 온코스페라로 성숙해지고 유영하여 약 2~3주 정도 육구촌충인 코라시디움(coracidium)으로 발육한다. 이 유충이 부화한 뒤 헤엄쳐 나와 제1중간숙주는 물벼룩이고, 제2중간숙주는 연어류(송어, 곱사연어, 석조송어, 연어 등)로 피하조직이나 근육에서 플레로세르코이드(plerocercoid)로 성장시킨다. 송어 등에 들어간 유충이 인체에 들어가 약 30일이면 성숙한다. 주요 증상은 설사나 복통, 빈혈, 영양실조 등이며 무증상으로 지나갈 수도 있다. 광절열두조충의 유충은 저항력이 강해 건조법, 염장법, 훈연법, 냉동법 등의 가공법으로는 죽지 않으나 50℃ 이상의 열을 가하면 죽으므로 반드시 연어류는 생식을 금하고 가열조리하여 섭취한다.

2) 육류의 기생충

(1) 무구조충(민촌충 : Taenia saginata)

소고기에 낭충이 자라나서 무구조충이 되어 인체에 감염되어 소고기촌충, 민촌충, 무구조충이라 한다. 낭충은 콩팥, 혀, 심장 등 주로 근육에 기생하고, 낭충에 감염된 소고기를 사람들이 덜 익혀 먹으면 감염된다. 인체에서 낭충이 자라나 소장상부에서 유충이 나와 2~3개월 만에 성충으로 성장된다. 성충은 길이가 3~8m이고, 체질은 1,000개 이상을 가지고 있다. 주요 증상은 복통, 소화장애, 오심, 설사, 구토, 식욕증진, 불안, 체중감소 등이 나타나고, 항문을 통해 성충이 빠져나올 때 이물감 항문소양증을 보인다. 간혹 장폐색, 충수돌기염을 유발되므로 소고기 위생검사를 한 소고기를 확인하고 충분히 익혀 먹는다.

(2) 유구조충(갈고리촌충 : Taenia solium)

주로 돼지로부터 감염되어 돼지고기초충이라고도 하고, 성충의 두부에 갈고리를 가지고 있어 갈고리촌충이라고도 한다. 충란을 중간숙주인 돼지가 섭취한 후 근육 속을 침입하여 유구낭충이 된다. 성충의 길이는 2~3m이고 폭은 5~6mm, 체절은 800~900개이다. 사람은 덜 익은 돼지고기를 먹고 감염되며, 소장에서 8~10주 만에 성충으로 성장한다. 유구조충은 소화기관, 가슴, 안구, 뇌, 심장, 피하조직, 근육 등에 기생하며 설사, 구토, 공복통, 체중감소 등의 증상을 일으킨다. 예방은 돼지고기를 반드시 가열하여 섭취하는 것이다.

(3) 선모충(Trichinella spiralis)

돼지고기에 흔한 기생충이며, 곰, 쥐, 고양이 등 다숙주주성 기생충이다. 병원체는 Trichinella spiralis로 크기는 수컷 1.5mm, 암컷 3~4mm로 썩은 고기를 먹은 동물에 의해 감염된다. 잠복기는 2~8일이며, 초기 증상은 메스꺼움, 구토, 설사, 복부 통증이고, 이후 열, 눈 주위 조직의 팽창과 근육경직 증상을 보이고 중증에는 사망을 초래할 수도 있다. 돼지고기의 육가공 및 육조리식품의 섭취 증가로 확산될 수 있으므로 돼지고기와 야생 사냥육의 생식을 금지하고 가열조리하여 섭취해야 한다.

(4) 만손열두촌충(Diphyllobothrium mansoni)

고양이, 개, 호랑이, 너구리 등에 기생, 인체에서는 유충만이 기생한다. 제1중간숙주는 물벼룩, 제2중간숙주는 양서류, 파충류, 조류 및 사람을 포함하는 포유류이다. 초기 증상은 통증이 없는 이물감과 가려움증을 수반한 피하종물에서 심해지면 염증을 동반한 육아종을 형성하게 된다. 뇌에 침입하면 간질 발작, 척수 침입은 하반신 마비를 초래한다. 예방책은 개구리나 뱀 등을 생식하지 말고 충분히 가열해서 섭취하는 것이다.

3) 채소류의 기생충

(1) 회충(Ascaris Lumbricoides, Roundworm)

회충은 충란에 의해 감염되는 인체에 기생하는 가장 보편적인 기생충질환이다. 전 세계 인구의 약 30%가 감염자인 것으로 추정한다. 대표적인 토양 매개성 선충으로 소장에 기생한다. 장에 기생하는 선충 중에서는 가장 크며, 수컷의 몸길이는 15~30cm, 암컷은

20~35cm이다. 주로 늦봄에서 초가을에 발육하여 암컷의 난자 안에서 자충을 형성하여 감염성 성숙란을 하루에 10~20만 개를 낳는다. 자충포장란으로 오염된 날 채소, 상추 쌈 등의 음식물을 통해 경구감염으로 노출되어 자충포장란은 십이지장충에서 부화한다. 부화한 알은 장간막, 정맥간, 폐동맥, 폐를 거쳐 기관, 식도, 위를 경과하여 소장에서 성충이 된다. 회충의 잠복기는 60~70일로 회충 유충에 의한 병변은 출혈, 염증반응을 일으키고, 충체를 중심으로 육아종을 형성하고 회충성 폐렴 증세가 나타난다. 장내 성충에 의한 병변은 영양장애, 복통, 식욕부진, 메스꺼움, 구토, 설사, 복부팽만 등이 나타나고, 위경련 증세와 다수의 충체가 장내에서 모여 장폐색증을 일으키기도 한다. 장외에서 회충 병변은 성충이 신체 각 조직 및 기관을 이행하며 다양한 합병증을 유발하고, 황달과 담석을 유발, 담도 폐쇄나 천공 등의 문제를 발생하기도 한다. 예방법은 환자의 격리는 불필요하며, 올바른 손 씻기, 채소는 반드시 씻어서 조리하고 생과일은 씻은 후 껍질을 벗겨서 먹고 분변의 위생적 처리로 토양의 오염을 방지해야 한다. 열에 대한 저항성은 76℃ 이상의 열탕에서 1초 이상, 65℃에서 10분 이상 가열하면 사멸되는데 60℃ 이하에서는 10시간 이상 처리해도 사멸되지 않으므로 고온에서 가열해서 음식을 섭취한다. 회충증은 구충제 알벤다졸, 메벤다졸로 치료한다. 그러나 회충이 인체 내장을 완전히 먹는다면 수술적 치료가 필요하다.

(2) 구충(십이지장충 : Ancylostoma duodenale, Hookworm)

구충은 이탈리아의 밀라노에서 처음 발견되었으며 십이지장에 기생하고 있어 십이지장충이라 불리다가 현재는 구충이라고 한다. 입 부분에 이빨과 같은 흡착기를 가지고 있다. 숙주의 장점막에 붙어 흡혈한다.

사람에게 기생하는 아메리카구충, 십이지장충과 개, 소, 양 등에 기생하는 구충으로 구분한다. 우리나라에는 개십이지중충(A. canium)과 소구충(Bunostomum phlebotomus), 양구충(B. trigonocephalum) 등이 있다.

인체에 기생하는 구충은 몸길이가 대개 1cm 정도이지만 십이지장충은 더 길고 굵다. 또 십이지장충의 입에는 2쌍의 이빨이 있고, 아메리카구충은 얇은 널빤지모양의 치판이 있다. 분변으로 배출된 알이 적당한 온도, 습도, 산소에서 부화하여 두 번 탈피하여 필라리아형의 감염형 유충이 된다. 십이지장충은 입으로 감염되고 아메리카구충은 피부로 감염된다. 감염된 지 4~7주가 지나면 소장 상부에서 성충이 되어 산란을 시작하고 알이 분변으로 나온다.

주요 증상으로는 침입 부위에 소양감과 작열감을 일으키고 홍반과 구진, 수포 등이 일어난다. 십이지장충에 감염되면 채독증을 일으키며 발작성 기침 등의 특이증세를 보이는데 또한 빈혈이 생길 수도 있다. 예방책으로는 인분의 위생적인 처리와 채소를 깨끗이 세척하여 섭취하는 것이다.

(3) 편충증(Trichuris trichiura)

사람의 맹장, 대장에 기생하는 채찍 모양의 가늘고 긴 선충으로 수컷이 35~40mm, 암컷이 35~50mm로 긴 성충이다. 토양매개성 성충으로 채소, 김치, 물, 토양 등에 묻어 있는 편충의 자충포장란(감염충란)을 경구로 섭취하면서 감염이 전파된다. 흙 속에서의 충란은 18개월까지 생존하여 경구감염되면 소장상부에서 부화하고 대장 부위에 정착하여 살아간다. 증상이 없으나 빈혈, 신경증상, 맹장염 등이 나타난다. 예방책은 분변을 위생적으로 처리하고 손을 자주 씻으며 채소를 깨끗이 씻어 가열조리하여 먹는 것이다.

(4) 요충(Enterobius vermicularis, oxyuriasis, Pinworm)

요충의 몸길이는 암컷이 10~13mm, 수컷이 3~5mm로 쌍선충류에 속하며, 희고 가는 실모양의 형태이다. 우리나라는 어린이의 집단 감염률이 높으며, 세계적으로 인구 밀집지역에서의 감염률이 높게 발생한다. 주로 장에서 나온 성충은 항문 주위의 피부나 점막에 산란하여 가려움증을 유발하여 손으로 긁게 되고 손에 묻은 충란이 다시 입으로 들어가 자가 감염을 일으킨다. 충란으로 오염된 음식물이나 식기를 통해 경구간염되기도 한다. 충란은 맹장 부위에 기생하며, 2개월 후 성충이 된다. 주요 증상은 항문 주위의 심한 가려움, 긁힘, 습진, 피부염, 불면증, 신경증 등이다. 예방책으로는 손을 깨끗이 자주 씻고, 입 주위에 손을 가져가지 않도록 한다. 산란된 알은 속옷이나 침구에 묻어 전파되므로 속옷, 잠옷, 침구시트를 깨끗이 세탁하고 소독, 일광소독하여 사용한다. 학교나 유치원 등 집단시설에서는 집단 구충을 실시한다.

기후변화 감염병

신 기후 변화 체제하에서 매개체 전파 질환의 국가 대응 전략이 요구되고 있다. 주요 매개체인 진드기, 모기 등 절지동물에 대한 대응·관리, 기후변화 감염병은 중증열성혈소판감소증후군(SFTS), 쯔쯔가무시, 뎅기열, 일본뇌염, 자카바이러스, 삼일열말라리아에 집중되어 있으며 조기 감시 및 매개체 방제기술개발이 필요하다. SFTS는 2011년 중국에서 보고된 새로운 진드기 매개체 감염병으로 2013년 이후 일본과 한국에서도 발견되고 있다. 쯔쯔가무시병은 아시아, 태평양 지역에서 주로 발생되고, 뎅기열은 전 세계 100여 개 국가에서 풍토성으로 발생하고, 발생지역이 지난 50년간 30배가 늘어 전 세계적으로 1억 명이 발병한 기후변화감염병이다. 일본뇌염은 동남아시아 서태평양 지역의 24개국에서 주로 발생되며 약 30억 명이 감염위험에 노출되었다. 국내에서는 기후변화 감염병에 대한 매개체 전파 질환관리를 위한 매개체별로 관리지침을 발간하였으나 병원체 전파 기작 및 유전정보 확보 연구가 현재 미흡한 실정이다. 일본에서는 최근 SFTS 항체 측정법을 개발하였고, 2015년 12월 사노피 파스퇴르의 뎅기백신(Dengvaxia CYD-TDV)이 멕시코에서 승인되었다.

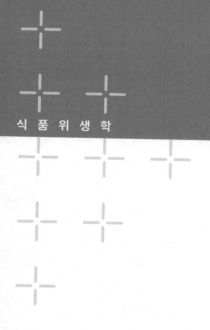

식 품 위 생 학

6장

식품 중의 이물 혼입

6장

식품 중의 이물 혼입

 1 **이물의 혼입**

이물이란 식품에 함유된 정상 성분이 아닌 물질을 뜻하며 이물의 내용에 따라 [표 6-1]과 같이 분류하였다. 동물성 이물에는 절지동물 및 그 알, 유충과 배설물, 설치류 및 곤충의 흔적물, 동물의 털, 배설물, 기생충 및 그 알 등이 해당되고, 식물성으로 종류가 다른 식물 및 그 종자, 곰팡이, 짚, 겨 등이 있으며, 광물성으로 흙, 모래, 유리, 금속, 도자기 파편, 기타로는 합성섬유, 비닐(포장지), 고무, 플라스틱, 벨트조각 등이 해당된다. 가공식품, 조리된 식품이 겉보기에는 깨끗한 것 같아도 여러 가지 이물 검사를 하면 위해 해충, 설치류, 머리카락, 금속가루, 비닐조각, 철 수세미 조각 등이 검출되기도 한다. 이물은 원료, 생산, 저장, 유통 과정의 비위생적인 환경에서 제품을 취급, 유입되는 등 대부분 물리적 유해요소(physical hazard)에 의해 유입된다. 이물의 보고 대상은 맨눈으로 식별할 수 있고 식품과 직접 접촉하고 있는 경우만 해당된다(표 6-2).

식품위생법 제7조에 따르면 다른 식물이나 원료 식품의 표피 또는 토사, 원료용 고기의 털, 뼈 등과 같이 실제에 있어 정상적인 제조·가공상 완전히 제거되지 않고, 양이 적으면 이물에서 제외한다. 참치통조림에 참치 껍질, 가시, 혈대 등 일부가 적은 양 발견되는 경우, 건조 오징어에서 기생충이 제조과정에서 사멸되어 발견되어 인체의 건강을 해칠 우려가 없는 경우, 포장지 외부에 붙어 있는 위해가 되는 해충 등은 이물로 적용하지 않는다.

표 6-1 이물의 분류

분류	이물 내용
동물성	절지동물, 절지동물의 알, 유충, 유충의 배설물, 설치류, 곤충의 흔적물, 동물의 털, 동물 배설물, 기생충, 기생충의 알 등
식물성	종류가 다른 식물, 종류가 다른 식물의 종자, 곰팡이, 짚, 겨 등
광물성	흙, 모래, 유리, 금속, 도자기파편 등

이물 혼입 기준

① 원료의 처리 과정에서 그 이상 제거되지 아니하는 정도 이상의 이물

② 오염된 비위생적인 이물

③ 인체에 위해를 끼치는 단단하거나 날카로운 이물

(다만, 다른 식물이나 원료 식물의 표피 또는 토사, 원료용 고기의 털, 뼈 등과 같이 실제에 있어 정상적인 제조. 공장에서 완전히 제거되지 아니하고 남아 있는 경우의 이물로서 그 양이 적고 위해 가능성이 낮은 경우는 제외) 금속성 이물(쇳가루)에 따라 시험하였을 때 식품 중 10.0mg/kg 이상 검출되어서는 아니되며, 또한 금속 이물은 2mm 이상인 금속성 이물이 검출되면 안 된다.

출처 : 식품 일반의 기준 및 규격, 제2023-29호

표 6-2 보고대상 이물의 범위

이물 구분	내용
섭취과정에서 인체에 직접적인 위해나 손상을 줄 수 있는 재질이나 크기의 이물	3mm 이상 크기의 유리·플라스틱·사기·금속성 재질의 물질
섭취과정에서 혐오감을 줄 수 있는 이물	쥐 등 동물의 사체 또는 배설물 파리, 바퀴벌레 등의 곤충류 기생충 및 그 알(제조·가공 과정에서 사멸되어 인체 건강을 해칠 우려 없는 건 제외)
인체의 건강을 해칠 우려가 있거나 섭취하기에 부적합한 이물	컨베이어벨트 등의 고무류 나무류의 이쑤시개(전분 재질 제외) 등 돌, 모래 등 토시류

최근 5년간 식품 유형별 이물질 혼입은 과자류, 빵, 떡, 즉석 섭취식품, 즉석조리식품, 음료류, 면류, 초콜릿·코코아 가공품류, 주류 등의 순서로 나타났다. 이물 혼입은 식품의 종류 등과 관계없이 발생되고 있다. 매년 500건가량이 이물 위반 건수로 보고되는데

이물 혼입한 종류로는 곰팡이류가 520건으로 가장 많았고, 벌레 386건, 플라스틱 237건, 금속 157건, 유리 16건, 머리카락, 실, 끈, 종이 등의 기타 식품 1,143건으로 나타났다 (표 6-3).

표 6-3 최근 5년간 이물질별 혼입건 수 현황

구분	2017년	2018년	2019년	2020년	2021년	합계
벌레	83	71	67	79	86	386
곰팡이	102	81	82	170	85	520
금속	29	25	32	36	35	157
유리	5	3	2	3	3	16
플라스틱	46	44	58	38	51	237
기타*	177	234	239	229	264	1,143
연도합계	442	458	480	555	524	2,459

* 기타 : 머리카락, 실, 끈, 종이 등

출처 : 식품의약품안전처

2 위해 동물, 곤충

1) 파리(Fly)

파리는 전 세계적으로 수만여 종이 존재한다. 흔히 우리 주변에는 집파리(Musca domestica)류, 쉬파리(Sarcophaga sp.)류, 금파리(Lucilla caesar)류, 큰검정파리(Musinal stabulans fallen)류 등이 있다. 파리는 병원체의 매개와 운반하여 각종 음식물이나 식기류, 신체, 동물 등에 접촉하여 흡혈, 승저증의 원인과 불쾌감 등의 위해를 일으키는 주요 위생곤충이다.

파리는 5~10월에 주로 변소, 퇴비, 쓰레기더미, 쓰레기처리장, 인분이나 가축의 분변, 동물사체, 하수구, 축사 등의 비위생적인 곳에 산란한다. 파리의 성충은 한번에 50~150

개의 알을 일생 5~6회 산란한다. 알에서 유충을 거쳐 번데기가 되어 2번의 탈피 후 성충으로 발육한다. 성충이 되기까지 2~3주 정도 걸린다. 파리는 장티푸스, 파라티푸스, 콜레라, 세균성 아메바성 이질, 살모넬라증 등과 결핵균, 나균, 화농균, 소아마비, 승저증(파리유충증, myiasis), 회충, 편충, 요충, 조충의 기생충 알을 전파한다. 그리고 아프리카에서 서식하는 23조의 체체파리는 초식동물에게는 신경성 질환인 나가나병(Nagana disease)을, 인간에게는 수면병을 옮기는 중간숙주다. 수면병을 유발하는 원충(트리파노소마)을 흡혈하는 과정에서 사람에게 전파한다.

우리나라를 비롯하여 세계 전역에 분포하며, 이물 혼입에 대표적인 집파리는 잡식성으로 여러 가지 종류의 먹이를 섭취하고 소화작용이 빨라서 거의 5분 간격으로 분을 배출한다. 집파리의 성충은 교미 후 2~3일 후에 100~150개의 알을 동물성 유기물질이 부식하는 쓰레기더미, 퇴비장 등에 산란한다. [그림 6-1]과 같이 알이 태어나면 6~12시간에 유충이 되고 5~7일이 지나면 번데기가 되어 4~5일 후 성충이 된다. 유충은 10~45℃, 최적 36℃에서 발육할 수 있다. 성충이 되면 주로 주간에 활동하고, 야간에는 실내 구석이나 천장 등에서 휴식을 취하는 특징을 가지고 있다.

파리를 방제하기 위해서는 쓰레기통은 건물 밖에 분리, 보관해야 하고, 뚜껑이 있는 것을 사용하여 발생 장소의 위생관리를 철저히 하고, 파리의 화학적 살충제(diazinon, malathion, nalad, dimethoate)와 생벌(parasitic wasp) 종류인 스폴랑기아속(Spolangia)이나 타키나이파구스속(Tachinaephagus) 등의 천적을 이용하여 구제한다. 또한, 에어 스크린, 메시 스크린, 이중문 등을 설치하여 실내의 파리 침입을 차단한다. 성충이 산란하기 쉬운 식품은 비닐로 덮어둔다.

출처 : 식품의 물관리 업무 설명서, 식품의약품안전처, 2021

그림 6-1 **집파리**

2) 나방류(Moth)

나방의 종류에는 화랑곡나방, 점부채명나방, 한점쌀명나방 등의 다양한 종류가 있으며, 온도가 높아지는 늦은 봄에서 여름철에 쌀, 보리, 밀가루 등의 건조된 곡류에서 자주 발견된다. 나방 유충의 발육최적온도는 25~29℃로 식품 속에서 발육한다. 식품에서 발견되면 식품의 가치가 하락하고 독나방 등에 의해서 피부질환을 일으킬 수 있으므로 건조 곡류를 보관할 때 밀봉을 철저히 하여야 한다.

화랑곡나방은 주요 이물 곤충으로 곡류, 건조과일, 채소, 밀가루 등에서 광범위하게 발생한다. 화랑곡나방은 [그림 6-2]와 같이 알에서 4~5일 후에 유충이 되고 30일 내외에 번데기가 된다. 그리고 10일 정도면 성충이 된다. 알에서 성충까지 발육하는 기간은 일반적으로 5~6월에는 약 60일, 7~8월에는 약 30일 정도 걸린다. 유충은 식품 포장지를 뚫고 제품에 침입할 수 있어 어두운 곳에서 제품 포장지 안에 빛을 쏘여 투과되는 구멍이 있는지 확인해 보고, 포장지 안에 물을 넣어 물이 새는지 확인해 본다. 겨울에는 유충과 알은 휴면하고 번데기와 성충은 사멸된다.

출처 : 식품의 물관리 업무 설명서, 식품의약품안전처, 2021

그림 6-2　화랑곡나방

3) 진드기(Mite & Tick)

진드기류는 작은 진드기 mite(몸길이 1mm 전후)와 타원형의 큰 진드기 Tick(몸길이 1~2cm)로 구분한다. 진드기는 전 세계적으로 1만여 종이 있고, 그중 식품과 관련한 진드기류는 100여 종으로 사람이나 가축, 식물, 식품에 기생하여 번식하며 식품에 손실을 주고, 식중독 등을 유발한다. 변온동물의 진드기는 알에서 유충, 애벌레를 거쳐 성충이 된다. 성충은 머리, 몸통, 배의 구별이 없고 배에는 네 쌍의 다리가 있다. 식품을 보관할 때 개폐를 철저히 하고 곡물가루 등의 건조식품은 반드시 방습포장을 하도록 하고, 보관 창고 온도를 60℃ 이하, 습도 60% 이하로 관리한다. 진드기 종류에는 쌀과 보리에서는 긴털가루진드기, 굵은다리진드기, 먼지진드기가 있고, 흑설탕, 견과류, 된장에 번식하는 설탕 진드기, 고단백, 고지방 식품에 번식하는 일본 가루 진드기 등이 있다.

붉은 진드기(다카라디니)

다카라디니는 크기는 1mm로 아주 작은 전체가 빨간색의 진드기로, 외부에서 서식하는 것이 특징이지만 옷이나 사람에게 붙어 실내에서도 발견된다. 1980년대 초반에 일본 해안가 주변에서 처음 신고가 들어왔고, 1987년 일본에서 해충으로 분류하였다. 2010년 개체 수가 급속도로 증가하여 일본 전역으로 퍼졌고, 2016년 우리나라 김해의 일부 지역에서 출몰하였다. 지금은 서울 수도권까지 퍼져 있다. 붉은 진드기가 발견된 지 40년 정도의 시간이 흘렀지만, 인체의 유해 유무는 발견되지 않았다. 붉은 진드기는 꽃가루나 작은 벌레 등을 먹는 잡식성이며, 건물 주변, 벽이나 옥상, 콘크리트 블록 주변, 화단이나 화분 같은 곳에서 흔히 발생한다. 번식력이 매우 높고, 무리 지어 있어 불쾌감과 불안감을 준다. 붉은 진드기를 발견하고 맨손으로 잡아 체액이 피부에 묻으면 발진 등의 증상을 보이므로 맨손으로 잡으면 안 된다. 그리고 식품에 들어갔을 경우 매우 혐오적이므로 식품에 혼입되지 않도록 한다.

4) 쥐(Rat)

전 세계적으로 쥐는 약 2천여 종이 있으며, 우리나라에는 약 20여 종이 서식하고 있다. 20여 종 중에서 국내 식품위생상 문제를 일으키는 쥐는 11종이며, 그중 거주성 3종(시궁쥐, Rattus norvegicus)이 식품 위해와 밀접한 관계가 있다. 시궁쥐에는 300~400g 무게의 집쥐(norwar rat), 2~50g 정도의 생쥐(mouse), 지붕 쥐, 150~250g 정도의 곰쥐(roof rat)가 있다. 주로 우리 주변에 살면서 사람에게 직접적인 피해를 준다. 집쥐는 음식물을 훔쳐 먹고, 음식물을 오염시키고, 가스관을 갉아 먹어 가스중독, 전기선을 갉아 먹어 화재 발생 등의 경제적 손실을 일으키는 원인 위생 동물이다. 들쥐는 우리나라 전체 쥐의 74%를 차지하고, 동굴을 만들어 논, 밭, 산에 서식하며 농작물에 간접적 피해를 준다. 들쥐는 임신 기간이 짧고, 출산 횟수와 출산 새끼의 수가 많다. 임신 기간은 집쥐 20~21일, 곰쥐 20~21일, 생쥐 17~20일이고, 잡지와 밭쥐의 경우는 출산 후 몇 시간만 지나면 교미하여 다시 임신한다. 집쥐는 1회에 6~9마리를 1년에 6~7회 출산한다.

쥐는 salmonella군, 포도상구균 등을 옮기고 장티푸스, 발진티푸스, 렙토스피라증, 페스트, 서교증균, 리케차병, 쯔쯔가무시병, 유행성출혈열 등의 전염병을 발생시키며 선모충, 왜소조충, 일본주혈흡충 등의 기생충증을 발생시킨다. 또한, 농작물과 식품을 손상시켜 식품의 위해를 일으킨다. 쥐의 방제는 우선 쥐의 침입을 차단하기 위해 서식할 수 없는 청결한 환경을 유지하고, 쥐덫이나 끈끈이 등을 설치, 독극물이나 급성 쥐약(황인데, 인화 아연, 아비산 등), 훈증제(독가스)를 살포하는 방법 등을 사용한다.

> **족발 배달음식 '쥐' 기물 혼입 사건**
>
> 2020년 족발 업체의 배달음식에서 쥐의 이물질이 발견된 사건이다. 식약처의 음식점 CCTV 자료 분석 결과, 천장에 설치된 환풍기 배관으로 이동 중인 어린 쥐(5~6cm)가 배달 20분 전에 부추 무침 반찬통으로 떨어져 혼입되었다. 식약처는 음식점의 조리기구(행주, 가위, 집게 등)를 현장 수거하여 분석한 결과 대장균, 살모넬라균이 검출되었고, 쥐의 흔적(분변 등)이 발견되었다.

5) 바퀴벌레(Cockroaches)

바퀴벌레는 전 세계적으로 4,000여 종으로 알려져 있고, 그중 우리나라는 9종이 분포하고 있고 4종이 거주성 바퀴벌레로 알려졌다. 거주성 바퀴벌레에는 독일바퀴벌레(Blattella germanica), 이질바퀴벌레(Periplaneta americana), 검정바퀴벌레(Periplaneta fuliginosa), 일본바퀴벌레(Periplaneta Japonica)가 있다. 독일바퀴벌레는 가주성 바퀴벌레의 대표적인 종으로 세계 전역에 분포하고 있고, 우리나라에서도 가장 많이 발견되고 있다. 몸길이는 1~1.5cm로 소형바퀴벌레이고 수컷은 밝은 황갈색, 암컷은 수컷보다 좀 더 검은색을 띤다. 이질바퀴벌레는 몸길이 3.5~4cm로 가장 큰 대형종으로 남부지방에 주로 분포하고 채색은 광택이 있는 적갈색을 띤다. 검정바퀴벌레는 먹바퀴라고도 하며 길이가 3~4cm이고 몸과 날개 모두 강한 광택이 있고, 흑갈색의 몸체를 가지고 있다.

일본바퀴벌레는 검정바퀴벌레와 생김새가 유사하지만 암컷은 날개가 짧고, 수컷은 몸집이 가늘고 흉부 배면이 약간 울퉁불퉁함을 확인하여 검정바퀴와 구분한다. 바퀴는 알에서 유충, 성충으로 부화한다. 유충은 종류에 따라 4~5회 또는 7~8회의 탈피를 하면서 발육하며 성충이 되면 교미활동을 통해 암컷의 수명이 다할 때까지 산란을 한다. 산란은 어둡고 구석진 마룻바닥, 벽틈, 천장구석 등에 한다. 바퀴의 수명은 3개월~1년 이상으로 종류에 따라 다르다. 바퀴는 비위생적이고, 어두운 곳을 은신처로 하며 야간활동을 주로 한다. 잡식성으로 쓰레기, 죽은 곤충, 종이, 나무, 음식 등 가리지 않고 먹으며, 그 중 탄수화물 식품을 가장 좋아한다.

이질바퀴와 같은 큰 종류의 바퀴벌레는 잠자는 어린이를 물어 상처를 내기도 하고, 보는 것만으로도 혐오와 불쾌감을 준다. 또한 바퀴의 분(feces)에는 trypthophan의 유도체로 xanthurenic acid, kynurenic acid, 8-hydroxyquinal lic acid 등 돌연변이성 물질과 발암성 물질이 미량 함유되어 있다. 바퀴는 세균성질환의 이질, 콜레라, 장티푸스, 결핵, 페스트, 폐렴, 바이러스성질환의 폴리오, 간염, 기생충질환(조충, 회충, 디스토마, 십이지장충) 등의 전염병을 전파한다.

바퀴 방제법으로는 어두운 벽틈을 좋아하므로 바퀴가 들어갈 만한 틈을 차단하고, 음식물 찌꺼기 등의 쓰레기는 뚜껑을 덮어 사용하고, 빨리 비우도록 한다. 바퀴먹이에 0.1%의 keptone, 2% propoxur, 10~15% 붕산 등의 살충제를 혼합하여 구제하는 독이법, 훈증법과 훈연법, 살중체 등을 이용하여 구제한다.

3 이물 방제

이물 혼입 방지는 위생관리 및 입고검사 강화, 원료의 선별강화, 여과 등 이물 제거 공정 도입, 최종원료까지 이물에 대한 검사를 공정에 도입하고 작업자 교육을 강화해야 한다. 영업장에서는 폐기물잔사, 해충, 설치류, 금속조각 등의 이물이 발생될 가능성이 높으므로 영업장을 분리하여 운영하고, 세척·소독 및 이물 기록 관리를 해야 한다. 공정 중 이물혼입을 차단하기 위해 공장의 주변 환경관리, 원부자재의 차단관리 및 정기점 검, 작업장 차단장치 설치, 작업자 개인 위생 및 이물관리 의식을 고취하고, 작업장과 설 비ㆍ기구 청소관리를 강화하고 금속검출기를 활용하고 여과망 등을 강화 관리하도록 한 다. 유통과정에서는 제품 포장의 훼손, 보관온도, 보관시간 및 유통 환경조성 등의 관리 를 강화해야 한다. 밀가루와 같은 가루 제품과 환제품의 제조과정에서 원료를 금속 재질 의 분쇄기로 분쇄하는 경우 금속 물질이 함유될 수 있다. 따라서 분쇄 이후(여러 번의 분 쇄를 거치는 경우 최종 분쇄 이후) 충분한 자력을 가진 자석을 이용하여 금속성이 물(쇳 가루)을 제거하는 공정을 거치도록 한다. 금속 제거공정 중 자석에 부착된 분말 등을 주 기적으로 제거하고, 충분한 자력이 상시 유지되는지 관리 감독해야 한다.

식품은 직사광선과 자연환경(비, 눈 등)으로부터 안전하게 보호되고, 외부환경에 의해 오염되지 않도록 취급장소의 유해물질, 위해 해충, 이물(곰팡이 등 포함) 등이 혼입ㆍ오 염되지 않도록 적절한 관리가 필요하다. 위해 곤충류의 방제는 식품 섭취를 목적으로 침 입을 차단하고, 작업장, 창고 등을 철저히 정리, 정돈, 청소하여 곤충이 살 수 없는 환경 으로 만든다. 출입구의 문, 창 등을 정비, 철망 등을 사용하여 방충효과를 강화한다. 살 충제 살포, 훈증 등의 일반적인 방법을 사용하고 식품에 약품 오염이 되지 않도록 주의 한다. 원재료 구매 시 곤충의 부착 여부를 검사한다. 금속성이 물을 방제하는 방법은 각 종 기계, 기구 외에 원재료의 포장재료나 서류 등에서 떨어진 종이찍개 핀, 클립 등이 혼 입되지 않도록 주의한다. 제조 기기에서 발생하는 기기의 부서진 조각이나 금속 물질, 못 등의 혼입을 방지하기 위해서는 작업 전후 사용기기의 충분한 점검, 부품의 탈락이 나 파손의 여부, 녹이나 윤활유 등의 식품 오염에 유의한다. 모발은 이물 혼입 방제가 가 장 곤란한 것 중 하나이다. 사람의 모발은 하루에 약 100개 정도가 빠지거나 떨어져 나 온다. 머리카락 이외의 다른 부위에서도 나올 수 있으므로 전부 식품 이물의 대상이므로 주의가 필요하다. 작업모, 위생모 착용을 원칙으로 하고, 작업실 내에서는 벗지 않도록 하며 작업장 내 휴게실 등도 모발이 방치되지 않도록 흡입청소기로 주기적인 청소를 해 야 한다. 흡입 소로 어깨, 소매 등도 청결히 청소하도록 한다.

식품에서 발견된 이물의 신고 및 접수는 [표 6-4]와 같이 하고, 발견된 이물은 [표 6-5]와 같이 이물의 종류에 따라 보관방법을 달리해야 한다.

| 이물 선별 및 검출기기 |

- **체 가름법** : 일정 크기 이상 또는 일정 모양 이외의 것은 체를 이용한 체 가름법으로 선별한다.
- **풍력선별기** : 바람을 이용하여 무거운 것은 가까이에, 가벼운 것은 멀리 날려 선별하는 방법이다.
- **비중선별기** : 비중의 차이를 이용하여 원료 곡물과 이물을 구별 선별한다.
- **자석선별기** : 자석을 이용하여 원료에 유입되어 있는 철을 제거하는 방법이다.
- **색채선별기** : 물건의 밝기 차나 색상 등을 이용하여 원료를 선별한다.
- **금속탐지기** : 대량의 식품제조 공장, 유통매장, 도시락 공장 등에서 이용하는 방법이다.
- **X선 이물 검출기** : 켄베이어로 운반되는 식품이나 파이프 내부를 통과하는 식품에 X선을 조사하고 투과 화상을 컴퓨터로 분석하여 처리한다.
- **외관검사(화상검사)** : 전자소자카메라를 이용하여 금속통, 수지용기, 유리병 등의 홈, 거품, 탄화물 등 미세한 불량품들을 검출한다.

●표 6-4 **이물 신고 접수 방법**

신고방법	접수 기간
전화(1339, 110)	1399 부정·불량식품통합신고센터
인터넷(식품안전나라) 모바일앱(내손안식품안전정보)	식품의약품안전처
방문접수, 우편, FAX, 국민신문고	관할지방청, 시·군·구

* 이물 및 증거제품은 조사기관에서 직접 민원인에게 제조(수입)업소 소재지 관할기관으로 인계 전달(택배, 직접전달 등)

표 6-5 신고 이물 보관방법

이물종류	보관방법
유리, 플라스틱, 사기, 금속류, 나무류, 토사류	• 덮개가 있는 투명용기에 이물을 넣고 라벨을 부착한 후 상온에 보관한다. • 금속류, 나무류는 제습제와 같이 보관하도록 한다.
고무류	• 빛이 투과되지 않는 불투명한 용기에 이물을 넣고 라벨을 부착한 후 상온에 보관한다. • 천연고무는 냉장 보관하도록 한다.
동물이 사체 또는 배설물	• 밀폐용기에 동물사체 또는 배설물을 넣고 라벨을 부착한 후 냉장 보관한 후 실험 후 냉동 보관한다. • 장기간 보관 시 세포 및 조직의 훼손과 형태 변형이 발생할 가능성이 있으므로 초기 분석결과 오차가 발생할 수 있다.
곤충류	• 투명 밀폐용기에 넣고 라벨을 부착한 후 냉장 보관하고 실험 후에는 냉동보관하거나 클로로포름 또는 에탄올(70%)에 담가둔다. • 장기간 보관 시 진균오염, 건조, 형태변형, 체액소실 등이 발생할 수 있으므로 초기 분석결과와 오차 발생할 수 있다.
기생충 및 그 알	• 밀폐용기에 이물을 넣고 라벨 부착 후 냉장 보관하고, 실험 후에는 냉동 보관 또는 클로로포름 또는 70% 에탄올에 담가둔다.

출처 : 식품의약품안전처(식품 이물관리 업무매뉴얼, 2017년 2월)

7장

식품 변질 및 저장

7장
식품 변질 및 저장

1 식품의 변질

식품을 그대로 방치하면 미생물, 햇볕, 산소, 화학물질 등에 의해 식품 품질의 외관과 관능적 특성에 변화가 생겨 식용이 어려운 상태를 변질(spoilage)이라 한다. 식품의 변질은 물리적, 화학적, 생물학적 요소가 단독 또는 복합적인 영향을 받는다. 고수분 함량의 식품은 건조, 광선, 산화에 의해 효소, 미생물의 작용으로 식품의 향, 색, 영양성분 등에 변화가 생긴다. 변질은 대부분 미생물의 생물학적 요인에 의해서이다. 변질에는 식품영양성분에 따라 부패, 변패, 발효, 산패로 나뉜다.

식육, 달걀, 어패류 등 고분자 단백질 식품이 혐기적 상태에서 미생물의 작용에 의해 분해되어 형태, 경도, 색택, 맛 등이 감소하는 과정에서 부패(putrefaction)되어 본래의 가치가 저하된다. 단백질식품은 혐기성 세균에 의해 분해되어 여러 가지 아미노산과 황화수소, 암모니아, 메캅탄, 메탄 등과 같은 가스가 발생하여 악취가 난다.

탄수화물은 물과 공기가 만나 화학적 요인에 의해 변질되는데 이때, 세균에 의해 분해되는 과정을 변패(deterioration)라 한다. 미생물에 의하여 단백질과 지방, 탄수화물이 분해되면서 인간에 유용한 물질을 생성하는 것을 발효(fermentation)라 한다. 발효에는 효모에 의한 알코올발효, 젖산균에 의한 김치발효, 요구르트, 치즈 등이 있다.

유지는 공기 중에 장시간 두면 산화되어 불쾌한 냄새와 맛과 색이 저하되어 산패(rancidity)된다. 산패는 공기 외에도 빛, 열, 세균, 효소, 습기 등에 의해서도 일어난다. 유지를 다량 함유한 식품은 산패되면 맛의 저하, 비타민이나 아미노산 등의 파괴, 이취, 심할 때는 유독물질이 생성되므로 산패를 방지하기 위해서는 항산화제(산화방지제)를 첨가, 서늘한 냉암소에 보관하도록 한다. 식용유를 발연점까지 가열 시 지방이 타는 냄새는 지방에서 아크롤레인(acrolein)이 발생된 것이다. 이는 단순한 형태의 불포화알데히드로 무색액체이며 콕 찌르는 매캐한 냄새가 난다. 아크롤레인의 독성은 산업적으로 생산되며 살생제 등으로 사용되기도 한다.

❷ 부패의 판정

식품의 미생물에 의한 부패를 막기는 어렵다. 식품은 조리 전과 후에 시간과 온도에 따라 모양, 색상, 경도 등의 외관과 이화학적 변화가 일어나고 점성과 악취 등의 부패가 일어난다. 부패가 일어나는 초기 단계에 육안으로 식별에 어려움이 있으므로, 식품의 위해를 막기 위해서는 관능검사, 화학적 검사, 생균수 검사 등으로 부패를 판정할 수 있다.

1) 관능검사에 의한 판정

관능검사(organoleptic examination)는 식품의 부패 여부를 인간의 시각, 촉각, 미각, 후각 등의 감각으로 분석하는 방법이다. 개인적인 차이가 있으나 예민하고 신속성이 있어 이화학적 분석과 별도로 이용할 수 있다. 식품의 종류에 따라 차이는 있으나 부패가 진행되면 암모니아, 산패, 곰팡이, 알코올, 에스테르, 분변 등의 부패취가 발생하고, 광택의 소실, 착색, 퇴색, 변색 등의 변화가 생기고, 미각은 자극성이 높아지는 특징을 가진다. 액체 식품의 경우는 침전, 응고, 발포, 혼탁 등이 일어나고, 고체 식품에서는 탄력성과 유연성 저하, 연화, 점액증가 등이 발생된다.

2) 생균수 검사에 의한 판정

식품의 부패가 진행되면 생균수가 증가하므로 균수를 측정하여 식품의 선도를 판정할 수 있으나, 조작이 복잡하고 검출시간이 오래 걸리고, 식품에 세균 부착의 균일성이 낮아 생균수의 측정만으로 부패의 정도를 판정하기는 조금 부족함이 있다. 일반적으로 식품 1g당 혹은 1mL당 생균수가 105이면 안전한계로 간주하고, 107~108이면 초기부패로 판정하고 있다.

3) 화학적 검사에 의한 판정

어류나 육류 같은 단백질 식품은 선도 저하와 함께 휘발성 염기질소(amine, ammonia 등)와 trimethylamine, histamine, pH 등의 화학적 변화를 검사하여 부패 정도를 판정한다.

- **휘발성 염기질소** : 단백질 식품은 선도저하와 함께 아민이나 암모니아 같은 휘발성 염기질소가 생성되기 때문에 이들을 정량하여 선도를 판정할 수 있다. 휘발성 물질의 측정은 부패판정에 보편적으로 이용되고 있다. 휘발성 염기질소는 식품에서 30mg% 정도일 때 초기부패로 판정한다. 검사방법으로는 감압법, 통기법, 미량확산(Conway)법 등이 있다.

- Trimethylamine : 신선한 어육의 trimethylamine oxide(TMAO)는 어류가 죽으면 시간이 경과함에 따라 효소작용에 의해 Trimethylamine(TMA)으로 환원되면서 양이 증가한다. 이때 이 양을 측정하여 어류의 부패 정도를 판정한다. 무색, 흡습성, 가연성 등의 특징이 있으며, 강한 썩은 생선 냄새가 나는 것은 제3급 아민가스이다. 검사방법으로는 포르말린으로 암모니아를 고정한 후 측정하는 방법과 요오드의 복염으로 하여 이 염화에틸렌으로 추출하여 측정하는 방법이 있다. 4~6mg%가 함유되면 초기부패로 판정한다.

- Histamine : 어류의 부패과정에서 미생물의 작용으로 아미노산인 histidine이 유독 아민류인 histamine으로 전환되어 어육 중에 축적되는데 이 양이 4~10mg% 함유되면 알레르기성 식중독을 일으킨다. 신선한 어육에서는 일반적으로 히스타민이 검출되지

않는다. Codex는 어류와 가공 어육에 한해 총바이오제닉아민 함량 기준이 200mg/kg 이며, 히스타민 기준치는 100mg/kg으로 규정하고 있다. 우리나라 히스타민 기준은 냉동어류, 염장어류, 통조림, 건조 또는 절단 등 단순 처리한 것(어육, 필렛, 건멸치 등) 200mg/kg 이하(고등어, 다랑어류, 연어, 꽁치, 청어, 멸치, 삼치, 정어리, 몽치다 래, 물치다래, 방어에 한한다)로 하고 있다.

- pH : 신선한 어육이나 축육의 pH는 7 부근이나 사후강직 이후 젖산이나 인산이 생성 되면서 pH 6 정도로 낮아지고 단백질이 분해되어 암모니아, 염기성물질로 전환된다. pH 6.2~6.5를 초기부패로 판정한다.

3 소독과 살균

소독(disinfection)이란 병원성 미생물이 전파를 억제하고 사멸하여 감염 위험성을 낮추는 방법으로 미생물의 포자는 사멸되지 않는다. 살균(sterilization)은 물리·화학적 자극을 가하여 단시간에 미생물 등을 완전히 사멸, 불활성화하여 무균상태로 만드는 것이다. 살균하여도 미생물의 대사산물이나 독소는 제거되지 않는다. 살균은 균체를 기계적으로 파괴하는 방법과 단백질을 변성시키거나 효소를 비활성화하는 등의 방법이 있다.

소독과 살균을 위한 소독제의 구비조건으로는 석탄산계수(phenol coefficient)가 높고, 안전성이 크며, 용해성이 높고, 독성이 낮고, 부식성·표백성이 없고, 침투력이 강하고, 가격이 저렴하며, 사용이 간편하고, 소독력이 강하고, 소독대상물에 손상을 주지 않으며, 침전물·잔류성이 없어야 한다.

1) 물리적 소독법

(1) 화염살균법

대상물 표면을 20초 이상 직접 태워 미생물을 살균하는 방법으로 백금선, 백금이, 유리기구, 금속기구 등을 소독하는 방법이다.

(2) 건열살균법

건열살균법은 160~170℃에서 1~2시간 아포까지 살균 소독하는 방법으로 열은 단백질과 그 안에 존재하는 효소를 파괴한다. 증기멸균법을 이용할 수 없는 초자기구, 유리, 용기, 피펫, 분말 등을 살균할 때 사용한다.

(3) 자외선살균법

태양광선 중 자외선의 파장은 100~3,900Å으로 2,500~2,600Å 파장에서 자외선이 가장 강한 살균력을 가진다. 살균력이 가장 강한 자외선을 인위적으로 만들어 방출 2,537Å의 자외선 등을 소독하는 방법이다. 자외선은 미생물의 핵과 미토콘드리아 내부에 있는 DNA를 파괴하여 호흡활성과 증식작용을 방해하여 세균 또는 곰팡이를 살균해준다. 자외선살균법은 조사거리와 온도, 균종에 따라 차이를 보인다. 자외선 살균법의 장점은 사용이 간편하고, 모든 균에 효과가 높으며, 피조사물에 변화를 주지 않고, 공기, 물 살균에도 적합하다. 단점은 대상물에 침투성이 낮아 표면에만 살균력을 보이며, 유지제품에 장시간 조사하면 지방산이 산패되고, 피부에 조사되면 붉은 반점이 생기고, 눈에는 결막염, 각막염의 원인이 되기도 한다. 자외선의 살균력은 균종에 따라 차이가 있다. 이질균은 15W의 살균 등, 50cm 거리에서 1~2분 내, 10cm 거리에서는 6~10초 조사하면 사멸된다. 이질균보다 대장균 1.5~5배, 효모류는 3~6배, 곰팡이류는 5~50배 정도의 살균시간이 더 필요하다. 살균대상은 도마, 조리기구의 표면살균에 이용한다.

(4) 방사선식품조사살균법

방사선식품조사는 감마선(γ), 엑스선(χ), 전자선 등의 전리방사선을 식품에 조사하면 식품의 맛, 외관, 품질 등의 성질을 그대로 유지하는 비가열 살균처리 방법이다. 일종의 빛 에너지로 물질을 쉽게 투과하는 방법으로 방사선을 식품에 조사하면 살균·살충, 보존 효과와 병원균, 기생충, 해충 등을 사멸시키나 방사선조사는 대상물의 온도상승이 거의 없이 냉살균이 가능하며 대량 처리에 유용할 뿐만 아니라 침투성이 강하기 때문에 포장이나 용기 속에 밀봉된 식품을 그대로 조사할 수 있는 장점이 있다. 식품에 Co-60, Cs-137의 방사선 선원을 조사하며, 장단점은 [표 7-1]과 같다.

표 7-1 방사선식품조사살균법의 장단점

구분	장점	단점
Co-60	이용방법이 쉽다. 균일하게 침투가 잘 된다. 환경에 유해한 위험성이 낮다. 식품조사에 80% 이상을 이용한다. 반감기가 5.27년으로 짧다.	식품 가공속도가 다소 느리다.
Cs-137	방출에너지가 작아 차폐기물이 크지 않아도 된다.	조사가 균일하지 않고 침투력이 약하다. 공정속도가 느리다. 수용성과 염화세슘으로 융점이 낮다. 환경유해성이 크다. 연료보급이 핵폐기물에 의존한다. 공급이 한정되어 있다. 식품조사에 20% 정도 이용한다. 반감기가 30년으로 길다.

세계보건기구(WHO), 국제식량농업기구(FAO) 및 국제원자력기구(IAEA) 등에서 안전성을 인정하였으나, 유럽연합(EU)에서는 방사선조사 허용 선량을 10kGy 이하로 제한하고, 건조허브, 건조 향신료 등을 금지하고 있다. 우리나라에서는 미생물 살균 등의 용도와 안전성 등을 확인하여 물리적, 화학적, 영양학적 변화가 거의 없는 수준으로 품목별 조사선량을 승인하여 사용하였다. 식품의 발아억제, 숙도지연, 살충, 살균 등의 목적으로 식품에 지정된 선량 이하의 방서선으로 조사할 수 있도록 규정하고 있다. 2009년에 감자, 버섯 등의 방사선조사 허용을 시작으로 현재 국내에서 허용되고 있는 방사선조사 식품과 조사 목적 및 흡수선량은 [표 7-2]와 같다. 2010년 1월 1일부터는 원재료, 완제품 구분 없이 방사선을 조사하는 경우에는 조사처리 식품임을 나타내는 포장 또는 용기에는 조사마크(Radura)를 새겨 넣도록 표시를 의무화하고 있다.

표 7-2 국내 방사선조사처리 허용허가 품목 및 식품별 흡수선량 기준

품목	조사목적	선량(kGy)
감자 양파 마늘	발아억제	0.15 이하
밤	살충·발아억제	0.25 이하

품목	조사목적	선량(kGy)
버섯(건조 포함)	살충·속도도절	1 이하
난분	살균	5 이하
곡류(분말 포함), 두류(분말 포함)	살균·살충	5 이하
전분	살균	5 이하
건조식육	살균	7 이하
어류분말, 패류분말, 갑각류분말	살균	7 이하
된장분말, 고추장분말, 간장분말	살균	7 이하
건조채소류(분말 포함)	살균	7 이하
효모식품, 효소식품	살균	7 이하
조류식품	살균	7 이하
알로에분말	살균	7 이하
인삼(홍삼 포함) 제품류	살균	7 이하
조미건어포류	살균	7 이하
건조향신료 및 이들 조제품	살균	10 이하
복합조미식품	살균	10 이하
소스	살균	10 이하
침출차	살균	10 이하
분말차	살균	10 이하
특수의료용도식품	살균	10 이하

출처 : 식품일반의 기준 및 규격, 식품의약품안전처고시, 제2023-29호

(5) 가열살균법

뜨거운 열로 가열하여 식품에 들어 있는 미생물을 사멸시킴으로써 저장기간을 연장하는 방법으로 우유 살균법에 주로 이용된다. 우유는 수분이 약 88%로 착유 시 여러 종의 미생물에 의하여 쉽게 오염될 수 있다. 1차 오염균은 우형결핵균, 브루셀라균, 탄저균, 살모넬라균, 연쇄상구균, 포도상구균 등이며 2차 오염균으로는 캠필로박터균, 장티푸스균, 파라티푸스균, 세균성이질, 디프테리아균, 유행성간염 등 다양하다. 세균의 대부분은 열에 저항성이 약하므로 가열살균처리하면 안전하다.

| 식품의 가열살균법 |

• 저온살균법(LTLT : Low Temperature Long Time)

결핵균의 사멸조건(61℃, 30분)을 기준으로 60~65℃에서 30분간 가열살균하는 방법

으로 영양소, 향미 파괴가 적고 영양소와 향미를 유지할 수 있다는 장점이 있다. 그러나 살균시간이 길다는 점과 내열성균과 포자형성균은 사멸되지 않는다는 단점이 있다. 우유, 술, 간장, 주스, 소스 등의 살균에 이용된다.

- **고온단시간살균법(HTST : High Temperature Short Time)**

자동화된 대용량을 연속적으로 살균하는 방법으로 72~75℃에서 15~17초간 가열살균한다. 세균 오염의 기회가 적어 위생적이며, 영양성분 파괴가 적고, 비타민 손실 등의 품질 변화가 낮다. 과즙, 우유 살균에 주로 사용된다.

- **초고온순간살균법(UHT : Ultra High Temperature)**

시중에서 판매되는 우유, 과즙 살균법 중 가장 많이 이용하는 방법으로 135~150℃에서 1~3초간 가열 살균한다. 미생물 증식에 의한 변질 가능성은 없으나, 영양소의 파괴·변형이 일어날 수 있다. 이화학적 변화를 최소한으로 줄이고, 대용량을 연속으로 처리할 수 있다.

- **고온장시간살균법(HTLT : High Temperature Long Time)**

95~120℃에서 30~60분간 가열한 후 냉각하는 방법으로 통조림, 레토르트 파우치 살균에 이용된다. 장기간 보존할 수 있는 살균법이다.

- **자비(열탕)살균법**

100℃의 물에 30분 이상 가열하는 살균방법으로 포자 완전 멸균은 불가능하며, 물에 1~2%의 탄산나트륨을 넣으면 살균하면 효과가 커진다. 금속제품은 녹이 생기므로 적합하지 않다.

- **초음파가열살균법**

초음파를 이용하여 1분간 가열살균하는 방법으로 식품의 품질과 영양가 유지가 가능하다.

(6) 고압증기멸균법

1879년 Charles Chamberland가 발견한 방법으로 고압증기 멸균기(autoclave)를 이용하여 높은 압력으로 115.5℃에서 30분, 121℃에서 20분, 126℃에서 15분간 멸균하는 방법이다. 고압증기는 침투력이 높고, 보툴리누스균 등 혐기성 아포 형성균, 병원성 세균, 바이러스 등의 모든 미생물을 완전 멸균한다. 고압증기멸균법은 고압상태에서 손상 받지 않는 식료품, 솜, 세균배지, 생리식염수, 수액제, 수술도구 등의 살균이 가능하나, 고온에서 변질, 분말, 기름 등은 부적합하다. 고압증기멸균의 효과를 높이기 위해서는 포장된 대상물을 멸균기 속의 적절한 위치에 두는 것이 중요하다.

(7) 증기멸균법

100℃의 유통수증기를 이용하는 방법과 고압수증기를 이용하여 미생물을 살균하는 방법이다. 소형의 기구, 용기, 식기, 조리기구 등의 살균 시 100℃의 수증기에서 30~60분 가열한다.

(8) 간헐멸균법

고압증기멸균을 대신하는 방법으로 100℃에서 40~60분간 살균한 후 하루 동안 항온기에 보관한 후 같은 조건으로 3회에 걸쳐 간헐적으로 살균하는 방법이다. 아포가 있는 균을 살균하는 방법으로 적합한 살균방법이다.

(9) 소각법

불을 이용하여 균을 태워 살균하는 방법으로 가장 효과가 확실하나 환경오염의 문제가 발생된다. 균에 오염된 침구류나 폐기물 처리에 효과적이며 포자를 형성하는 균을 사멸하는 데도 좋은 방법이다.

(10) 일광소독법

일광소독법은 태양광선의 직사광선(자외선)을 이용하여 살균하는 방법이다. 모든 균에 대하여 강한 살균력을 가지는 방법으로 결핵균, 장티푸스균, 페스트균은 직사광선에 몇 시간만 노출되면 사멸된다. 일광소독법의 단점은 광선이 닿는 표면만 살균되고, 지방은 광선에 지나치게 조사하면 산패된다는 점이다.

(11) 여과법

의약품이나 세균배양기, 가열로 변성된 혈청, Vaccine류의 균들을 미세한 기공이 있는 여과기를 통과하여 제거한다. 여과기에는 chamberland 여과기, barkefeld 여과기, membrane 여과기, 공기여과기(air filter) 등이 있다.

2) 화학적 소독법

화학약품의 소독력은 대상물과 접촉시간이 길수록, 온도가 높을수록, 소독제가 고농도일 때 효과가 높아지고, 유기물의 농도가 높으면 효과가 감소한다. 화학적 소독은 대상 균종에 따라 화학약품의 감수성의 차이로 효과가 달라진다.

(1) 석탄산(phenol)

화학식은 C_6H_5OH로 노란색이나 밝은 분홍색을 띠는 무색의 결정으로 특정 냄새를 띠는 약산성 소독제와 방부제이다. 100mL의 물에 8.3g의 페놀(석탄산)이 녹으며 약산성 수용액이 된다. phenol은 세균 단백질을 응고하거나 용해작용을 하며, 2~5% 용액을 이용하나 일반적으로 3%를 사용한다. 주 소독대상은 배설물이며, 실내 벽, 기물 소독에도 사용하며, 오물소독에는 5% 수용액을 사용한다. 주 소독대상은 배설물이지만 오염된 실내 벽이나 기물 소독에도 사용한다. 5%의 석탄산에 장티푸스균은 살균력을 가진다. 석탄산은 각종 소독제의 표준약품으로 살균력의 효능을 표시할 때 석탄계수(phenol coefficient)를 나타낸다. 페놀 소독약품을 사용할 때는 소화기, 호흡기, 피부접촉 등으로 인체에 유입되면 심각한 장애나 사망에 이를 수 있는 맹독성 물질이므로 반드시 희석해서 사용해야 하며 사용에 주의가 필요하다.

$$석탄산계수(P.C) = \frac{소독제의\ 희석배수}{석탄산의\ 희석배수}$$

(2) 크레졸(cresol)

화학식은 $C_6H_4(CH_3)OH$로 페놀 특유의 냄새가 나고 살균력 석탄산보다 2배나 강하나 비교적 독성이 낮은 소독제로, 메틸페놀이라고 한다. 물에 잘 녹지 않아 비누에 녹여 3% 크레졸 비누액으로 만든 수용액을 전염병이나 일반 소독용으로 사용하고 1~2% 수용액은 피부나 점막 등의 소독에 사용한다. 식품의 소독에는 사용하지 않으며 손, 발, 오물, 축사 등의 소독에 사용한다. 산과 염에 cresol이 분리되고, 용해력과 소독력이 감소한다.

(3) 포름알데히드(formaldehyde)

화학식은 HCHO로 상온에서 강한 자극적 냄새를 가진 무색의 기체로 메탄알(metha-nal)이라고 한다. 고농도와 고온에서 안정한 기체로, 환원성이 강하고 산화하면 포르산이 된다. 목재, 설탕 등 많은 유기물질의 불완전연소에 의해서 만들어지며, 대기 속에도 미량 존재한다. 대상물에 손상을 주지 않는 유일한 가스 소독 방법으로 병실, 발효실, 도서실 등의 살균에 사용된다. 석탄산 계수는 0.4이며, 과망간산칼륨($KMnO_4$) 5%와 혼합하면 가스가 생긴다.

(4) 포르말린(Formalin)

Formaldehyde의 35~40%의 농도로 물에 녹인 수용액으로 중합을 막기 위해 10% 정도의 메탄올을 첨가한 무색의 자극적 냄새를 지닌 액체이다. 소독제 · 살균제 · 방부제 · 방충제 · 살충제 · 지한제 등의 용도로 30~50배 희석하여 약 1%액(포르말린수)을 사용한다. 포르말린은 페놀보다 5배 강한 독성을 가지고 있어 극약으로 지정되어 식품에는 절대 사용할 수 없다. 무균실, 국실, 발효실, 병실, 거실, 도서실 등을 소독할 때 사용되고, 실내 소독 시 분무 후 밀폐해야 하며, 단백질이 있으면 효력이 저하되므로 분뇨, 배설물, 퇴비 등에는 이용하지 않는다. 포르말린을 흡입할 경우 중추신경계의 장애, 쇼크, 혼수상태에 빠져 사망에 이를 수 있다.

(5) 승홍(mercury chloride)

화학식은 Hg_2C_{12}로 염소와 수은의 화합물로, 아포형성균도 1~수시간 내에 사멸하는 살균력이 강한 소독제이다. 단, 단백질이 있으면 살균력이 저하된다. 보통 1,000배로 희석(승홍 1, 염산 10, 물 989)하여 손, 발, 무균실 등의 소독에 사용하며, 독성이 매우 강하여 식품, 식기 등에는 금지되며, 금속을 부식하는 특징이 있다. 승홍의 치사량은 0.2~0.4g으로 맹독성 소독제이다.

(6) 생석회(quick lime)

화학식은 CaO로 고온(1,000~1,200℃)에서 연소하여 제조한 생석회로, 산화칼슘이라고도 한다. 흡습성이 강하고 수화할 때 열이 나고 부피가 커지므로 보관에 주의해야 한다. 석회 2와 물 1을 혼합하여 $Ca(OH)_2$가 되는데 오물, 하수구, 분뇨 등의 소독에 사용된다. 강한 알칼리성 물질로 흡입하면 피부나 점막이 상하게 된다.

(7) 양성비누(cationic soap)

살균력이 강하고 물에 잘 녹으며, 냄새가 없고 자극성 및 부식성이 없어 손이나 식기의 소독에 사용하며 계면활성제·양이온계면활성제라고도 한다. 10% 용액의 원액을 200~400배로 희석해서 대상물에 5~10분간 처리하여 살균제, 소독제 등으로 사용한다.

(8) 차아염소산나트륨(sodium hypochlorite)

화학식은 NaOCl로 물에 잘 녹으며, 유효염소 4% 이상을 함유한 식품첨가물의 살균제로 허가되어 있다. 일반적으로 가정용 락스로 표면소독에는 500ppm, 화장실 소독에는 1,000ppm으로 희석하여 사용한다. 물에 녹인 수용액을 저장하면 염소가스가 발생하므로 장기간 보관 시 살균력이 저하된다. pH가 낮을수록 살균력이 강하며 아미노산, 단백질, 당분 등에 의해 살균력이 감소한다. 살균 이외에 표백 및 탈취 효과가 있고, 상수도에 염소 주입 10분 후의 잔류염소량은 0.2~0.4ppm이다. 음료수, 과채류, 용기·기구·식기 등 부패, 병원미생물을 사멸하는 살균제이다.

(9) 표백분(bleaching powder)

화학식은 $CaOCl_2$로 염소를 흡수시켜 만들어진 백색분말의 염소계 표백제로, 유효염소가 35% 이상, 고도표백분은 70% 이상으로 유리염소에 의하여 살균된다. 포자를 형성한 병원균을 몇 분 내에 사멸시킬 수 있다. 일반적으로 우물소독에 사용되며, 맑은 물 소독에는 1/200만(0.5ppm), 더러운 물에는 1/5만~1/50만의 농도로 소독한다.

(10) 오존(ozone)

화학식은 O_3로 냄새가 없고, 침전물이 생기지 않고 산화에 의한 살균력이 강하다. 인체에 독성이 있어 장시간 흡입하면 호흡기관에 위해를 준다. 공기의 정화, 음료수 소독·표백 등의 살균에 사용된다.

(11) 에틸알코올(ethyl alcohol)

화학식은 C_2H_5OH로 70% 용액에서 가장 강한 살균력을 가진다. 미생물의 단백질이 변성되거나 용해시켜 세균을 사멸하나 포자 살균에는 효과가 낮다. 에틸알코올은 산을 가하면 살균력이 증가한다. 주로 손이나 주사 부위의 소독제로 사용되며, 금속 소독에도 사용된다.

(12) 과산화수소(hydrogen peroxide)

화학식은 H_2O_2로 옅은 파란색을 띤 투명한 액체로 물보다 점성이 크다. 피부의 화농성 부위나 고름 소독제뿐만 아니라 산화제, 표백제로도 사용된다.

(13) 머큐로크롬(mercurochrome)

수은 유기화합물을 알코올에 녹인 것으로 과거 상처 소독제로 많이 사용했으며 '빨간약'이라 불렸다. 현대에 쓰는 포비돈 요오드에 비해 씻어도 잘 지워지지 않으나 소독력이 그대로 남아 있다는 장점이 있다. 물에 녹아 적색의 용액이 되며 2%의 수용액이 창상 및 점막의 살균소독제로 사용된 적이 있으나 수은 함유 문제로 논란이 되어 지금은 거의 사용하지 않는다.

4 식품의 저장

다양한 식품들은 대부분 산소에 노출되면서 품질의 변화가 오기 시작하고, 이러한 품질 변화를 막기 위해 식품의 특성에 따라 저장법을 달리하고 있다. 식품의 저장방법에는 건조저장, 냉장저장, 냉동저장, 가열살균저장, 방사선조사저장 등의 유해 미생물이 증식 지연하도록 환경에 변화를 주거나, 무균 상태로 유지하는 물리적인 방법이 있다. 그리고 염장법, 당장법, 산저장, 훈연법, 가스저장, 밀봉저장, 발효저장, 보존료 첨가 등의 화학적 저장방법이 있다.

1) 물리적 저장법

(1) 건조저장법

햇볕이나 열풍에 식품을 노출시켜 수분을 증발시켜 제거하거나 냉동 또는 감압상태에서 탈수로 수분함량을 줄여 저장하는 방법으로 수분을 15% 이하로 조절하여 저장한다. 주로 채소, 곡류, 분유, 건어물, 커피, 차, 국수, 양념류, 치즈, 곶감 등의 저장에 이용한다.

식품의 건조방법에는 식품을 햇볕에 건조시키는 자연적 건조인 일광건조법과 열풍건조, 배건법, 고온건조, 동결건조, 분무건조, 감압건조, 탈수건조, 증발, 거품 건조 등의 인공적 건조로 나뉜다. 건조법은 다양한 재료의 변질을 방지하기 위하여 식품의 수분함량을 15% 이하로 조절하여 저장하는 방법이다.

| 인공건조방법 |

- **열풍건조** : 가열한 공기를 육류, 어류, 알류 등 식품의 표면에 접촉하여 건조하는 방법이다.
- **배건법** : 녹차, 보리차 등의 식품을 불에 볶거나 불을 쬐어서 건조하는 방법으로 주로 차를 덖을 때 이용된다.
- **고온건조법** : α전분 등을 만들 때 사용되는 건조법으로 80℃ 이상의 고온에서 건조하는 방법이다.
- **동결건조법** : 육류, 어류, 당면 등을 제조할 때 재료를 감압하여 승화로 수분을 제거하는 건조법이다.
- **분무건조법** : 분유, 치즈, 아이스크림, 우유 등의 액체를 실내에 분무하여 열풍을 이용하여 건조하는 방법이다.

- **감압건조법** : 물엿, 맥아엑기스, 토마토퓌레 등을 진공에 가깝게 감압한 후 건조하는 방법이다.
- **거품건조법** : 과즙, 점도가 높은 식품을 건조하는 방법으로 식품에 표면활성제를 가하여 불활성기체를 채우고 거품을 일으켜 건조방법이다.
- 그 외 식품의 수분을 탈수하는 방법, 식품에 열을 가열하여 증발시키는 방법 등이 있다.

(2) 냉장저장법

일반적으로 일반 세균이나 대장균은 10~15℃, 부패세균은 5℃, 곰팡이류는 0℃ 이상에서 증식하므로 미생물에 의한 식품의 변질을 방지하기 위해 이보다 온도를 낮추어 저장하는 방법이다. 냉장온도는 0~10℃이므로 미생물이 증식하기 쉬운 온도보다 낮은 온도에서 보관하여 증식 속도를 낮추는 방법이다. 과일, 채소, 알류, 생선, 우유 등을 저장할 때 사용된다. 식품별 냉장 저장온도는 [표 7-3]과 같다.

💧 **표 7-3 식품별 냉장 저장온도 구분**

식품	저장온도(℃)	식품	저장온도(℃)
소고기	0~1	고구마, 감자	10
달걀, 생선	0~3	바나나	10~15
우유	3~4	사과, 복숭아	4~7
조리식품	4~7	오이, 가지, 토마토	7~10

(3) 냉동저장법

냉동저장법은 식품을 -15~-30℃에서 저장하거나 유통하기 위해 사용한다. 우리나라 식품 공전에서 냉동은 -18℃ 이하를 뜻한다. 냉동저장법은 균을 멸균하는 것이 아니라 냉장보다 식품을 낮은 온도에서 보관하는 방법이다. 냉동에서도 자라나는 미생물이 있으므로 장기간 저장되지 않도록 해야 하며, 얼린 식재료를 녹인 후 재냉동은 균에 노출이 더 용이해지므로 주의가 필요하다.

2) 화학적 저장법

(1) 염장법

식품에 고농도의 식염을 첨가하면 식품의 수분활성도는 낮아지고, 삼투압은 높아지고 원형질 분리가 일어나 미생물의 생육이 억제된다. 이러한 원리를 이용하여 염장법으로 식품의 저장성을 높인다. 보통 소금농도 10%에서 식품의 부패가 억제되지만 균이 완전히 사멸되지는 않는다. 염장은 건염법, 침염법으로 나뉜다. 건염법은 10~15%의 소금을 뿌려 저장하는 방법으로 굴비, 자반, 햄 등에 주로 이용되고, 침염법은 20~30%의 소금물에 절여서 저장하는 방법으로 젓갈류에 이용된다.

(2) 당장법

당장법은 당용액에서 삼투압으로 세균의 번식을 억제하는 방법으로 50% 이상의 당 농도에 일반세균이 번식하지 못하는 원리를 이용한 것이다. 당류는 분자량이 적고 용해도가 높을수록 효과가 좋다. 일반 세균은 증식이 억제되나 곰팡이와 효모는 높은 당 농도에서도 잘 견디어 낸다. 농축유, 잼, 젤리, 효소액, 정과류 등에 이용된다.

(3) 산 저장법

pH는 미생물 생육에 중요한 요소 중 하나로 pH를 낮추어 저장하는 방법을 산 저장법이라 한다. 세균은 일반적으로 pH 4.5 이하에서 억제되고 pH 3~4에서 단백질의 변성으로 미생물이 사멸하게 된다. 산은 무기산보다 유기산의 효과가 더 좋으며, 초산, 젖산, 구연산, 프로피온산 등을 이용한다. 단독으로도 사용하지만 산과 소금, 산과 당, 산과 보존료 등을 혼합 사용하면 미생물의 생육을 억제하는 효과가 더 높아진다. 장아찌, 피클 등 채소를 단기간 저장에 이용할 수 있다.

(4) 훈연법

훈연법은 활엽수(벚나무, 떡갈나무, 참나무 등)를 불완전 연소시키면 셀룰로오스와 리그닌이 분해하여 알데히드, 페놀, 각종 유기산 등이 포함된 살균력 있는 연기가 생성된다. 육의 수분을 제거하고 살균력을 가진 연기를 침투하면 세균을 죽이거나 생육을 억제할 수 있게 된다. 또한 훈연법은, 육을 부드럽게 해주고, 훈연으로 향을 함유하게 되어 맛이 상승된다. 햄, 소시지, 베이컨 등의 제품에 이용된다. 연기 중의 살균 물질 중 포름 알데히드, 벤조피렌, 페놀 등은 맹독성 발암물질이지만 이들의 함량이 매우 적어서 인체에 독성 노출이 낮아 안전하나 과다 섭취는 자제해야 한다.

(5) 가스저장법

식품은 저장하는 동안 호흡을 계속하여 품질을 저하시키므로, 이산화탄소나 질소 등의 가스를 사용하여 호기성 세균의 번식을 억제하는 방법이 가스저장법이다. 가스저장법은 CA저장법과 MA저장법으로 나눈다. CA저장은 공기를 인위적으로 조성하여 원하는 산소와 탄산가스의 농도를 유지하는 방법이다. 수확 시 품질을 그대로 유지하기 위해 온도를 낮추고 저장고 내부의 가스를 기계적으로 조정하여 식물성 식품의 호흡을 억제시키고, 동물성 식품은 부착되어 있는 호기성균의 증식을 억제시킨다. 주로 대량 저장방법에 사용된다. MA저장은 대기의 가스조성과는 다른 조성으로 바꾸는 방법이다. 식품을 기능성 포장제(폴리에틸렌필름 봉지)로 개별 밀폐 포장하여 호흡을 억제하는 방법으로 단감, 씻은 사과 등의 저장에 이용되고 있으며 점차 확대되고 있다.

(6) 보존료

식품의 미생물을 사멸시키거나 성장의 억제 및 부패나 지질 산화를 방지하기 위한 목적으로 보존료, 산화방지제를 이용한다. 보존료는 미생물을 완전히 사멸시키지 못하나 생리적 활동의 억제, 균의 증식억제 등의 정장작용을 한다. 데히드로초산(dehydroacetic acid), 안식향산(benzoic acid), 소르빈산(Sorbic acid), 프로피온산(propionic acid) 등의 보존료가 있다. 데히드로초산은 버터, 치즈 등에, 안식향산은 잼류, 음료 등에, 소르빈산은 햄, 소시지 등에, 프로피온산은 빵, 케이크류 등에 보존료가 꼭 필요한 식품에만 사용할 수 있도록 제한하고 있다. 보존료의 종류에 따라 식품에 사용할 수 있는 허용량은 [표 7-4]와 같다. 우리나라 국민 평균 산화방지제에는 토코페롤, 비타민 C, 레시틴 등 천연 산화방지제와 몰식자산프로필, 디부틸히드록시톨루엔(dibutyl hydroxytoluene, BHT), 부틸히드록시아니솔(butylhydroxyanisol, BHA) 등의 인공 산화방지제가 있다.

◐ 표 7-4 보존료의 식품 사용 허용량

보존료	사용가능식품	허용량(g/kg)
데히드로초산	버터류	0.5 이하
안식향산	잼류	1.0 이하
	음료류, 장류	0.6 이하
소르빈산	햄, 소시지	2.0 이하
	음료류, 장류	1.0 이하
프로피온산	빵류, 떡류, 케이크	2.5 이하

* 과즙의 경우 소르빈산, 소브산칼륨 또는 소르빈산칼슘과 병용할 때에는 안식향산으로서의 사용량과 소르빈산으로서의 사용량의 합계가 1.0 이하여야 한다.

3) 발효 저장법

미생물이 식품 중의 성분을 발효하여 생성한 유기산류는 식품의 맛과 질을 좋게 하고 저장성을 증가시킨다. 김치류, 장류, 젓갈류, 식초 등에 이용된다. 발효저장은 식품을 오래도록 보존하기 위해 유용한 미생물의 작용에 의하여 생성된 유기산으로 맛을 향상시키고 장내 미생물의 항상성을 유지하며, 유해균의 증식을 억제하는 정장작용을 한다.

식 품 위 생 학

8장

외식산업의 위생 안전관리

8장

외식산업의 위생 안전관리

1 개인 위생관리

제품생산은 사람의 손에 의해 만들어지므로 외식업 종사자는 건강한 사람이어야 하며, 기본적인 위생관리 방법을 숙지하여 위생의 실천을 생활화하여야 한다. 청결 단정한 용모, 개인의 위생관리는 고객의 안전을 지키는 것이며, 안전한 제품생산에 있어서 가장 기본적이면서도 매우 중요한 요소이다. 외식업 종사자의 건강진단, 개인 위생관리, 복장 등에 대한 기준을 알아보자.

1) 건강 확인

(1) 채용 시 건강진단

① 종사원 채용 시 일반채용 신체검사서와 식품위생법 시행규칙 제34조에 의한 건강진단을 통하여 건강 상태를 확인한다.

② 건강 문진서와 건강에 이상이 있으면 보고할 것에 대한 동의서를 받는다.

③ 주방 업무에 종사할 수 없는 사람(식품위생법 제26조 제4항)

· 소화기계 전염병 환자 또는 보균자

· 결핵 및 성병 환자

• 피부병 및 화농성 질환자

(2) 정기 건강진단

① 외식 종사자는 식품위생법 시행규칙 제34조 규정에 의거 1년에 한 번씩 건강진단을 받아 그 내용을 건강진단결과서에 기록하여 관리한다.(보건증)
② 건강진단결과서에는 성명, 다음 검진일, 이상 여부가 기록되어야 한다.

(3) 임시 건강진단

전염병 유행 시 또는 필요시에는 임시 건강진단을 받도록 하여 주방 종사자의 건강 이상 여부를 확인한다. 〈일일 건강 상태 확인〉
① 매일 작업하기 전에 주방 책임자는 종사원의 건강 상태를 확인한다.
② 설사·발열·복통·구토하는 직원은 식중독이 우려되므로 작업에 참여시키지 않고 병원에서 의사의 진단을 받도록 한다.
③ 본인이나 가족 중에 법정전염병(콜레라, 이질, 장티푸스 등) 보균자가 있거나, 발병한 경우에는 완쾌될 때까지 작업을 금지한다.
④ 손, 얼굴에 상처나 종기가 있는 종사원은 될 수 있으면 주방 업무를 담당하지 않도록 조정한다.

2) 개인 위생관리

외식 종사자 등 식품을 취급하는 사람은 개인위생이 식품의 안전성에 큰 위험을 초래하는 오염원이 될 수 있으므로 주방에 들어서는 순간부터 나갈 때까지의 전 과정을 위생 원칙에 따라 행동하고 개인위생 수칙을 철저히 지켜 생활화되도록 노력해야 한다.

(1) 개인위생

① 목욕 : 매일 샤워한다.
② 두발 : 청결히 하며 머리카락이 위생모자 밖으로 나오지 않게 한다.
③ 손톱 : 주 1회 이상 짧게 자르고 매니큐어 칠을 하지 않는다. (손톱 밑은 이물질이

끼기 쉽고 세균이 잠복하기 쉬우며, 긴 손톱은 부러지거나 하여 음식에 들어갈 수 있기 때문이다.)

④ 장신구 : 시계, 반지, 목걸이, 귀걸이, 팔찌 등의 장신구 착용을 금한다.

⑤ 화장 : 지나친 화장과 향수, 인조 속눈썹, 인조손톱 등의 부착물 사용을 금한다.

⑥ 신발 : 발을 완전히 가리는 것으로 굽이 높지 않고, 밑창은 방수성이 있으며, 미끄러지지 않는 안전화를 착용해야 한다.

(2) 손 씻기

우리 손에는 육안으로는 확인되지 않는 많은 미생물이 존재하여, 작업 과정에 식재료, 식기구, 음식 등에 오염되어 식중독을 일으킬 수 있다. 이러한 미생물들을 제거하기 위해서는 올바른 손 씻기가 매우 중요하다.

[그림 8-1]과 같이 합리적인 손 씻기 방법의 설정, 적절한 세제와 살균소독제의 선택 및 사용, 설정된 방법에 따른 충실한 손 세척이 필수적이다.

1. Wet Hands w/38℃ Water
(38℃ 정도의 물에 손을 적신다.)

2. Scrub w/Soap for 20 Sec.
(20초간 비누를 칠한 후 문지른다.)

3. Rinse w/38℃ Water
(38℃ 정도의 물로 비눗기를 씻어낸다.)

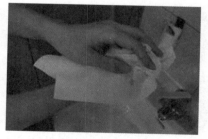

4. Dry w/Paper Towel
(종이타월로 물기를 닦는다.)

5. Water Off with Towel
(물 잠그는 걸 주의해서 보세요.)

6. Sanitize
(손소독제로 마무리한다.)

그림 8-1 **손 씻는 방법**

| 올바른 손 씻는 방법 |

① 손 표면의 지방질 용해와 미생물 제거가 용이하도록 38~40℃ 정도의 온수를 사용한다.

② 손을 적시고 비누는 거품을 충분히 내어 팔 윗부분과 손목을 거쳐 손가락까지 깨끗이 씻고 반팔을 입은 경우에는 팔꿈치까지 씻는다. 고형비누보다는 액상비누가 더욱 효과적이다. (소량으로 효과내고, 교차오염방지 가능)

③ 손톱솔로 손톱 밑, 손톱 주변, 손바닥, 손가락 사이 등을 꼼꼼히 문질러 눈에 보이지 않는 세균과 오물을 제거한다.

④ 손을 물로 헹구고 다시 비누를 묻혀서 20초 동안 서로 문지르면서 회전하는 동작으로 씻는다. (비누 또는 세정제, 항균제 등과의 충분한 접촉시간이 필요하다.)

⑤ 흐르는 물에 비누거품을 충분히 헹구어낸다.

⑥ 온풍건조기나 깨끗한 종이타월 등을 이용하여 충분히 건조시킨다.

⑦ 손에 로션을 바르지 않는다. (로션은 세균에 필요한 수분과 양분을 공급하여 세균의 번식을 돕기 때문이다.)

⑧ 소독 시 에틸알코올을 손에 충분히 분무한 후 자연건조시킨다.

⑨ 작업으로 돌아가기 전에 손을 오염시키지 않도록 한다. (화장실 문을 열 때는 손을 말린 종이타월을 이용한다.)

| 손을 씻어야 하는 경우 |

① 작업 시작 전, 화장실을 이용한 후

② 작업 중 미생물 등에 오염되었다고 판단되는 기구 등에 접촉한 경우

③ 쓰레기나 청소도구를 취급한 후

④ 오염작업구역에서 비오염작업구역으로 이동하는 경우

⑤ 육류, 어류, 난각 등 미생물의 오염원으로 우려되는 식품과 접촉한 후

⑥ 귀, 입, 코, 머리 등 신체 일부를 만졌을 때

⑦ 감염증상이 있는 부위를 만졌을 때

⑧ 음식찌꺼기를 처리했을 때 또는 식기를 닦고 난 후

⑨ 음식을 먹은 다음 또는 차를 마시고 난 후

⑩ 전화를 받고 난 후, 담배를 피운 후

⑪ 식품 검수를 한 후

⑫ 코를 풀거나 기침, 재채기를 한 후 등

| 근무 중 올바르지 못한 개인행동 |

① 땀을 옷으로 닦는 행위

② 한 번에 많은 양을 운반하기 위해 식품용기를 적재하는 행위

③ 맨손으로 식품을 만지는 행위(1회용이나 조리용 고무장갑 사용)

④ 식기 또는 배식용 기구 등의 식품접촉면을 손으로 만지는 행위

⑤ 노출된 식품 쪽에서 기침이나 재채기를 하는 행위

⑥ 그릇을 씻거나 원재료 등을 만진 후 식품을 취급하는 행위

⑦ 업무를 구분하거나, 한 사람이 2가지 이상의 작업을 해야 할 경우에는 소독한 후 다음
  작업 수행

⑧ 손가락으로 맛을 보거나 한 개의 수저로 여러 가지 음식을 맛보는 행위

⑨ 조리실 내에서 취식하는 행위(별도의 장소를 마련해서 이용)

⑩ 애완동물을 반입하는 행위

⑪ 사용한 장갑을 다른 음식물의 조리에 사용하는 행위

⑫ 식품 씻는 싱크대에서 손을 씻는 행위(손 씻는 전용 세면기 이용)

3) 개인위생복장

① 위생복의 색상은 더러움을 쉽게 확인할 수 있는 흰색이나 옅은 색상으로 하고, 위생
  복을 입은 채 주방 밖으로 나가지 않는다.
② 위생모는 머리카락이 모자 바깥으로 나오지 않도록 머리를 뒤로 넘겨 확실하게 착용
  하고 긴 머리의 경우는 반드시 머리망을 한다.
③ 세균오염을 방지하기 위하여 필요시 위생마스크를 착용한다.
④ 열을 가하거나 다시 오븐에 넣고 굽지 않는 제품, 완성된 제품을 취급할 때는 위생장
  갑을 착용하도록 한다.
⑤ 주방 안전화는 신고 벗기 편리하고 발이 물에 젖지 않으며 바닥이 미끄러지지 않는
  모양과 재질을 선택하여 사용한다.

4) 방문객 위생관리

① 주방 입구에 방문객 전용 위생복, 위생모, 위생화를 비치하고 청결하게 관리한다.
② 식품취급지역에 들어오는 방문객은 식품을 오염시키지 않도록 위생복, 위생모, 위생
  화를 착용하여야 한다. 이를 착용하지 아니한 자를 조리실에 출입하게 하여서는 아니
  된다.

신발 소독조의 활용

1. 조리실 외부와의 출입구, 화장실 출입구, 오염구역과 비오염구역의 경계면에 신발 소독조를 둔다.
2. 소독조의 소독액은 락스희석액이나 역성비누(quats)를 사용한다.
3. 소독판 내부에 플라스틱 깔판을 비치하여 위생화 바닥의 이물질을 제거할 수 있게 한다.

2 주방 시설 위생관리

조리 시 안전성 확보를 위해서는 대량의 식재료를 위생적이고 안전하게 조리, 제공할 수 있는 주방 시설과 설비가 갖추어져야 한다.

1) 주방의 위치 및 구조

- 주방은 도로, 운동장, 쓰레기장 등의 오염원이 차단될 수 있는 곳이 좋으며, 주변에 먼지가 발생할 수 있는 곳은 피하도록 한다.
- 이동이 쉽고 통로 포장, 비 가림 등 주변 환경이 위생적이며 쾌적하여야 한다.
- 외부로부터의 보안 및 유지관리가 쉬워야 한다.

2) 주방의 시설·설비

(1) 조리실

조리하는 과정이 위생적으로 이루어지기 위해서는 위생개념에 근거하여 조리실이 설계되고 기구가 배치되어야 하는데도 불구하고 지금까지는 구획된 조리실 평면 위에 최소한의 설비 · 기구를 적절히 배치하는 경향이 있었다. 그러나 위생적인 작업을 위해서는 작업의 흐름에 따라 공간을 기획하고, 필요한 설비 · 기구를 능률적 · 효율적으로 배치하여 현실에 맞는 면적을 확보하고, 온도조절이 쉽도록 냉 · 난방시설을 갖추는 것이 바람직하다. 또한, 공사가 진행되는 과정에서 현장 감독을 철저히 하여 바닥과 배수로의 물 빠짐을 쉽게 하는 등 세심한 주의가 필요하다.

(2) 조리작업장의 구획 · 구분

- 작업 과정의 미생물 오염방지를 위하여 작업장을 "전처리실, 조리실, 식기구 세척실" 등으로 나누어 [표 8-1]과 같이 오염작업과 비오염작업으로 분리한다.
- 나누기가 쉽지 않을 경우는 낮은 벽 설치 또는 바닥을 색깔로 구분하거나 경계선을 표시하는 방법 등으로 구분한다.

작업구역	작업내용
오염작업구역	검수 구역 전처리구역 식재료 저장구역 세정구역
비오염작업구역	조리구역(비가열처리작업) 정량 및 배선 구역 식기 보관 구역 식품 절단 구역 가열처리작업

(3) 내벽

- 내벽은 틈이 없고 평활하며, 청소하기 쉬운 구조여야 하고, 오염 여부를 쉽게 구별할 수 있도록 밝은 색조로 한다.
- 바닥에서 내벽 전체를 전면 타일로 시공하되 부득이한 경우 바닥에서 최소한 1.5m 높이까지는 타일 재질로 마감한다.
- 내벽과 바닥의 경계면인 모서리 부분은 청소하기가 쉽도록 둥글게 곡면으로 처리한다.
- 벽면과 기둥의 모서리 부문은 타일이 파손되지 않도록 보호대로 마감 처리한다.

(4) 바닥

- 바닥은 청소하기 쉽고 내구성이 있으며, 미끄러지지 않고 쉽게 균열이 가지 않는 재질로 하여야 한다.
- 바닥은 배수가 쉽도록 적당한 경사(2~4%)를 두어야 한다.
- 배수로(트렌치)는 폭과 깊이가 20~30cm 정도 되도록 하고 전체를 스테인리스강으로 마감 처리한다.
- 배수구 덮개는 청소할 때 쉽게 열 수 있는 구조로 하되, 견고한 재질(주물, 아연도금 등)로 설치한다.

(5) 그리스트랩

- 조리실 밖에 설치하는 것이 위생적이며, 부득이 내부에 설치할 때는 밀폐식으로 한다.
- 그리스트랩은 유수분리 기능을 갖추고 청소하기 쉬워야 한다.

(6) 천장

- 천장의 높이는 바닥에서부터 3m 이상이 바람직하다.
- 천장의 재질은 내수성, 내화성을 가진 알루미늄 재질 등으로 한다.
- 천장으로 통과하는 배기덕트, 전기설비 등은 위생적인 조리실 환경을 위해 천장의 내부에 설치하는 것이 바람직하다.

(7) 출입구

- 조리 종사자와 식재료 반입을 위한 출입구는 별도로 구분 설치한다.
- 조리실의 문은 평활하고 방습성이 있는 재질이어야 하며, 개·폐가 쉽고 꼭 맞게 닫혀야 한다.
- 출입문은 되도록 자동출입문을 설치하고 청소가 쉬운 재질과 위생 해충의 진입을 방지하기 위한 방충·방서 시설 또는 공기커튼 등이 설치되어야 한다.
- 출입구에는 조리실 전용 신발로 갈아신기 위한 신발장 및 발판 소독조와 수세 시설을 갖추어야 한다.
- 출입문에 설치된 상하 개폐식 방충망의 경우는 바닥과 닿는 부분이 파손되지 않도록 필요한 안전장치를 설치하여야 한다.

(8) 창문

- 공기정화 설비를 갖춘 조리실의 경우는 창문을 고정식으로 한다. 다만, 개폐식 창문의 경우는 위생 해충의 침입을 방지할 수 있도록 방충망을 설치하여야 한다.
- 조리실의 창문은 먼지가 쌓이는 것을 방지하기 위하여 창문틀과 내벽은 일직선이 유지되도록 하거나 창문틀을 45° 이하의 각도로 시설하는 것이 바람직하다.

(9) 채광 · 조명

- 자연채광을 위하여 창문 면적은 바닥면적의 1/4 이상이 되도록 한다.
- 자연채광이 어려울 경우를 위하여 인공조명 시설을 갖추어야 하며, 효과적으로 실내를 점검 · 청소할 수 있고 작업에 적합한 충분한 밝기여야 한다.
  - ☞ 검수 · 전처리구역 540Lux, 조리실 300Lux, 기타 200Lux 이상
- 천장의 전등은 함몰형으로 하되, 반드시 물이나 가스로부터 안전한 기구(방수 · 방폭 등)여야 하며, 식품오염을 방지할 수 있는 보호장치를 갖추어야 한다.

(10) 환기시설

- 조리실 내에서 발생하는 가스, 매연, 증기, 습기 또는 먼지 등을 바깥으로 배출할 수 있는 충분한 환기시설을 갖추어야 한다.
- 공기의 흐름은 비오염구역에서 오염구역 방향으로 흘러가도록 한다.
- 조리실은 체적 $1m^3$당 20~30m^3/hr, 식품 보관실은 체적 $1m^3$당 5m^3/hr의 흡인력 있는 환기시설을 설치하고, 증기, 열기, 연기 등의 발생원 윗부분에 0.25~0.5m/sec의 흡인력을 가진 후드를 설치한다.
- 튀김기, 부침기 등 기름을 많이 취급하는 조리기구 위에 설치하는 후드는 청소하기 쉬운 구조로 하고, 기름받이 및 기름 입자 제거용 필터를 설치하되, 후드의 재질은 스테인리스스틸을 사용토록 한다.
- 외부에 개방된 흡 · 배기구 등에는 위생 해충과 쥐의 침입을 방지하기 위해 방충 · 방서 시설을 하여야 한다.

(11) 식품 보관실

- 조리실을 통하지 않고 식품반입이 가능하여야 하며, 출입문은 항상 내부에서만 개 · 폐할 수 있도록 한다.
- 환기시설과 충분한 보관 선반 등이 설치되어야 하며, 보관 선반은 청소 및 통풍이 쉽도록 바닥으로부터 15cm 이상을 띄워야 한다.
- 식품 보관실의 바닥은 조리실로부터 물의 유입을 방지하기 위해 조리실 바닥보다 약간 높게 시공하여야 한다.

• 바닥의 재질은 물청소가 쉽고 미끄럽지 아니하며, 배수가 잘되어야 한다.

(12) 주방 관리실

• 외부로부터 조리실을 통하지 않고 출입할 수 있어야 하며, 외부로 통하는 환기시설을 갖추어야 한다.
• 조리실의 내부를 잘 볼 수 있도록 바닥으로부터 1.2m 높이 윗면은 전면을 유리로 시공하여야 한다.
• 책상, 의자, 전화, 컴퓨터 등 사무실 장비를 갖추어야 한다.
• 전기 배전반 등은 관리실에 배치하여 관리를 쉽게 하여야 한다.

(13) 탈의실 및 휴게실

• 외부로부터 조리실을 통하지 않고 출입할 수 있어야 한다.
• 조리 근무자의 수를 고려하여 옷장과 필요한 설비를 갖추어야 한다.
• 외부로 통하는 환기시설을 갖추어야 한다.
• 조리 근무자의 수를 고려하여 적정한 규모를 확보하고, 바닥에는 난방시설을 설치하여야 한다.

(14) 화장실 및 샤워장

• 화장실은 조리실과 직접 통하지 않도록 한다.
• 탈의실 안에 설치하며, 화장실과 샤워실은 분리하여 설치하는 것이 적정하다.
• 청소하기 쉬운 구조로 하되 전용 소독약, 청소도구 등을 청결하게 비치하여야 한다.
• 화장실에는 수세 설비 및 손 건조기(또는 종이타월)를 설치하며, 액체비누와 덮개가 있는 휴지통 등을 비치하여야 한다.
• 화장실은 통풍이 잘되도록 외부로 통하는 환기시설을 갖추며, 창에는 방충망을 설치하여 유해곤충의 침입을 막을 수 있도록 한다.
• 화장실의 바닥은 타일 또는 기타 내수성 자재로 마감한다.

- 국솥, 튀김솥 등으로부터 물이 쏟아지는 곳에는 그 물을 수용할 수 있는 적당한 배수구를 설치토록 한다.
- 조리실 내의 전기 콘센트는 방수용 콘센트를 설치한다.
- 식재료 전처리실을 설치하여 청결작업과 준청결작업으로 분리한다.
- 조리실에는 하절기 등의 온도관리를 위하여 냉방설비 등을 갖추도록 한다.

3 주방 설비·기구

조리 및 판매에 필요한 설비와 기구는 그 처리능력, 유지관리의 용이성 및 내구성, 경제성, 안전성 등을 고려하여 선택하며, 작업의 흐름에 따라 위생, 동선, 효율성 등을 고려하여 배치한다.

1) 작업구역별 설비·기구

작업실 구분 및 구역별 작업실에 필요한 품목과 구비 시 고려사항은 [표 8-2]와 같다.

표 8-2 작업구열별 설비 · 기구 선정 시 고려사항

구분	품목	설비·기구 선정 시 고려사항
전처리실	작업대	• 재질은 스테인리스스틸로 하며, 작업량을 고려하여 충분한 크기로 한다.
	식품검수대	• 이동식이며 바닥면에서의 높이가 60㎝ 이상인 검수에 알맞은 충분한 크기로 한다.
	세정대(2조, 3조)	• 냉·온 수도시설(원 터치식)을 설치한다. • 세정대의 배수구는 적절한 크기여야 하며, 배수관과는 직선으로 연결되는 구조여야 한다.
	자동 세미기	• 적정한 수압이 유지되어야 한다.
	구근탈피기	• 내부가 완전히 분리되어 세척과 소독이 쉬워야 한다.

	바구니 운반대	• 바구니 크기별로 사용 가능하여야 한다. • 이동 가능하여야 하며 안전성을 고려하여 원형으로 제작한다.
	손 소독기	• 자동식으로 소독액이 분무되거나 손을 담글 수 있는 소독조여야 한다.
	수세대	• 전자감응식 또는 페달식으로서 손을 사용하지 않고 조작할 수 있어야 한다. • 냉·온수가 공급되어야 한다.
	저울	• 전자저울로 설치하되 1kg~100kg까지 측정 가능한 것으로 갖춘다.
조리실	취반기	• 고정할 경우는 바닥과 주변을 세척하기 쉬운 구조와 공간을 확보하여야 한다.
	국솥	• 회전식이어야 하며 뚜껑이 부착되어야 한다.
	부침기	• 부침판은 기름이 흐르도록 약간 경사가 있어야 하며 덮개가 있어야 한다. • 안전을 고려하여 고정식이어야 한다.
	볶음 솥	• 바닥이 무쇠 등으로 두꺼워야 한다. • 회전식이어야 하며 뚜껑이 부착되어야 한다.
	가스 테이블 레인지	• 화구가 2~3개 정도인 제품이 적당하다. • 작업대의 높이와 같아야 한다.
	가스 그리들	• 가스 사용기기와 동일 지역에 위치하여야 한다.
	밥·반찬 배식대	• 보온기능이 있어야 한다.
	야채 절단기	• 세척과 소독이 쉬워야 한다. • 다양한 모양과 크기로 절단이 가능한 기능을 갖추어야 한다. • 분리 가능하며 전용 받침대를 설치하여야 한다.
	오븐	• 조리기능이 다양하여야 한다. • 단시간에 많은 양을 조리할 수 있어야 한다. • 작업공간을 적게 차지하여야 한다.
	만능조리기	• 튀김, 부침, 조리기능이 있어야 한다.
	냉장/냉동고	• 외부에서 읽을 수 있는 0.1℃ 단위의 온도계가 부착되어 있어야 한다. • 저장 가능한 충분한 용량이어야 한다.
	수세대	• 전자감응식 또는 페달식으로서 손을 사용하지 않고 조작할 수 있어야 한다. • 냉·온수가 공급되어야 한다.
식기 세척실	담금 세정대	• 세척과 소독이 쉽고 충분한 크기여야 한다.
	세척기	• 세척, 헹굼, 린스 기능이 자동으로 이루어져야 한다. • 최종 헹굼수의 온도가 살균에 적합한 온도(식판온도 71℃ 이상)를 유지하여야 한다.
	식기 소독 보관고	• 내부 선반은 물 빠짐을 위해 구멍이 뚫린 것이어야 한다. • 적정온도 관리를 위해 소독고 문에 설치된 고무패킹 부분은 기밀성이 있어야 한다.
	다단식 선반	• 청소 시 물이 튀지 않도록 맨 아래 선반은 바닥으로부터 30㎝ 이상 띄워야 한다.

2) 설비·기구 선정 시 유의사항

주방의 설비·기구는 주어진 시간 내에 작업을 처리할 수 있는 능력, 기구의 수명을 고려한 내구성, 위생적 세척 등을 위한 관리용이성, 인력 절감 및 시간단축효과 및 사용빈도를 고려, 재질 안전성 등의 고려할 점을 [표 8-3]에 나타냈다.

◉ 표 8-3 설비·기구 선정기준

구분	선정기준
처리능력	• 매출을 고려하여 적정량을 처리할 수 있을 것 • 주어진 시간 내에 목적하는 작업을 완료할 수 있을 것
내구성 및 관리 용이성	• 기구의 수명을 고려할 것 • 체위에 알맞게 사용이 편리하며 관리 방법이 쉬울 것 • 위생적으로 세척·소독이 쉬운 구조일 것 • 재질은 녹이 슬지 않는 스테인리스스틸 27종으로 할 것
경제성	• 작업목적에 부합되며, 기본적으로 필요할 것 • 효용가치와 사용 빈도가 높을 것 • 인력 절감 또는 시간 단축 효과가 있을 것
안전성	• 재질의 안전성(녹, 환경호르몬 검출 등)을 고려할 것 • 압력용기, 가스용기 등은 안전성을 보증하는 허가를 취득한 제품일 것

3) 설비·기구 설치 시 유의사항

• 작업흐름에 따라 동선을 단축하며, 능률적이고 위생적인 작업이 가능하도록 배치한다.
• 급수 및 가스 배관은 바닥에 노출되어 기물의 이동을 방해하거나 작업 중 안전사고의 요인이 되지 않도록 한다.
• 고정식 설비는 하부 청소가 쉽도록 바닥에서 일정 간격을 띄워 설치한다.
• 열 사용 및 가스 배출 기구와 배기 후드의 위치가 일치하도록 한다.
• 냉장·냉동고는 가스레인지, 오븐 등의 열원 및 직사광선과 멀리 떨어진 위치에 설치한다.
• 작업대 등의 스테인리스스틸 제품은 절단된 면을 잘 마무리하여 손을 베는 등 안전사고가 일어나지 않도록 한다.

- 식기세척기는 세척 소독이 가능한 온도가 유지되는지를 확인하고 온수 공급이 원활하도록 설치한다.

4 환기시설

열을 사용하는 조리기구의 상부에 설치하여 작업 시 발생하는 이산화탄소와 증기, 냄새, 연기 등이 조리실 내부에 퍼지지 않고 외부로 잘 배출되도록 한다. 환기시설은 배출하고자 하는 유해 물질의 종류에 따라 철재, 플라스틱 등의 재질로 설치하여 내벽에 부착된 수분이나 유분이 동시에 배출될 수 있도록 한다.

1) 배기 후드(hood)

- 후드의 형태는 열기기보다 사방 15cm 이상 크게 하며, 스테인리스스틸 재질로 제작하되 적정 각도 (30° 정도)를 유지하도록 한다.
- 후드의 몸체 및 테두리에 홈통을 만들어 물이 바닥 또는 조리기구 위에 바로 떨어지지 않도록 한다.
- 볶음이나 튀김 등에 사용되는 가스레인지의 후드 시설은 반드시 필터를 부착하여 유분이 여과되도록 한다.

2) 덕트(duct)

- 덕트는 조리실 내의 증기 등 유해 물질을 충분히 바깥으로 배송시킬 수 있는 크기와 흡인력을 갖추어야 한다.
- 덕트와 배기 후드의 연결 시 외부의 오염물질이 유입되지 않도록 자동 개폐 시설을 설치토록 한다.
- 덕트의 모양은 각형이나 신축형보다는 원통형이 배기 효율성에서는 더욱 효과적이다.

- 후드와 연결되는 덕트는 천장 공사 시공 전에 설치하여 되도록 천장 아래로 노출되지 않도록 한다.
- 덕트는 아연도금 강판이나 스테인리스스틸 재질로 하되, 청소와 배기 배출수 관리를 철저히 한다.

3) 수세시설

외식 종사자들이 작업변경 때마다 개인위생 관리원칙에 충실하게 손을 깨끗이 관리할 수 있도록 조리실 내에 종사자 전용의 수세 시설을 갖춘다.

- 조리실 내 손 세척을 위한 세면대 시설을 설치한다.
- 40℃ 정도의 온수로 손을 씻을 수 있도록 냉·온수관이 연결되어야 한다.
- 수세 시설에는 액체비누, 손톱 솔 등을 비치하며, 씻은 손을 닦을 수 있는 종이수건 등을 비치한다.
- 수도꼭지는 페달식 또는 전자감응식 등 직접 손을 사용하지 않고 조작할 수 있는 것이 바람직하다.
- 수도꼭지의 높이는 팔꿈치까지 씻을 수 있도록 충분한 간격을 둔다.
- 수세 시설 근처에는 조리 종사자가 쉽게 볼 수 있는 위치에 손 세척 방법에 대한 안내문이나 포스터를 게시한다.

5 주방환경 위생관리

주방의 구조물, 장비, 기구 및 하수구를 포함한 모든 시설·설비는 깨끗하게 청소·소독하여야 하며, 위생 해충이 서식 또는 출입하지 못하도록 관리되어야 한다. 이 장에서는 청소계획, 폐기물처리, 위생 해충구제 방법 등에 대하여 살펴보았다.

1) 청소계획

식품, 특히 원재료의 오염을 막기 위하여 모든 장비와 기구는 일별, 주별, 월별, 연간으로 청소계획을 수립하여 정기적으로 실시하며 청소와 소독과정에 대한 작업기록을 작성·비치한다(표 8-4).

● 표 8-4 주방의 청소계획

시기	청소구역	비고
일별	주걱, 국자, 집게, 대스푼, 수저, 도마 등 주방 및 식당 벽 및 바닥 배수구 및 트렌치, 그리스트랩 식품보관실 및 화장실	
주별	각종 기기류 배기후드, 덕트 청소 보일러 및 가스, 기화실 조명·환기설비	지정일(1회 이상) 지정일(1회 이상) 지정일(1회 이상)
월별	유리창 청소 및 방충망 청소 식품보관실 대청소(월 1회, 쌀 입고 전) 소독, 청소 시 가스배관 및 밸브부분 유의 점검 후 청소	
연간	식자재 납품업체 위생상태 점검 그릇 및 기기 스케일 제거(약품 사용) 위생 관련 시설·설비·기기 점검 및 보수	연 1회 이상 연 2회 연 2회

2) 주방 청소 방법

(1) 내부바닥

① 청소장비 : 수세미, 대걸레나 자루 각솔, 물통, 쓰레기통, 빗자루 등

② 세척제 : 중성세제

③ 소독제 : 차아염소산나트륨(락스)

④ 청소주기 : 매일 1회 그리고 필요시

⑤ 청소방법

• 청소 시작 전에 청소할 부분을 정돈한다.

• 빗자루로 바닥의 쓰레기를 제거하여 쓰레기통에 넣는다.

• 중성세제를 뿌린 뒤 대걸레나 자루 각솔로 바닥의 구석구석을 문지른다. (주의 : 바닥의 모서리가 더러운 정도에 따라, 자루 각솔 대신 수세미를 사용할 수도 있다.)

• 바닥에 호스로 물을 끼얹어 세척액을 제거한다.

• 희석된 차아염소산나트륨(락스 200ppm)을 뿌려준다.

• 물만 뿌려 바닥을 헹군다.

• 물기를 제거하고 바닥을 건조시킨다.

(2) 세면대

① 청소장비 : 수세미, 물통, 쓰레기통, 물바가지 등

② 세척제 : 중성세제 등

③ 청소주기 : 매일 1회 그리고 필요시

④ 청소방법

• 세면대의 배수구에서 찌꺼기를 제거한다.

• 세면대의 수도꼭지를 포함한 모든 표면에 중성세제를 뿌려 수세미로 가볍게 닦는다.

• 물바가지로 깨끗한 물을 모든 표면에 뿌려 세척액을 제거한다.

• 물기를 제거하여 얼룩이 남지 않도록 한다.

(3) 배수구

① 청소장비 : 수세미, 물호스, 청소용 고무장갑, 쓰레기통 등

② 세척제 : 중성세제

③ 소독제 : 차아염소산나트륨(락스 200ppm)

④ 청소주기 : 매일 1회

⑤ 특별지시 : 세척하기 전에 반드시 고무장갑을 착용한다.

A단계 : 배수구 덮개

- 배수구 덮개를 떼어 배수구 내의 찌꺼기를 제거한다.
- 배수구 덮개에 세척액을 뿌린 후 2~3분간 그대로 둔다.
- 깨끗한 물로 씻어 내린다.

B단계 : 트렌치

- 찌꺼기를 쓰레기통에 버린다.
- 세척액을 전체 하수도에 가한 후 2~3분간 그대로 둔다.
- 깨끗하게 수세미로 닦는다.
- 깨끗한 물로 씻어 내린다.
- 차아염소산나트륨(락스 200ppm)을 가한 후 그대로 둔다.

(4) 유리창/창틀

① 청소장비 : 청소용 행주, 수세미

② 세척제 : 중성세제

③ 청소주기 : 월 2회

④ 청소방법

- 희석된 세척액을 적신 수세미로 닦는다.
- 깨끗한 물을 적신 청소용 행주로 닦은 후 그대로 건조시킨다.
- 여분의 물기를 제거하고 싶으면 마른 청소용 행주를 사용한다.

(5) 천장

① 청소장비 : 청소용 행주, 사다리 등

② 세척제 : 중성세제

③ 청소주기 : 매 3개월마다

④ 특별지시 : 세척작업을 하기 전에는 항상 전기함이 꺼진 상태로 닫혀 있는지 확인해야 한다.

⑤ 청소방법

- 희석된 세척액(중성세제)을 적신 청소용 행주로 문지른다.
- 남겨진 얼룩들을 수세미로 가볍게 닦아 제거한다.
- 깨끗한 물을 적신 청소용 행주로 닦은 후 그대로 건조시킨다.

(6) 배기후드

① 청소장비 : 수세미, 청소용 행주

② 세척제 : 일반 세척용, 기름때 제거용 세제 등

③ 청소주기 : 주 1회

④ 청소방법

- 청소를 시작하기 전 후드 아래쪽 조리기구들을 비닐로 덮어둔다.
- 표면에 기름때 제거용 세제를 분무한 후 약 5분가량 그대로 둔다.
- 물에 적신 청소용 행주로 그리스 카터를 닦아낸다.
- 세척액을 적신 수세미로 잘 지워지지 않는 얼룩들을 제거한다.
- 세척액을 헹군 후 깨끗한 마른 청소용 행주로 건조시킨다.
- 광택제를 분무하여 광택을 내어둔다.

3) 폐기물 처리

음식과 관련된 폐기물은 수분과 영양성분이 많아 쉽게 상하고 오수와 악취가 발생되며 환경오염을 유발하므로 관리에 유의해야 한다.

폐기물관리법의 규정에 의거 감량 의무사업장으로 분류되어 규제받고 있으므로 자가 처리 방법 또는 재활용을 높이는 효과적인 수거 체계를 확립하여야 한다.

4) 일반위생관리(쓰레기통 및 잔반통)

① 쓰레기 및 잔반은 될 수 있으면 장시간 방치되지 않도록 한다.

② 쓰레기는 쓰레기통, 잔반은 잔반 수거통 외의 다른 곳에 함부로 방치하면 안 된다.

③ 쓰레기 및 잔반의 운반처리를 원활하게 하려면 전용 운반 도구 또는 기타 적절한 도구를 사용한다.

④ 쓰레기 또는 잔반의 장시간 보관 시 환기가 잘 되는 곳에 보관하고 수거한 후에는 세척 및 소독을 시행한다.

⑤ 쓰레기 처리 장소는 쥐나 곤충의 접근을 막을 수 있도록 하여야 하며, 정기적으로 구충 · 구서 작업을 시행한다.

⑥ 쓰레기 및 잔반은 수거통의 2/3 이상을 담지 않도록 하여 운반 시 넘치거나 흘리지 않도록 유의한다.

⑦ 쓰레기통은 뚜껑 달린 페달식으로 비치하고, 배식 시간 동안에는 쓰레기통 및 잔반통이 손님들에게 보이지 않게 한다.

⑧ 쓰레기통 및 잔반통은 작업 도구로 사용하지 않는다.

⑨ 주방 쓰레기통, 잔반통, 일반 쓰레기통은 각각 분리하여 사용한다.

⑩ 재활용이 가능한 쓰레기는 급식소 이외의 장소에 별도로 둔다.

| 쓰레기통 재질 및 관리 |

① 쓰레기통 및 잔반 수거통은 흡수성이 없으며, 단단하고 내구성이 있어야 한다.

② 쓰레기통 및 잔반 수거통은 반드시 뚜껑을 사용하며, 악취 및 액체가 새지 않도록 파손된 부분이 없어야 한다.

③ 쓰레기통 내부와 외부를 중성세제로 씻어 헹군 후, 차아염소산나트륨(200ppm)으로 소독한다.

④ 세척 또는 소독 시에 조리실 내부가 오염되지 않도록 주의한다.

6 해충방제 위생관리 구제

1) 방충·방서 대책

조리실 및 식품 보관실의 창문과 출입구 등에는 파리 등 위생 해충 및 쥐를 막을 수 있는 적절한 설비를 갖추고, 충분한 크기의 덮개가 있는 폐기물 용기를 비치한다.

2) 방충 시설

① 출입구에는 자동문이나 용수철이 달린 문 등을 설치하여 항상 닫아두어야 한다.
② 에어커튼을 설치할 경우 풍속이 약하면 위생곤충이 유입될 수 있으므로 유의하고, 바람은 출입문 바깥을 향해 15° 각도를 유지하도록 설치한다.
③ 창문, 환기시설 등에는 방충망을 설치하여야 한다.

3) 방서구조 및 시설

① 내벽 : 바닥 및 지붕과의 경계면에 길이 15cm 이상의 금속판을 부착한다.
② 문 : 아랫부분에 15cm 이상의 금속판 부착 및 자동개폐장치를 설치한다.
③ 창문 : 지면에서 90cm 이상 높이에 위치하도록 하고, 폭 0.8cm 이하의 철망을 설치한다.
④ 환기 · 배기구 : 폭 0.8cm 이하의 철망을 설치한다.

4) 관리방안

① 방역회사와 계약을 체결하여 정기적으로 소독을 실시한다.
② 전격식 살충기는 저전압용과 고전압용이 있으며, 고전압 유인살충 등은 죽은 곤충류가 낙하하여 식품에 혼입될 우려가 있으므로 야간 점등 시 바깥으로 살충기의 불빛이 보이지 않는 곳에 설치하고, 식품이 노출된 곳에서는 사용하지 않는 것이 좋다.
③ 위생 해충의 방제를 위하여 전염병 예방법령에 따라 하절기는 2개월, 동절기는 3개월

마다 1회 이상 허가받은 방역업체에 의뢰하여 조리시설 소독을 실시한다.

5) 쥐와 해충의 구제

해충에 대한 화학적, 물리적 또는 생물학적 약품처리를 포함한 관리는 전문방역업체의 감독하에서 이루어져야 하고, 살충제 사용에 대한 적절한 기록이 유지되어야 한다. 쥐ㆍ해충 등이 서식할 수 없도록 필요한 조치를 하여야 한다.

① 서식장소를 완전히 없애 산란 또는 어미벌레 등이 서식하지 못하게 하여야 한다.

② 애벌레 또는 어미벌레 등의 발생이나 출입을 막기 위하여 적절한 시설을 갖추어야 한다.

③ 쥐잡기, 벌레잡이용 약제를 사용하여 쥐ㆍ벌레 등을 없애야 한다.

④ 쥐ㆍ벌레 등의 먹이가 되는 고인 물, 음식물 찌꺼기 등을 제거하여야 한다.

6) 살충제 사용방법

① 살충제는 다른 예방책이 효과적으로 이용될 수 없을 경우에만 사용해야 한다.

② 살충제를 사용하기 전에 모든 식품, 장비 및 기구가 오염되지 않도록 주의를 기울여야 한다.

③ 살충제를 사용한 후 오염된 장비와 기구는 다시 사용하기 전에 충분히 세척하여 잔류물질을 제거해야 한다.

7) 유해물질의 보관

① 살충제나 사람의 건강에 위해를 줄 수 있는 기타 유해물질은 그 독성과 용도에 대한 경고문을 표시하며, 물질안전보건자료를 비치하고 사용자 교육을 실시한 후 기록을 유지하여야 한다.

② 유해물질은 자물쇠가 채워진 전용구역이나 캐비닛에 보관해야 하며, 적절하게 훈련받은 위임된 사람에 의해 처분 및 취급되어야 하고, 식품에 오염되지 않도록 최대한 주의를 기울여야 한다.

③ 위생 목적에 필요한 경우를 제외하고, 식품을 오염시킬 수 있는 어떠한 물질도 식품 취급지역에서 사용하거나 보관하여서는 아니 된다.

8) 식중독을 예방하자

식중독이란 박테리아, 균류, 식물에서 생성된 독소 또는 화학적인 물질이 오염된 음식을 섭취하여 생기는 질병이다. 식중독의 임상적 평가는 식품 감염과 중독을 구별하여 진단한다. 식품 감염은 병원체가 증식된 식품을 섭취함으로써 발생하며, 박테리아에 의한 식중독은 화학적 오염, 식물, 균류, 생선, 해산물 등에 의하여 발생한다. 주방에서의 위생관리는 경영에서 매우 중요한 부분을 차지한다. 종사원들은 위생의 중요성을 알고 세균이 많은 손의 청결을 위해 손 씻기부터 시작해서 원자재 관리, 사용 중인 기물관리, 주방관리 등 식중독이 일어날 수 있는 모든 원인을 사전에 차단해야 한다. 따라서 식중독 발생에 대한 원인과 예방수칙을 준수하고 반드시 지켜야 하며, 단 한 번의 큰 실수로 식중독 사고가 발생하면 사업장 이미지에 대한 고객들의 불신과 매출 하락으로 경영에 큰 타격을 받을 수 있음을 명심해야 한다.

온난화의 영향으로 더운 날이 많아졌기 때문에 특히 위생관리에 신경을 많이 써야 한다. 고온다습한 날씨 탓에 박테리아나 바이러스 등이 빠르게 번식하기 때문이다. 이런 유해 세균이나 바이러스를 음식 등을 통해 섭취하면 독소형 질환인 식중독에 걸릴 위험이 커진다. 복통, 구토, 발열 등의 증상을 유발하는 식중독을 예방하기 위해서는 원칙을 지킨다.

① 손은 30초 이상 꼼꼼히 씻는다.

손만 잘 씻어도 식중독의 70%를 예방할 수 있다. 화장실에 다녀온 후, 음식 만들기 전, 식사 전에는 흐르는 물에 손을 제대로 씻어야 한다. 올바른 손 씻기는 비누나 세정제를 사용해 손바닥뿐 아니라 손등, 손가락 사이, 손톱 밑 등을 30초 이상 꼼꼼하게 씻는 것이다.

② 고객에게 제공되는 모든 음식은 충분히 가열한다.

식중독균은 일반적으로 고온에서 증식이 억제된다. 따라서 조리할 때 85℃ 이상의 온도에서 1분 이상 가열한 후 제공하는 것이 좋으며, 특히 달걀, 유제품, 소스류 등은 냉장고에 보관한다 해도 제품이 상할 위험이 있으므로, 유통기한을 철저히 지키는 것이 식중독 예방에 도움이 된다.

③ 음식은 분리 보관한다.

음식 간의 식중독균 전염을 막기 위해서는 조리한 음식과 익히지 않은 날음식 간의 접촉을 피해야 한다. 특히 익히지 않은 육류의 경우 많은 균이 있으므로 날음식을 놓은 곳에는 익힌 음식이나 곧 섭취할 음식을 놓지 말고, 장소를 분리해서 보관해야 한다.

④ 조리 후 1시간 이내에 냉장 보관한다.

여름철에 조리한 음식을 상온에 보존하면 세균이 증식해 독소가 만들어질 수 있다.

따라서 먹고 남은 음식은 조리 후 1시간 이내에 냉장 보관하는 것이 좋으며, 냉장고에 보관할 때는 식품의 특성과 냉장고 온도, 보관량, 보관기간 등을 신경 써야 한다.

⑤ 식재료 관리를 잘해야 한다.

식재료를 구매한 후에는 최대한 빠른 시간 내에 사용해야 하며, 선입선출을 반드시 지켜야 한다. 유통기한이 짧은 유제품류, 달걀, 햄 등은 될 수 있으면 필요한 만큼만 구매한다.

⑥ 판매하는 상품관리가 중요하다.

매장에서 판매하는 모든 제품은 유효기간을 지켜야 한다. 기간이 지난 상품은 반드시 버리고 유효기간이 남아 있더라도 신선도가 떨어지거나 냄새가 나면 세균증식이 진행될 수 있으므로 판매하지 않는 것이 좋다.

⑦ 개인위생 관리를 잘하자.

위생복 착용 및 머리를 청결하게 하고 모자를 착용하며, 반지, 목걸이, 귀걸이, 시계 등 장신구를 착용하지 않는다. 또한 손에 상처가 나거나 설사, 구토, 발열 등이 나타나면 주방 출입을 금지해야 한다.

⑧ 기계류 및 기구는 청결하게 관리해야 한다.

주방에서 사용하는 소도구는 세척 소독한 후에 사용해야 하며, 칼, 도마는 과일, 생선, 육류 등으로 나누어 용도에 맞게 구분하여 사용한다. 사용 후에는 깨끗이 닦고 소독하여 칼, 도마 소독기에 보관 관리해야 한다.

⑨ **주방의 바닥은 청결하고 건조한 상태를 유지해야 한다.**

주방의 바닥에 설치된 각종 기계류 밑바닥이나 주변은 항상 깨끗하게 유지하고 싱크대 주변, 청소도구 보관함은 세균의 생식 장소이므로 정기적으로 청소하고 소독해야 하며, 항상 건조한 상태를 유지하여 세균의 번식을 사전에 막아야 한다.

⑩ **쓰레기 관리를 잘하자**

주방에서 나오는 쓰레기는 분리 수거하여 근무가 끝나면 주방에 두지 않고 바로 쓰레기장으로 이동시켜 보관한다. 식중독을 예방하기 위해서는 매일 체크하는 것이 매우 중요하며, 외식업체에서는 아래 [표 8-5]와 같이 개인위생, 원료 및 조리·가공식품취급, 조리·가공설비에 대한 일일 체크리스트를 참고하여 식중독 예방관리를 하여야 한다.

💧 **표 8-5 식중독 예방 일일 체크리스트**

베이커리카페명 :

점검일자 : 　년　 월　 일　　 시간 (　　:　　)

구분	점검사항	평가		점검자 의견
		적	부	
1. 개인위생	설사·발열·구토 및 화농성 질환 여부			
	가족 및 동거인의 상기질환 여부			
	위생모·위생복·작업화 등의 청결 여부			
	손 세척 및 소독의 필요 숙지 여부			
	손톱의 청결 및 장신구(반지 등) 착용 여부			
	종업원의 심리적 안정상태 여부			
2. 원료 및 조리· 가공식품 취급	부패·변질 및 무신고(허가), 무표시제품 등 사용 여부			
	저장조건, 포장·용기 등의 적정상태			
	교차오염 방지를 위한 구분보관 여부			
	적정보관 온도 준수 여부			
	유통기한이 경과된 제품 진열·보관 또는 조리·가공 등 재사용 여부			
	가열조리식품의 신속냉각 및 적정 보관 여부			
	과채류 등 원료의 절단 시 세척 선행 여부			
	식품 제조·가공·조리 시 마스크 착용 여부			

구분	점검사항	평가		점검자 의견
		적	부	
3. 조리·가공설비 및 시설	작업장 내부 수세시설 및 소독시설의 구비 및 작동 여부			
	방충, 방서 및 이물혼입 방지 여부			
	작업장 바닥의 물고임 방지 및 배수구 개폐용이 여부			
	칼·도마·행주 등 조리기구 및 설비 등의 적정 세척, 소독 여부			
	작업장 바닥의 물고임 방지 및 배수구 개폐용이 여부			
	쓰레기 및 쓰레기장의 청결관리 여부			

점검자(위생관리책임자)

9) 일일 위생점검현황

외식 주방 등의 위생 및 청결 상태를 점검하여 기록하는 표 형식의 문서를 말한다. 일일 위생점검표 작성 담당자는 종사원의 위생 상태, 식품 취급, 주방의 청결 상태 등에 대한 항목별 해당 내용을 기록한다. 그 밖에 상부의 확인을 받을 수 있는 결재란을 별도로 마련한다. 일일 위생점검표는 주방의 시설현황 및 상태를 한눈에 파악할 수 있고, 이상이 생겼을 시 즉시 적절한 조치를 취할 수 있는 중요한 자료가 된다(표 8–6).

● 표 8-6 **일일 위생점검현황**

번호	점검내용	월	화	수	목	금
		점검자	점검자	점검자	점검자	점검자
	1. 종사원 위생관리					
1	지정한 청결한 위생복, 위생모, 위생(장)화 착용					
	위생모는 머리카락을 완전히 덮어야 함					
2	연 1회 이상 건강진단(장티푸스, 폐결핵, 전염성 피부 질환 등의 항목)을 실시하고 건강진단 결과서 보관					
3	손에 상처가 있을 때 근무하지 않음					
	반지, 목걸이, 귀걸이, 시계 등의 장신구 착용 금지					
	매니큐어를 바르지 않고 손, 손톱 등은 항상 청결하게 유지					

번호	점검내용	월 점검자	화 점검자	수 점검자	목 점검자	금 점검자
4	정기적으로 실시한 안전 및 위생관리 교육일지를 보관함(위생교육 실시기록, 참석자, 서명 등 확인)					
	2. 주방관리					
5	주방 바닥은 물이 고이지 않고 잘 흐르도록 함					
	주방 바닥은 타일, 콘크리트 등으로 내수처리, 파손되지 않도록 주의					
	가스레인지의 기름때 및 오염물 수시로 제거					
	주방 개수대, 싱크대 등의 청결유지					
6	배수로, 배수구, 배수관 등의 시설에 오수 및 쓰레기가 퇴적되지 않게 설치					
	누적 찌꺼기 발생 여부 확인하여 냄새나지 않도록 청결하게 관리					
7	외부 오염 차단 위해 주방 출입 시 손 세척 및 소독 후 입실					
8	가스, 증기 등을 환기시킬 수 있는 시설을 설치					
	환기시설은 파손된 부분이 없어야 하며, 먼지가 쌓이지 않게 청결하게 관리					
	3. 냉장·냉동고 관리					
9	냉장·냉동고가 정상적으로 작동하는지 정기적으로 확인					
10	냉장·냉동고 안의 식재료는 정기적 유통기한 점검 및 관리					
11	유통기한이 지난 원료를 식품조리에 사용하지 말아야 함					
12	냉장·냉동고에 온도계를 부착하고 적정온도를 유지하도록 관리(냉장고 5℃ 이하, 냉동고 −18℃ 이하)					
	4. 식재료 보관관리					
13	원재료보관실 내부(바닥, 벽, 진열대 등)에 거미줄, 오물, 쓰레기 등이 없도록 관리					
14	식재료의 영수증, 거래명세서 등 원산지 증명서류 포함 구매 관련서류 보관					
15	식재료의 구입날짜 등을 기록, 먼저 구입한 재료와 나중에 구입한 재료를 구분하여 사용					
16	정기적으로 실시한 안전 및 위생관리 교육일지를 보관함(위생교육 실시기록, 참석자서명 등 확인)					

번호	점검내용	월 점검자	화 점검자	수 점검자	목 점검자	금 점검자
	5. 교차오염 방지					
17	냉장고 전체 용량의 70% 이하로 채워서 사용					
18	냉장, 냉동고에 완성된 제품 보관 시 오염되지 않도록 밀봉하여 보관					
	교차오염 방지를 위해 완성되지 않은 제품은 하단, 완성된 제품은 상단에 보관					
19	세척 전의 과실 및 채소류와 세척 후의 과실 및 채소류 구분하여 보관					
	세척, 소독한 과일 및 채소류는 별도의 덮개를 덮어 보관함					
20	칼, 도마의 경우 생선, 육류, 채소류의 식자재별로 구분하여 사용					
	칼, 도마는 항상 깨끗한 상태로 세척하여 건조 후 보관한다.					
21	고무장갑은 용도별로 청소용, 조리용, 전처리용으로 색깔 등을 구분하여 사용					
22	행주는 열탕소독, 세척한 후 완전히 건조시켜 깨끗한 행주와 사용한 행주를 분리하여 보관, 사용					
	6. 음식물 쓰레기 취급관리					
23	뚜껑이 부착된 쓰레기통 사용					
	침출수 발생 및 쓰레기가 넘치지 않도록 쓰레기통 주변을 청결히 관리					
24	음식물 쓰레기와 일반 쓰레기를 철저히 분리하여 배출					
	음식물 쓰레기는 반드시 수분 제거 후 배출					
	세제·표백제 등 독성물질이 유입되지 않도록 관리					
	깨끗한 상태에서 유지·관리하여 빠른 시간에 수거·운반					

7 매장 위생관리

외식매장을 운영하는 데서 가장 중요시해야 할 부분이 위생관리다. 따라서 외식매장을 위생업소라고 규정하고 식품 안전을 위해 규제와 위생점검 등을 실시하고 있다. 이것은 규제의 문제가 아니라 매장을 찾는 고객을 위하여 항상 위생관리에 최선을 다해야 하는 것이다.

매장을 찾는 고객은 요리사가 아닌 서비스하는 직원을 더 많이 마주한다. 매장 직원이 지저분한 행색을 하고 있다면 매장을 위생적이라 볼 수가 없다. 보이지 않는 곳의 위생도 중요하지만, 손님은 직접 확인하기 힘든 주방의 위생보다 음식에 섞여 들어온 머리카락 하나에 더 쉽게 불쾌감을 느끼게 된다.

요리에서 발견되는 불순물의 경로는 식재료나 조리기구가 될 수도 있고 요리를 한 요리사와 그 외에 서비스하는 직원 모두가 될 수 있다. 요리하는 사람도, 하지 않는 다른 직원들도 매장의 모든 일원이 위생 관념을 가지고 청결에 최선을 다하는 것이 중요하다.

외식업 매장의 위생관리와 관련된 중요한 부분은 개인위생과 원산지표시, 화장실 관리 등이 있다.

1) 음식점 원산지 표시제

음식점에서 조리하여 판매, 제공하는 식자재 중 농수축산물 24종에 대하여 일정 기준에 따라 원산지를 표시하도록 의무화한 제도이고 표시 대상은 일반음식점, 휴게음식점, 집단·위탁급식소다. 음식점 원산지 표시제의 표시 품목은 총 24종으로 축산물은 쇠고기, 돼지고기, 닭고기, 오리고기, 양, 염소고기로 6종이고 쌀, 배추김치(배추, 고춧가루), 콩으로 3종, 수산물은 넙치(광어), 조피볼락(우럭), 참돔, 미꾸라지, 뱀장어(민물장어), 낙지, 고등어, 갈치, 명태(황태, 북어 등 건조품 제외), 오징어, 꽃게, 참조기, 다랑어, 아귀, 주꾸미 등 15종이다(표 8-7).

품명	표시대상
쇠고기 돼지고기 닭고기 오리고기 양고기 염소고기	식육, 포장육, 식육가공품 전부
쌀	밥, 죽, 누룽지에 사용하는 쌀 (쌀가공품을 포함하며, 쌀에는 찹쌀, 현미 및 찐쌀을 포함)
콩	두부류(가공두부, 유바는 제외), 콩비지, 콩국수에 사용하는 콩(콩가공품 포함)
배추김치(고춧가루 포함)	배추김치(배추김치 가공품 포함)의 원료인 배추(얼갈이배추와 봄동배추를 포함)와 고춧가루
수산물(15종)	넙치, 조피볼락, 참돔, 미꾸라지, 뱀장어, 낙지, 명태, 고등어, 갈치, 오징어, 꽃게, 참조기, 다랑어, 아귀, 주꾸미
살아 있는 수산물	조리하여 판매·제공하기 위하여 수족관 등에 보관·진열하는 것

※ 기타 배달용 포함(포장재에 표시하기 어려운 경우 영수증, 전단지 등에 표시 가능)

2) 원산지의 표시 방법

공통 표시사항으로 글씨 크기는 메뉴판이나 게시판 등에 적힌 음식명 글자 크기와 같거나 크게 표시해야 하고 표시위치는 음식명 또는 원산지표시 대상 바로 옆이나 밑에 표시하고 원산지가 다른 2개 이상의 동일 품목을 섞었을 때 섞은 비율이 높은 순서대로 표시해 준다.

원산지 표시판의 크기는 가로 29cm, 세로 42cm 이상으로 글씨는 60포인트 이상이 되어야 한다.

일반음식점 및 휴게음식점의 표시 방법은 영업장 면적과 관계없이 모든 메뉴판 및 게시판에 표시, 기준에 따라 제작한 원산지 표시판을 부착할 때 메뉴판 및 게시판에는 원산지 표시를 해야 하며 게시 위치는 벽으로 분리된 취식 장소별 원산지 정보를 제공하여야 하고 기준에 따라 제작한 원산지 표시판은 가장 큰 게시판 옆 또는 아래에 게시해야 한다. 게시판이 없는 경우는 업소의 주 출입구 입장 후 정면에서 소비자가 잘 볼 수 있는 곳에 부착해야 한다.

축산물의 경우에는 축산물 원산지가 기재된 영수증이나 거래명세서 등을 매입한 날로부터 6개월간 비치, 보관해야 한다.

원산지 표시를 위반하였을 때 처분에 대하여 알아보면 원산지 혼동 우려 표시는 7년 이하의 징역이나 1억 원 이하의 벌금이 부과된다.

원산지 표시란에 원산지를 바르게 표시하였으나 포장재, 표시, 홍보물 등 다른 곳에 이와 유사한 표시를 하여 원산지를 오인하게 표시하는 행위, 원산지 미표시 및 표시 방법 위반의 경우에도 1천만 원 이하의 과태료가 부과된다. 그리고 [표 8-8]과 같이 재료 품목별 원산지를 표시하지 않은 경우 과태료가 부과된다. 원산지 표시는 규제가 아니라 고객과의 약속이므로 매우 중요하다.

● 표 8-8 **원산지 표시 위반 시의 과태료**

위반내용	과태료 금액			
	1차 위반	2차 위반	3차 위반	4차 이상 위반
쇠고기의 원산지를 표시하지 않은 경우	100만 원	200만 원	300만 원	300만 원
쇠고기 식육의 종류만 표시하지 않은 경우	30만 원	60만 원	100만 원	100만 원
돼지, 닭, 오리, 양고기, 염소고기, 쌀, 배추 또는 고춧가루, 콩의 원산지를 표시하지 않은 경우	각 30만 원	각 60만 원	각 100만 원	각 100만 원
넙치, 조피볼락, 참돔, 미꾸라지, 뱀장어, 낙지, 명태, 고등어, 갈치, 오징어, 꽃게, 참조기, 다랑어, 아귀, 주꾸미의 원산지를 표시하지 않은 경우	각 30만 원	각 60만 원	각 100만 원	각 100만 원
살아 있는 수산물의 원산지를 표시하지 않은 경우	5만 원 이상 1,000만 원 이하			
영수증이나 거래명세서 등을 비치·보관하지 않은 경우	20만 원	40만 원	80만 원	80만 원

3) 식재료 공급업체 선정 및 위생관리 기준

외식업체에서 발주한 식재료를 우수업체로부터 공급받아 고객에게 양질의 음식을 제공하기 위하여 외부 오염방지 및 신선도 유지하여 공급할 수 있는 식재료 공급업체를 찾는 것은 매우 중요하다. 식재료 업체 선정 시 위생적이고 안정적인 업체가 참여하도록 하고 공개 경쟁을 통해 공정하고 투명한 방법으로 업체를 선정함으로써 신뢰성을 확보하는 것이다.

4) 외식 공급업체 참가 자격 기준

(1) 일반적인 기준

식품의 종류, 규격, 품질 등 외식업체에서 요구하는 식품을 공급할 수 있을 곳으로 적정규모의 작업장(작업장, 창고, 냉장고, 냉동고 등)과 사무실을 별도로 보유하고 있으며, 납품요구 시간 내에 공급능력이 있고 식품 취급 작업장이 위생적인 환경을 갖추고 있는 곳을 선정한다.

(2) 식품관련법 및 외식업체에서 제시한 위생 사항을 준수한다.

- 식품취급자는 건강진단을 시행하고(식품위생법 제26조) 식품 취급 때 또는 공급 시 위생복, 위생화, 위생모 등 위생복장을 착용한다.
- 작업장 및 사무실의 정기적인 방역소독을 필할 것(전염병 예방법 제40조)
- 납품에 적합한 냉동 또는 냉장 차량을 갖추고 있을 것
- 우천이나 외부 오염원으로부터 오염방지 및 신선도를 유지할 수 있는 차량
- 차량 내부온도를 확인할 수 있는 온도계 비치
- 냉동 · 냉장 차량 등록증 및 이에 따른 책임 · 종합 보험 등록
- 식품군별 해당업체는 관련 법령에 적합한 조건(영업허가 및 영업자 준수사항 등)을 갖추고 있을 것
- 업체선정 및 식재료 공급계약에 관한 각종 서류(원산지 및 생산자 증명서, 경락전표, 매입 · 매출전표, 품질검사서, 납품 현황 등) 요구 시 이를 제출할 수 있어야 함

(3) 세부기준

① 육류

- 축산물가공업(식육가공업) 또는 식육포장처리업 허가(축산물위생관리법 제22조 및 동법시행령 제21조)를 취득한 자
- 작업장 및 작업시설 · 설비 청결 유지

• 도축검사증명서 및 축산물등급판정확인서, 돈육낙찰서의 제시

② 우유류

• 유가공업 허가증(축산물위생관리법 제22조 및 동법시행령 제21조) 또는 우유류 판매업 신고필증(축산물위생관리법 제24조 및 동법시행령 제21조) 득한 자
• 작업장 및 작업시설 · 설비 청결 유지

③ 김치류

• 식품제조 · 가공업 신고필증(식품위생법시행령 제13조) 득한 자
• 작업장 및 작업시설 · 설비 청결 유지

(4) 참여 제한 기준

1. 외식업체에 부적격 식재료를 공급하였거나 위생상태 불량으로 관계자에게 뇌물 · 향응을 제공하는 등 불미스러운 일이 적발되어 부정당업자로 통보된 업체
2. 최근 1년 이내 불공정 행위 및 부도나 불성실 납품 등으로 사회적 물의를 일으킨 업체

(5) 식재료 공급업체 선정 및 관리기준

식재료를 공급하는 업체의 선정과 관리기준을 [표 8-9]와 같이 두어 안전한 식품이 납품되도록 한다.

◐ 표 8-9 **식재료 공급업체 선정 및 관리기준**

구분	공급업체 선정 및 관리기준	비고
업체의 위생관리 능력	1. 공급업체는 체계적인 위생기준 및 품질기준을 구비하고 이를 준수하고 있는가?	
	2. 공급업체가 위치한 장소 및 보유시설, 설비의 위생 상태는 양호한가?	
업체의 운영능력	3. 요구하는 식재료 규격에 맞는 제품을 공급하는가?	
	4. 반품처리 및 각종 서비스를 신속하게 제공하는가?	
	5. 납품절차가 표준화되어 있고 관련문서가 구비되어 있는가?	
	6. 신선하고 양질의 식재료를 공급하는가?	

	점검 항목		비고
	7. 정해진 시각에 식재료가 납품되는가?		
	8. 식재료의 포장상태가 완벽한 제품인가?		
운송위생	9. 운송 및 배달 담당자의 식품 취급방법이 위생적인가?		
	10. 냉장 배송차량을 이용하여 식재료를 운반하고 냉장·냉동식품의 온도는 기준범위 이내인가?		냉장·냉동식품용 배송차량에 Time Temperature Indicator 부착 권장

(6) 식재료 공급업체 현장 방문 평가표

식재료를 공급해 주는 업체가 현장을 방문해 물건을 납품할 때 냉장 · 냉동고의 적정한 온도와 청결상태, 식품별 분리보관 및 유통기한 표시 등의 위생상태와 반품과 교환의 처리능력 등을 점검하고, 평가할 수 있도록 [표 8-10]과 같이 평가표를 구비한다.

💧 표 8-10 **공급업체 현장 방문 평가표**

업 체 명 :

구분	점검 항목	현장 평가	배점 기준
위생 상태	① 냉장·냉동고, 식품창고	우수	냉장·냉동고, 해동고, 창고 등의 청결상태 및 온도관리가 적합
		보통	냉장·냉동고, 해동고, 창고 등의 청결상태 및 온도관리가 보통
		미흡	냉장·냉동고, 해동고, 창고 등의 청결상태 및 온도관리가 미흡
	② 재료 보관 관리 상태	우수	비식품과 분리 보관 및 유통기한 적정, 허가 및 표시제품 보관
		보통	비식품과 혼재 보관, 유통기한 적정, 허가 및 표시제품 보관
		미흡	비식품과 혼재 보관 또는 유통기한 부적정, 무허가(무표시)제품 보관
	③ 소독시설·작업기구	우수	소독 시설·작업기구 등의 파손 및 위생 관리 우수
		보통	소독 시설·작업기구 등의 파손 및 위생 관리 보통
		미흡	소독 시설·작업기구 등의 파손 및 위생 관리 미흡

구분	점검 항목	현장 평가	배점 기준
	④ 작업장 시설 (벽, 바닥, 배수구 등)	우수	작업장이 청결하고 바닥, 벽 등 파손 없음, 배수구 등 냄새 및 역류 없음
		보통	작업장은 청결하나 바닥, 벽 등 부분적 파손, 배수구 등 냄새 및 역류가 조금 있음
		미흡	작업장이 청결하지 못하고 바닥, 벽 등 파손, 배수구 냄새 및 역류 있음
	⑤ 작업자의 위생복장 착용 및 청결 여부	우수	위생복장 착용 및 청결상태가 우수
		보통	위생복장 착용 및 청결상태가 보통
		미흡	위생복장 미착용 또는 청결상태가 불량
	⑥ 쓰레기 처리 및 작업장 주변의 위생상태	우수	작업장 내·외부 쓰레기 처리 및 주변 청결
		보통	작업장 내·외부 쓰레기는 처리되었으나 주변 불량
		미흡	쓰레기 방치 및 주변 불량
	⑦ 냉동·냉장 차량	우수	차량 내·외부가 청결하고 온도측정 계기 구비
		보통	차량 내·외부가 청결하나 온도측정 계기 미구비
		미흡	차량 내·외부가 청결하지 않고, 온도측정 계기 미구비
	⑧ 축산물등급판정서 및 납품 내역	우수	축산물등급판정서 원본 비치, 납품내역 기재 양호
		보통	축산물등급판정서 원본 비치, 납품내역 기재 미흡
		미흡	축산물등급판정서 원본 미비치, 납품내역 기재 미흡
	⑨ 식품에 대한 잔류농약속성 검사여부	우수	잔류농약속성 검사 실시, 원산지 표시 실시
		보통	잔류농약속성 검사 미실시, 원산지 표시 실시
		미흡	잔류농약속성 검사 미실시, 원산지 표시 미실시
납품 능력	⑩ 반품·교환 소요시간	우수	1시간 이내
		보통	3시간 이내
		미흡	3시간 이상

평가의견 :

2023.   .   .

평가자 :   성명 :   (서명)

8 식재료 위생관리 및 검수

식재료의 신선도와 질은 요리의 질과 위생 및 안전성 확보와 직결되므로 식재료 구입 시는 규격 기준을 분명하게 제시하고 이에 따라 검수를 철저히 하여야 한다. 식재료의 구입 및 검수, 보관 등과 관련한 위생관리의 기준을 제시한다.

1) 식재료 구매

잠재적 위험성이 있는 식재료의 규격 기준을 정하여 이를 준수하고, 식재료를 공급하는 업체의 선정 및 관리기준을 마련, 위생관리 능력과 운영 능력이 있는 업체를 선정하여 보다 신선하고 질이 좋으며, 위생적으로 안전한 식재료를 구매해야 한다(표 8–11).

표 8-11 식재료 위생 관련 규격 설정

구 분	식 재 료 규 격	비 고
곡류 및 과채류	1. 1차 농산물은 원산지를 표시한 제품	거래명세서에 표기
어·육류	2. 육류의 공급업체는 신뢰성 있는 인가된 업체	
	3. 육류는 도축검사증명서, 등급판정확인서가 있는 것	도축검사증명서, 등급판정확인서 첨부
	4. 냉장·냉동상태로 유통되는 제품	
어·육류가공품	5. 검사를 마친 제품	
	6. 유통기한이 표시된 제품 및 유통기한 이내의 제품	거래명세서에 표기
	7. 냉장, 냉동상태로 유통되는 제품	
난류	8. 위생란	
김치류	9. 인가된 생산업체의 제품	
	10. 포장 상태가 완전한 제품	
양념류	11. 표시기준을 준수한 제품	
기타 가공품	12. 모든 가공품은 유통기한 표시된 것, 포장이 훼손되지 않은 것, 유통기한 이내의 제품	거래명세서에 표기

2) 식재료 검수

검수는 구매의뢰에 따라 식재료 납품업체가 공급하는 식재료에 대하여 품질, 신선도, 수량, 위생상태 등이 요구기준에 부합되는지를 확인하는 과정이다.

(1) 검수 시 유의사항

① 식재료는 검수대 위에 올려놓고 검수하며, 맨바닥에 놓지 않도록 한다(검수대의 조도는 540Lux 이상을 유지).
② 식재료 운송 차량의 청결 상태 및 온도 유지 여부를 확인·기록한다.
③ 식재료명, 품질, 온도, 이물질 혼입, 포장 상태, 유통기한, 수량 및 원산지 표시 등을 확인·기록한다.

| 온도 기준 |

① 냉장식품 : 10℃ 이하
② 냉동식품 : 언 상태 유지, 녹은 흔적이 없을 것
③ 전처리된 채소 : 10℃ 이하(일반채소는 상온, 신선도 확인)
④ 검수가 끝난 식재료는 곧바로 전처리과정을 거치도록 하되, 온도관리를 요하는 것은 전처리하기 전까지 냉장·냉동 보관한다.
⑤ 외부포장 등의 오염 우려가 있는 것은 제거한 후 조리실에 반입한다.
⑥ 검수 기준에 부적합한 식재료는 자체 규정에 따라 반품 등의 조치를 하도록 하고, 그 조치내용을 검수일지에 기록·관리한다.
⑦ 곡류, 식용유, 통조림 등 상온에서 보관 가능한 것을 제외한 육류, 어패류, 채소류 등의 신선식품은 당일 구입하여 당일 사용을 원칙으로 한다.

(2) 반품

식재료 검수결과 신선도, 품질 등에 이상이 있거나 규격 기준에 맞지 않는 식재료는 반품하고, 검수 기준에 맞는 식재료로 재납품할 것을 지시한다. 반품할 때는 반드시 반품 확인서를 발행하며, 반품이 재발하는 업체에 대하여는 납품 참여 제한 등 제재 방안을 강구토록 한다.

(3) 냉장ㆍ냉동보관 방법

① 적정량을 보관함으로써 냉기 순환이 원활하여 적정온도가 유지되도록 한다.(냉장ㆍ
  냉동고 용량의 70% 이하)

② 냉장ㆍ냉동고에 식품을 보관할 때 반드시 그 제품의 표시사항(보관 방법 등)을 확인
  한 후 그것에 맞게 보관한다.

③ 오염방지를 위해 날음식은 냉장실의 하부에, 가열조리 식품은 위쪽에 보관한다.

④ 보관 중인 재료는 덮개를 덮거나 포장하여 보관 중에 식재료 간의 오염이 일어나지
  않도록 유의한다.

⑤ 냉동ㆍ냉장고 문의 개폐는 신속하고, 필요 최소한으로 한다.

⑥ 선입선출의 원칙을 지킨다.

⑦ 개봉하여 일부 사용한 캔 제품, 소스류는 깨끗한 용기에 옮겨 담아 개봉한 날짜와
  원산지, 제조업체 등을 표시하고 냉장 보관한다.

⑧ 냉장고는 5℃ 이하, 냉동고는 −18℃ 이하의 내부온도가 유지되는가를 확인ㆍ기록
  하며, 이상이 있을 때는 즉시 조치한다.

(4) 상온 보관 방법

① 정해진 장소에 정해진 물품을 구분하여 보관한다.

② 식품과 식품 이외의 것을 각각 분리하여 보관한다.

③ 선입선출이 쉽도록 보관ㆍ관리한다.

④ 식품 보관 선반은 바닥, 벽으로부터 15cm 이상의 공간을 띄워 청소가 쉽도록 한다.

⑤ 포장단위가 큰 것을 나누어 보관할 때는 제품명과 유통기한을 반드시 표시한다.

⑥ 장마철 등 높은 온ㆍ습도에 의하여 곰팡이 피해를 보지 않도록 한다.

⑦ 유통기한이 있는 것은 유통기한 순으로 사용할 수 있도록 유통기간이 짧은 것부터
  진열하며, 유통기한의 라벨이 보이도록 진열한다.

⑧ 식품 보관실에 세척제, 소독액 등의 유해 물질을 함께 보관하지 않는다.

3) 작업환경 위생관리

구매한 물품을 검수하는 일에서 시작하여 전처리, 조리, 배식, 세정, 정리 정돈에 이르기까지 다양한 작업이 수작업으로 이루어진다. 이 과정에서 발생할 수 있는 부주의에 의한 교차오염이 식중독 발생의 주요 원인이 되므로 작업 과정의 위생관리가 체계적으로 철저하게 유지되어야 한다.

(1) 교차오염의 방지

교차오염은 식재료, 기구, 용수 등에 오염되어 있던 미생물이, 오염되지 않은 식재료, 기구, 종사자와의 접촉 또는 작업과정에 혼입됨으로 인하여 원래 오염되지 않은 식재료까지 오염을 일으키는 것을 말한다.

교차오염의 방지는 다음과 같이 오염된 식재료, 기구, 용수와의 접촉 가능성을 차단함으로써 가능하다.

① 오염구역과 비오염구역으로 구역을 설정하여 전처리, 조리, 기구세척 등을 별도의 구역에서 한다.

② 칼, 도마 등의 기구나 용기는 용도별(생식품용, 조리된 식품용)로 구분하여 각각 전용으로 준비하여 사용한다.

③ 세척용기(또는 싱크)는 어·육류, 채소류로 구분해서 사용하고 사용 전후에 충분히 세척·소독해서 사용한다.

④ 식품취급 등의 작업은 바닥으로부터 60cm 이상에서 실시하여 바닥의 오염된 물이 튀어 들어가지 않게 한다.

⑤ 식품취급 작업은 반드시 손을 세척·소독한 후에 하며, 고무장갑을 착용하고 작업하는 경우는 장갑을 손에 맞게 준비하여 관리한다.

⑥ 전처리하지 않은 식품과 전처리된 식품은 분리·보관한다.

⑦ 전처리에 사용하는 용수는 반드시 먹는 물로 사용한다.

(2) 식재료 전처리 위생관리

전처리는 식재료를 다듬고 씻고 소독하고 용도에 맞게 자르는 작업으로 교차오염이 일어나지 않도록 특히 유의해야 한다.

| 일반적인 준수사항 |

① 외포장 제거와 다듬기 작업은 오염구역에서 실시한다.

② 전처리는 정해진 장소에서만 실시하여 비오염구역을 오염시키지 않도록 작업구역 (채소, 어류, 육류)을 별도로 정하여 작업한다.

③ 냉장·냉동식품의 전처리 작업은 실온에서 장시간 수행하지 않는다.

④ 식품을 전처리하는 도중에는 다른 일을 하지 않는다.

⑤ 특별히 열처리를 거치지 않는 식품은 맨손으로 직접 취급하지 않도록 한다.

⑥ 작업 중의 식재료는 바닥에 방치되는 일이 없도록 작업대, 선반 등에 놓는다.

⑦ 전처리에 사용되는 세척물은 반드시 먹는 물을 사용하여 이물질이 완전히 제거(육 안 검사)될 때까지 씻는다.

⑧ 세척 시의 물은 싱크 용량의 2/3 내에서 사용하되, 세척물이 다른 식재료 또는 조리 된 음식 등에 튀기지 않도록 주의한다.

⑨ 세척물이 싱크의 배수관을 통해 배수로에 바로 연결되도록 하여, 세척수가 바닥을 오염시키지 않도록 한다.

⑩ 전처리된 식재료 중 온도관리가 필요한 것은 조리 시까지 냉장고에 보관한다.

⑪ 식재료가 많을 때는 오전, 오후, 야간용으로 식자재를 별도로 표시·보관한다.

⑫ 전처리하지 않은 식품과 전처리된 식품은 분리하여 취급하며, 전처리된 식품 간에 교차오염이 발생치 않도록 위생적으로 관리한다.

⑬ 절단 작업 시 소독된 전용 도마와 칼을 사용한다.

⑭ 전처리 시 발생하는 폐기물, 찌꺼기는 신속하게 폐기물 전용 용기 또는 폐기물 봉지 에 넣어 악취나 오물이 흐르지 않도록 신속히 처리한다.

⑮ 위생란을 사용한다.

⑯ 난류의 조리 시 파각 전후에 반드시 손 세척과 소독을 실시한다.

⑰ 달걀을 담았던 용기는 그대로 재사용하지 않고 반드시 세척·소독하여 사용한다.

(3) 조리기구 세척 위생관리

식품접촉 표면을 통한 교차오염을 예방하기 위해서는 조리기구 및 용기의 세척, 소독이 적절히 이루어져야 하며, 기구별 세척 및 소독 방법을 정확히 숙지하여 실천토록 한다.

가. 세척

세척이란, 조리기구 및 용기의 표면에서 세제를 사용하여 때와 음식 찌꺼기를 제거하는 일련의 작업 과정을 말한다.

| **세제 사용 시 유의사항** |

① 세제의 용도, 효율성 및 안전성을 고려하여 구입한다.
② 사용 방법을 숙지하여 사용한다.
③ 세제를 임의로 섞어 사용하는 일이 없도록 한다. (염소계와 산성계 약품을 함께 사용하거나 혼합해서 사용하면 유해가스 발생)
④ 세제류는 반드시 식품과 구분하여 안전한 장소에 보관한다.

나. 세제의 종류

① 일반세제 : 비누, 합성세제(거의 모든 세척 용도에 적당)
② 솔벤트 : 가스레인지 등 음식이 직접 닿지 않는 곳의 묵은 때 제거
③ 산성세제 : 세척기의 광물질, 세제 찌꺼기를 제거(기구나 설비에 손상을 줄 수 있으므로 산성의 강도를 점검한 후에 사용)
④ 연마세제 : 바닥, 천장 등을 청소(플라스틱제품에는 부적절)
⑤ 기타 세제 : 세척제의 용도와 지정된 희석배율 등에 맞게 사용

9 주방 도구 및 기계류 위생관리

주방에서 사용하는 모든 기계류는 청결하고 깨끗하게 관리해야 한다.

기물 사용 후에는 항상 깨끗하게 청소 및 정리해야 하고 필러는 모두 소독된 상태인지 확인하고 관리한다.

1) 기계류 청소하는 방법

- 청소에 필요한 도구를 먼저 준비한다.
- 청소하기 전에 전원을 끈다.
- 기계에 식재료가 묻은 모든 표면을 깨끗하게 닦는다.
- 흐르는 물에 씻어 내리지 않는다.
- 소독/살균 싱크대에서 절단 부분을 떼어내고 선반 등에 올려놓아 물기가 빠지게 한다.
- 닦은 표면은 솔을 사용하여 바깥에서부터 이물질을 털어낸다.
- 별도의 기계 사용 없이 자연건조시킨다.
- 소독 제품을 사용하여 닦는다.
- 사용 이후에는 전원을 끄고 코드를 뽑는다.

2) 감자 필러 청소 방법

- 뚜껑, 원반, 체 받침 등을 모두 제거한다.
- 제거한 모든 부분을 꺼내어 세제를 풀어둔 물에 담근다.
- 부품에 묻어 있는 흙 등을 긁어내고, 오랜 시간 동안 불려야 하는 경우 물에 담가 놓는다.
- 모든 표면을 닦아낸다.
- 깨끗하게 헹군다.
- 깨끗하게 씻은 부품들을 소독약품을 담근 싱크대에 넣고 1분간 소독한다.
- 1분이 지난 후 물기를 빼기 위해 소독 싱크대에서 부품을 꺼낸다.
- 자연 건조되도록 하고 헝겊 등으로 닦아내지 않는다.

- 모두 완전하게 건조시킨 상태로 재조립한다.(덜 건조시킨 부품은 절대 조립하지 않는다.)
- 기계의 파이프나 버튼 등을 붓으로 털어낸다.
- 따뜻한 물로 바깥 표면을 닦는다.
- 자연건조시킨다.
- 소독약품을 뿌리고 헝겊으로 닦는다.
- 사용 후 매일 같은 방법으로 청소하고 플러그를 뽑는다.

3) 냄비와 펜류 청소 방법

- 뜨거운 물을 두 싱크대에 담근다. (세제용/소독용)
- 받아 놓은 뜨거운 물에 세제를 풀어 냄비를 담근다.
- 소독제를 소독 싱크대에 푼다.
- 냄비나 프라이팬에 묻은 음식물 찌꺼기를 떼어낸다.
- 가능한 오랫동안 담근다.
- 물이 더럽게 변하면 물을 바꿔준다.
- 표면은 긁어낸다.
- 냄비와 프라이팬을 건져낸다.
- 헹굼 싱크대에 냄비와 프라이팬을 담갔다 빼기를 반복하며 헹군다.
- 깨끗하고 뜨거운 물을 사용하여 헹군다.
- 물기를 빼기 위해 뒤집어 놓는다. 닦지 말고 자연건조시킨다.

4) 올바른 접시 닦기

- 컵 Rack을 선반 위에 올려놓는다.
- 컵의 바닥을 잡고 꽂아 컵의 주둥이가 바닥에 닿을 수 있도록 한다.
- 미리 잔여물을 제거한 접시는 짝을 맞춰 쌓는다(Decoy system : 같은 기물끼리 쌓아 두는 것).
- Silverware를 담글 수 있는 통을 미리 준비한다.

- Rack에 쌓기 전 / 넣기 전 기물 위(안)에 음식물 잔여물이 많지는 않은지, 테이블로부터 함께 딸려온 종이 등이 있지는 않은지 확인 후 제거할 수 있도록 한다.
- 식기류를 먼저 간단하게 헹구고, 스프레이를 사용하여 식기류에 남아 있는 음식물을 제거한다.
- 너무 많이 쌓이지 않도록 하고, 또한 섞이지 않도록 한다. 그리고 어느 정도 모은 식기류는 별도의 Rack에 담아 식기세척기를 이용하여 씻도록 한다.
- Rack이 꽉 차면 식기세척기에 넣어 씻는다.

5) 식기세척기 사용 방법

- 모든 식기세척기는 제조회사의 지시사항에 맞춰 작동 및 관리가 되어야 한다.
- 올바르지 않은 온도로 작동하는 경우 오염의 가능성이 커질 수 있다.
- 교대가 바뀔 때마다 아래의 기준에 맞춰진 log sheet을 작성하여 온도를 확인한다.
- 세척 시의 온도는 55℃~65℃
- 마지막 헹굼의 온도는 82℃~86℃
- 마지막으로 배출되는 접시 온도는 71℃(15초 동안)
- 식기세척기 온도가 82℃를 넘지 못하는 경우 화학약품을 사용하여 소독해야 할 수도 있다.
- 물탱크는 2시간마다 한 번씩 교체해 줘야 한다.
- 음식물 찌꺼기를 받는 통의 위치가 변하지 않도록 지속해서 확인한다.
- 음식물쓰레기통이 꽉 차기 전에 비워준다.
- 파이프를 분리하여 싱크대에 담고 헹군다.
- 기계의 안쪽도 호스를 이용하여 씻는다.
- 사용하지 않는 밤 동안에는 기계를 열어두어 자연건조시킨다.

| 수동 세척하는 방법 |

- 싱크대 세 군데에 따뜻한 물을 받아 두고, 마지막 싱크대에는 뜨거운 물을 받아 준비한다.

- 세척을 위해 사용하는 첫 번째 싱크대의 받아 놓은 물에 세제를 넣는다. 수세미를 사용하여 첫 번째 싱크대에 담가둔 식기류를 닦는다.
- 뜨거운 물을 받은 두 번째 싱크대에서는 첫 번째 싱크대에서 씻은 식기류를 헹구고, 기름기나 남은 음식물이 없도록 한다.
- 뜨거운 물을 받은 세 번째 싱크대는 마지막 헹굼용으로 사용하고 수동으로 깨끗하게 헹군다.
- 모든 식기류를 세척하고 헹군 다음, Rack에 쌓아 물기를 제거하고 자연건조시킨다.

6) 도마 청소 방법 및 살균 방법

- 표면에 있는 음식물 찌꺼기 등은 솔질을 하여 제거한다.
- 따뜻한 물을 사용하여 식기류를 적시고, 소독&세제 제품을 뿌린다.
- 살균제품은 세척 및 살균뿐 아니라 표백에도 도움을 준다.
- 조금은 딱딱한 솔과 따뜻한 물을 사용해서 표면을 긁어준다.
- 따뜻한 물로 세척하고 헹군 다음 자연건조시킨다.

7) 슬라이스 기계 청소 및 살균 방법

- 기계를 청소하기 전에는 전원을 항상 꺼두도록 한다.
- Slice의 정도를 0으로 해놓는다.
- 기계의 전원을 끈다.
- 플러그를 뽑는다.
- 안전 장갑이 있다면 꼭 착용한다.
- 칼날 안전 커버와 함께 칼날 덮개를 제거하고 날 손잡이를 둔다.
- 칼날 안전 커버 없이는 칼날 덮개를 그대로 두지 않는다.
- 청소 및 살균 후 칼날과 톱니 칼날은 즉시 제자리로 돌려둔다.
- 탈착이 가능한 부분을 뜨거운 물과 세제를 사용하여 세척한다.
- 깨끗한 물로 헹군다.

- 미지근한 온도의 살균제에 담근다.
- 자연건조시킨다.
- 탈착이 어려운 부분은 스프레이 형태의 살균제와 솔을 사용하여 세척 및 살균을 한다.
- 기계의 바닥과 주변도 함께 청소한다.
- 기계를 사용하는 사람은 충분히 교육받은 후 기계를 작동하도록 한다.
- 호바트 제품 – 물이 닿지 않도록 한다.
- 보통의 제품 – 오픈된 기계에 물이 들어가지 않도록 한다.
- 모든 부품을 재조립한다.

8) 캔오프너의 세척 및 살균 방법

- 캔오프너를 모두 분해한다.
- 세척할 싱크대에서 해체한 부품을 세척·소독한다.
- 솔기가 강한 솔을 사용하여 날과 캔에 직접 닿는 부분을 특히 신경 써서 닦도록 한다.
- 깨끗한 물과 소독약품을 사용하여 세척 및 살균한다.
- 자연건조시킨다.
- 해체했던 부분을 다시 조립한다.
- 제조업체에서 권장한 방법을 사용하여 광을 낸다.
- 정기적으로 세척하고 살균한다.

9) 커피 머신의 청소 방법

- 깨끗한 물을 사용하여 청소한다.
- 내부는 건조된 브러시를 사용하여 먼지를 털어내고, 외부는 세제를 사용하여 닦아낸다.
- 탈착이 가능한 부분은 탈착하여 싱크대에 담는다.
- 브러시를 사용하여 먼지를 털어내고, 커피바스켓을 씻어낸다.
- 청소계획을 세워서 해체하고, 꼭지 부분을 깨끗하게 닦고, 개스킷 부분을 특히 신경 써서 청소한다. (일주일에 한 번) 유리 부분도 닦는다.

10) 그릴의 청소 방법

- 안전을 위해 장갑을 착용한다.
- 오븐 온도가 많이 내려가서 청소할 수 있으면, 손으로 가볍게 찌꺼기를 제거한다.
- 표면 온도가 49℃가량 된 경우 세제를 뿌린다.
- 음식물 찌꺼기 등을 불린다.
- 그릴의 모서리나 날 등을 닦아낸다.
- 불은 찌꺼기를 긁어낸다.
- 물기 있는 헝겊을 사용하여 닦아내고 헹군다.
- 그릴을 긁어내고 나온 찌꺼기를 받은 통을 비운다.
- 재가열할 때 식물성 기름을 사용하여 솔질한다.

11) 레인지 후드의 청소 방법

- 레인지 후드의 제일 높은 부분은 손이 닿을 수 있을 정도의 온도가 되어야 한다.
- 후드의 필터를 제거하여 물과 세제를 풀어놓은 싱크대에 담근다. 뜨거운 물을 사용하여 세척하고 자연건조시킨다.
- 필터는 식기세척기를 이용하여 세척할 수도 있다. 대신 필터 세척 후 식기세척기의 물은 교체해야 한다.
- 후드의 내/외부는 세제를 뿌려서 세척한다.
- 물기 있는 헝겊이나 솔을 사용하여 잘 떨어지지 않는 음식물 찌꺼기를 제거한다.
- 필터를 고정하는 틈새와 배수구 등을 깨끗하게 청소한다.
- 깨끗하고 뜨거운 물을 사용하여 찌꺼기를 제거한다(호스 사용은 금지).
- 헝겊으로 물기를 적당히 제거하거나 자연건조시킨다.
- 외부는 닦아서 건조시킨다.
- 청소 후 건조시킨 필터를 다시 조립한다.

10 식품위생 관련 법규 및 HACCP 시스템

1) 식품위생법 관련 법규

(1) 식품위생법의 목적(식품위생법 제1조) 위생상의 위해를 방지, 식품영양의 질적 향상, 국민 보건의 증진에 이바지한다.

(2) 용어의 정의(식품위생법 제2조)

① 식품 : 모든 음식물(의약으로 섭취하는 것은 제외)을 말한다.

② 식품첨가물 : 식품을 제조·가공 또는 보존하는 과정에서 식품에 넣거나 섞는 물질 또는 식품을 적시는 등에 사용되는 물질을 말한다. 이 경우 기구, 용기, 포장을 살균, 소독하는 데 사용되어 간접적으로 식품으로 옮아갈 수 있는 물질을 포함한다.

③ 화학적 합성품 : 원소 또는 화합물에 분해반응 외의 화학반응을 일으켜 얻은 물질을 말한다.

④ 기구 : 식품 또는 식품첨가물에 직접 닿는 기계, 기구나 그 밖의 물건(농업과 수산업에서 식품을 채취하는 데 쓰는 기계, 기구나 그 밖의 물건은 제외)

⑤ 표시 : 문자, 숫자 또는 도형

⑥ 식품위생 대상 : 식품, 식품첨가물, 기구 또는 용기, 포장이 대상

⑦ 영업 : 식품 또는 식품첨가물을 채취, 제조, 수입, 가공, 조리, 저장, 소분, 운반 또는 판매하거나 기구 또는 용기, 포장을 제조, 수입, 운반, 판매하는 업(농업과 수산업에 속하는 식품 채취업은 제외)

⑧ 영업자 : 영업허가를 받은 자나 영업신고를 한 자 또는 영업등록을 한 자

⑨ 위해 : 식품, 식품첨가물, 기구, 용기, 포장에 존재하는 위험요소로서 인체 건강을 해치거나 해칠 우려가 있는 것

⑩ 집단 급식소 : 영리를 목적으로 하지 아니하면서 특정 다수인(50명 이상)에게 계속하여 음식물을 공급하는 다음의 어느 하나에 해당하는 곳의 급식시설로서 대통령령으로 정하는 시설(기숙사, 학교, 병원, 사회복지시설, 산업체, 국가 지방자치단체 및 공공 기관, 그 밖의 후생기관 등)

(3) 시행규칙 제49조(건강진단 대상자)

① 건강진단을 받아야 하는 사람은 식품 또는 식품첨가물(화학적 합성품 또는 기구 등의 살균·소독제는 제외한다)을 채취·제조·가공·조리·저장·운반 또는 판매하는 일에 직접 종사하는 영업자 및 종업원으로 한다. 다만, 완전히 포장된 식품 또는 식품첨가물을 운반하거나 판매하는 일에 종사하는 사람은 제외한다.

② 제1항에 따라 건강진단을 받아야 하는 영업자 및 그 종업원은 영업 시작 전 또는 영업에 종사하기 전에 미리 건강진단을 받아야 한다.

(4) 영업에 종사하지 못하는 질병의 종류

① 「감염병의 예방 및 관리에 관한 법률」에 따른 제2급 감염병(장티푸스)

② 「감염병의 예방 및 관리에 관한 법률」에 따른 결핵(비감염성인 경우는 제외)

③ 피부병 또는 그 밖의 화농성질환

④ 후천성면역결핍증(성병에 관한 건강진단을 받아야 하는 영업에 종사하는 사람만 해당)

2) HACCP

HACCP(Hazard Analysis and Critical Control Point)이란?

해썹은 위해요소분석(Hazard Analysis)과 중요관리점(Critical Control Point)의 영문 약자로서 해썹 또는 식품안전관리인증기준이라 한다.

출처 : 한국식품안전관리인증원

위해요소 분석이란 "어떤 위해를 미리 예측하여 그 위해요인을 사전에 파악하는 것"을 의미하며, 중요관리점이란 "반드시 필수적으로 관리하여야 할 항목"이란 뜻을 내포하고 있다. 즉 해썹(HACCP)은 위해 방지를 위한 사전 예방적 식품안전관리 체계를 말한다. 해썹(HACCP) 제도는 식품을 만드는 과정에서 생물학적, 화학적, 물리적 위해요인들이 발생할 수 있는 상황을 과학적으로 분석하고 사전에 위해요인의 발생 여건들을 차단하여 소비자에게 안전하고 깨끗한 제품을 공급하기 위한 시스템적인 규정을 말한다. 결론적으로 해썹(HACCP)이란 식품의 원재료부터 제조, 가공, 보존, 유통, 조리단계를 거쳐 최종소비자가 섭취하기 전까지의 각 단계에서 발생할 우려가 있는 위해요소를 규명하고, 이를 중점적으로 관리하기 위한 중요관리점을 결정하여 자율적이며 체계적이고 효율적인 관리로 식품의 안전성을 확보하기 위한 과학적인 위생관리체계라고 할 수 있다. 해썹(HACCP)은 전 세계적으로 가장 효과적이고 효율적인 식품 안전 관리 체계로 인정받고 있으며, 미국, 일본, 유럽연합, 국제기구(Codex, WHO, FAO) 등에서도 모든 식품에 해썹을 적용할 것을 적극적으로 권장하고 있다.

(1) 용어의 정의

• HACCP은 모든 식재료의 구매, 검수부터 식재료 보관, 전처리, 조리, 운반, 배식, 퇴식, 세척, 정리정돈의 전 과정에서 발생할 수 있는 위해를 사전에 예방하기 위하여 각 과정을 중점적으로 관리하는 위생시스템을 말한다.

• **위해요소(Hazard)분석** 식품위생법 제4조(썩었거나 상하였거나 설익은 것, 유독 유해 물질이 들어 있거나 묻어 있는 것 또는 그 염려가 있는 것, 병원미생물에 의하여 오염되었거나 그 염려가 있는 것, 불결하거나 다른 물질의 혼입 또는 첨가 및 기타 사유로 인체의 건강을 해칠 우려가 있는 것)의 규정에서 정하고 있는 생물학적, 화학적 또는 물리적 요소를 말한다.

• **예방조치(Preventive measures)** 위해를 예방하거나 제거 또는 감소시키는 데 필요한 수단을 말한다.

• **위해분석(Hazard analysis)** 위해요소가 어떤 식재료 또는 조리공정 단계에서 발생하는가를 분석하는 과정이나 절차로서 이에는 위해요소 종류와 그 유래 규명, 실제 발생 가능성 평가 및 적절한 예방조치 강구 등의 활동이 포함된다.

- **중요관리점(Critical control point, 이하 CCP라 한다.)** HACCP시스템을 적용하여 식품의 위해요소를 예방하거나 허용 수준으로 감소시키기 위하여 중점적으로 관리해야 할 지점, 공정 또는 절차이다.
- **CP(Control point)** HACCP시스템을 적용하여 식품의 위해와 관계없는 일상적으로 관리해야 할 지점, 공정 또는 절차를 말한다.
- **한계기준(Critical limit)** 해당 CCP에서 식품의 위해가 일어날 수 있는 위험을 최소화하기 위하여 관리하여야 할 물리적 · 생물학적 · 화학적 변수의 최대 또는 최저값을 말한다.
- **관리기준(Control limit)** 해당 CP에서 위해가 한계치대로 관리되고 있는지를 판단하는 관리항목과 그 기준을 말한다.
- **공정흐름도(Flow diagram)** 일련의 조리작업 과정을 도식적으로 표현한 것을 말한다.
- **모니터링(Monitoring)** 관리항목이 한계기준이나 관리기준대로 관리되고 있는지를 평가하는 일련의 계획된 관찰이나 수단을 말한다.
- **개선조치(Corrective action)** 모니터링 결과, 관리항목이 한계기준이나 관리기준을 벗어났을 때 취하는 조치를 말한다.
- **검증(Verification)** CCP를 포함한 HACCP시스템이 적절히 확립되었는지를 확인하는 절차를 말한다.
- **감사(Auditing)** CCP를 포함한 HACCP시스템이 적절히 운용되고 있는지를 평가하는 절차를 말한다.
- **HACCP 계획** 식재료나 공정별로 위해 종류와 관리기준을 제대로 준수하는지를 확인하기 위하여 CCP를 관리하고 모니터링에 사용될 절차와 빈도를 확인하는 일련의 계획과 개선조치 방법이 규정된 일람표를 말한다.
- **오염구역** 식품오염(생물학적, 화학적, 물리적 오염)이 일어날 수 있는 장소로서 검수구역, 전처리구역, 세척구역 등을 말한다.
- **비오염구역** 식품조리 과정상 오염되어서는 안 되는 장소 또는 오염에 대한 차단장치 및 기계가 설치된 장소나 구간, 즉 생물학적, 화학적, 물리적 위해요소가 관리되는 구역으로써 조리구역, 배식구역 등을 말한다.
-

(2) HACCP의 12단계 7원칙

- 1단계 : **HACCP팀 구성**. HACCP을 진행할 팀을 설정하고, 수행할 업무와 담당을 기재한다.

- 2단계 : **생산제품 설명서 작성**. 생산하는 모든 제품에 대해 설명서를 작성한다. 제품명, 제품유형 및 성상, 제조단위, 완제품규격, 보관 및 유통방법, 포장방법, 표시사항 등이 해당된다.

- 3단계 : **용도확인**. 제품의 의도된 사용방법 및 대상 소비자를 확인, 섭취방법 및 조리가공 다른 식품의 원료사용 여부, 예측 제품에 포함될 잠재성을 가진 위해 물질에 민감한 대상 소비자를 파악하는 단계이다.

- 4단계 : **공정흐름도 작성**. 원료 입고에서부터 완제품의 출하까지 모든 공정 단계를 파악하여 흐름도를 작성한다. 모든 공정별 위해요소의 교차오염 또는 2차 오염 증식 등을 파악하는 데 중요하다.

- 5단계 : **공정흐름도 현장 확인**. 작성된 공정과정이 현장과 일치하는지를 검증하는 단계. 작성된 공정흐름도, 공정별 가공방법, 작업장평면도가 현장과 일치하는지 확인한다.

- 6단계(1원칙) : **위해요소분석**. 원·부재료 및 제조공정 중 발생 가능한 잠재적인 위해요소 도출 및 분석하는 단계로 원료, 제조공정 등에 대해 생물학적, 화학적, 물리적인 위해요소를 분석한다.

- 7단계(2원칙) : **중요관리점(CCP)결정**. HACCP을 적용하여 확인된 위해요소를 방지, 제어하거나 안전성을 확보할 수 있는 단계 또는 공정을 결정하는 단계이다.

- 8단계(3원칙) : **중요관리점(CCP) 한계기준 설정**. 결정된 중요관리점에서 위해를 방지하기 위해 한계기준을 설정하는 단계로, 육안 관찰이나 측정으로 현장에서 쉽게 확인할 수 있는 수치 또는 특정 지표로 나타내어야 한다(온도, 시간, 습도).

- 9단계(4원칙) : **중요관리점(CCP) 모니터링 체계 확립**. 중요관리점에서 해당하는 공정이 한계기준을 벗어나지 않고 안정적으로 운영되도록 관리하기 위해 종업원 또는 기계적인 방법으로 수행하는 일련의 관찰 또는 측정할 수 있는 모니터링 방법을 설정한다.

- 10단계(5원칙) : **개선조치 방법수립**. HACCP 시스템이 적절하게 운영되고 있는지를 확인하기 위한 검증 방법을 설정하는 것으로 현재의 HACCP 시스템이 설정한 안전성

과 목표를 달성하는 데 효과적인지, 관리가 계획대로 실행되는지, 관리계획의 변경 필요성이 있는지 등을 체크한다.

- 11단계(6원칙) : **검증절차 및 방법 수립.** HACCP 시스템이 유효하게 운영되고 있는지 확인할 수 있는 방법을 수립하고 한계기준을 벗어날 경우 취해야 할 개선 조치를 사전에 설정하여 신속하게 대응할 수 있도록 방안을 수립한다.
- 12단계(7원칙) : **문서화 및 기록 유지 설정.** HACCP 체계를 문서로 만드는 효율적인 기록 유지(HACCP 운영 근거 확보) 및 문서관리 방법을 설정하는 것으로 이전에 유지 관리하고 있는 기록을 우선 검토하여 현재의 작업 내용을 쉽게 통합한 가장 단순한 것으로 한다.

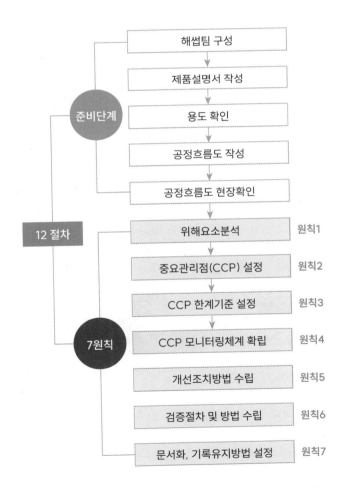

출처 : 한국식품안전관리인증원

3) 중요관리점(Critical Control Points, CCP)

파악된 위해요소를 예방, 제거 또는 허용 가능한 수준까지 감소시킬 수 있는 최종 단계 또는 공정을 말한다. 중요관리점 결정도를 이용하며, 위해 요소의 위해 평가 결과, 중요 위해로 선정된 위해요소에 대하여 적용한다.

4) HACCP 도입 효과

체계적인 위생관리 체계의 구축

기존의 정부주도형 위생관리에서 벗어나 자율적으로 위생관리를 수행할 수 있는 체계적인 위생관리시스템의 확립이 가능합니다.

위생적이고 안전한 식품의 제조

예상되는 위해요인을 과학적으로 규명하여 이를 효과적으로 제어함으로써 위생적이고 안전성이 충분히 확보된 식품의 생산이 가능해집니다.

위생관리의 효율성 도모

모든 단계를 광범위하게 관리하는 것이 아니라 위해가 발생될 수 있는 단계를 사전에 집중적으로 관리함으로써 위생관리체계의 효율성을 극대화시킬 수 있습니다.

집중적인 위생관리

HACCP 적용 초기에는 시설·설비 보완 및 집중적 관리를 위한 많은 인력과 소요 예산증대가 예상되나 장기적으로는 관리인원의 감축, 관리요소의 감소 등이 기대되며 제품불량률, 소비자불만, 반품·폐기량 등의 감소로 궁극적으로는 경제적인 이익의 도모가 가능해집니다.

업체측면

회사의 이미지 제고와 신뢰성 향상

HACCP적용업소에서는 HACCP 적용 품목에 대한 HACCP마크 부착과 이에 대한광고가 가능하므로 소비자에 의한 회사의 이미지와 신뢰성이 향상됩니다.

안전한 식품을 소비자에게 제공

HACCP 시스템을 통하여 생산된 제품은 안전성을 최대한 보장하였다고 볼 수 있으므로 소비자들이 안심하고 드실 수 있습니다.

소비자측면

식품선택의 기회제공

제품에 표시된 HACCP 마크를 통하여 소비자 스스로가 판단하여 안전한 식품을 선택할 수 있습니다.

출처 : 한국식품안전관리인증원

소독 및 화학물질 안전관리

9장

소독 및 화학물질 안전관리

급식기구, 용기 및 음식이 접촉되는 표면에 존재하는 미생물을 안전한 수준으로 감소시키는 것을 말한다.

1) 소독 시 유의사항

① 미생물을 안전한 수치로 감소시키기 위한 소독제의 선택, 농도, 담금시간을 결정한다.
② 사용 방법을 반드시 숙지하여 사용한다.
③ 소독액은 미리 만들어놓으면 효과가 떨어지므로 1일 1회 이상 제조한다.
④ 사용 전 test paper를 사용하여 농도를 확인한다.
⑤ 소독제는 반드시 식품과 구분하여 안전한 장소에 보관한다.
⑥ 기구류를 염소 소독했을 때는 씻은 후에 사용한다.
⑦ 차아염소산나트륨을 식품 소독용으로 사용하는 경우 식품첨가물이라고 표시되어 있는 제품을 사용해야 한다.
⑧ 식기류나 식품 조리기구의 세척·소독 시에는 차아염소산나트륨, 요오드, 에틸알코올 등을 사용한 후 세척제가 잔류하지 않도록 음용에 적합한 물로 씻어야 한다.

2) 소독의 종류 및 방법

식기, 행주, 소도구, 작업대, 기기, 도마, 생채소, 과일 등 주방에서 사용되는 물품과
재료들의 소독의 종류와 방법은 [표 9-1]과 같다.

◆ 표 9-1 소독의 종류 및 방법

종류	대상	소독방법	비고
자비소독 (열탕소독)	식기 행주	• 열탕에서는 100℃ 5분 이상 • 증기소독 : 100~120℃에서 10분 이상 • 재질에 따라 　– 금속재 : 100℃ 5분, 80℃ 30분 　– 사기·토기 : 80℃ 1분 　– 천류 : 70℃ 25분, 95℃ 10분, 160~180℃ 15~16초	그릇을 포개서 소독할 경우 끓이는 시간을 연장
건열소독	식기	• 160~180℃에서 30~45분간	
자외선 소독	소도구 용기류	• 살균력이 가장 강한 2,537Å의 자외선에서 30~60분간 조사 • 기구 등을 포개거나 엎어서 살균하지 말고 자외선이 바로 닿도록 배치	자외선은 빛이 닿는 부분만 살균됨에 유의
화학소독	작업대 기기 도마 생채소 과일	• 염소용액 소독 　– 생채소·과일의 소독 : 50~75ppm의 유효염소가 함유된 염소용액에 최소 5분간 침지 　– 발판소독조 : 100ppm 이상 　– 식품 접촉면의 소독 : 100ppm 1분 이상 • 요오드용액(기구·용기 소독) 　– pH 5 이하, 실온, 요오드 25ppm이 함유된 용액에 최소 1분 침지 • 70% 에틸알코올 소독(손·용기 등) 　– 분무하여 건조 • 기타 소독제 　– 소독제의 용도와 희석배율에 맞게 사용	세척제가 잔류하지 않도록 음용에 적합한 물로 씻은 후 사용

3) 소독액 제조법

(1) 차아염소산나트륨

• 식품접촉기구 표면소독 : 100ppm

- 채소, 과일의 소독 : 50~75ppm
- 소독제 농도 환산법

신발 소독조의 활용

$$\frac{희석농도(ppm)}{1,000,000} = \frac{소독액의\ 양(ml)}{물의\ 양(ml)} \times 소독액의\ 유효염소농도(\%)$$

예) 락스(유효염소 4%)를 사용할 때 : 물 2ℓ당 5㎖를 넣으면 ⇒ 유효잔류염소농도 100ppm

(2) 요오드

- 도마, 칼 등 식품접촉기구 표면 소독 : 25ppm

  예) 요오드액(1.75% 농도)을 사용할 때 : 물 1ℓ당 1.5㎖를 넣으면 ⇒ 요오드 25ppm

(3) 알코올

- 도마 · 장갑 · 손 및 기구 소독

  예) 에틸알코올(99% 농도)을 사용할 때 : 에틸알코올 7컵＋물 3컵 ⇒ 70% 알코올

4) 기구 세척·소독 방법

(1) 세척 및 소독의 일반원칙

- 세척하기 전에 소독이 끝난 용기 받침 선반 등 필요기구를 미리 준비한다.
- 수동으로 세척 및 소독을 할 경우
  - 1단계 : 40℃ 정도의 먹는 물로 기구 및 용기에 붙은 음식물 찌꺼기를 씻어내고 애벌 세척한다.
  - 2단계 : 수세미에 세제를 묻혀 이물질을 완전히 닦아낸다.
  - 3단계 : 40℃ 정도의 흐르는 물에 세제를 충분히 씻어낸다.
  - 4단계 : 열탕 · 약품 · 자외선 소독 등 적절한 방법으로 소독한다.
- 식기세척기를 사용할 경우 음식물 찌꺼기를 제거한 후 식기세척기에 급식기구 및 용

기를 투입하면 세척·헹굼·소독이 자동으로 이루어진다.

- 소독 후에는 식품 접촉면을 공기로 건조하거나 청결히 보관할 수 있는 찬장이나 보관고에 넣어둔다. (가급적 행주를 사용하지 않는다.)

(2) 식품과 직접 접촉하는 기구의 세척 및 소독방법

식품과 접촉하는 조리대, 도마, 가스, 기기류, 냉장·냉동고 및 전기 소독고, 행주, 고무장갑, 수세미, 저울, 식기세척기의 세척 및 소독 방법은 [표 9-2]~[표 9-10]과 같다.

☀ 표 9-2 조리대(검수대, 작업대, 싱크대) 및 세미기, 무침기

구분	방법 및 주기	비고
세척	• 주기 : 1회/일 이상, 사용 후 • 세제 : 중성, 약알칼리성 세제 • 방법 – 주변을 정리한 후 40℃ 정도의 먹는 물로 씻는다. – 수세미에 세제를 묻혀 상단, 옆부분, 받침대를 포함한 아래 부분을 골고루 문지른다. – 작업찬장의 경우 구석, 모서리 부분까지 깨끗이 씻어낸다. – 40℃ 정도의 먹는 물로 잔류세제를 닦아낸다. – 물 빠짐이 안 되는 경우(찬장 등) 청결한 행주를 사용하여 물기를 닦아낸다.	
소독	• 약품소독 – 요오드액(25ppm) 또는 염소액(100ppm)을 구석까지 빈틈없이 분무하고 1분 이상 자연건조시킨다. – 혹은, 알코올(70%) 분무 후 자연건조시킨다.	

☀ 표 9-3 도마, 칼

구분	방법 및 주기	비고
세척	• 주기 : 사용 후 • 세제 : 중성·약알칼리성 세제 • 방법 – 40℃ 정도의 먹는 물로 깨끗이 씻은 후(도마는 전용솔 이용), 수세미에 세제를 묻혀 잘 씻는다. – 40℃ 정도의 먹는 물로 세제를 씻어낸다.	

구분	방법 및 주기	비고
소독	• 약품소독 　– 도마 : 염소액(50ppm)에 장시간 침지 후 먹는 물로 씻어내어 　　건조시킨다. 　– 칼 : 요오드액(25ppm)에 5분 이상 침지 후 먹는 물로 씻어내 　　어 건조시킨다. • 열탕소독 : 100℃에서 5분 이상 소독한다. • 자외선소독 : 자외선 소독고에 30~60분간 소독한다. • 소독 후 청결한 보관고에 보관한다.	• 소독조에 담가두는 　것도 가능 • 열탕소독 가능

🌢 표 9-4 가스, 기기류(가스그릴 등)

구분	방법 및 주기	비고
세척 및 소독	• 주기 : 1회/주, 사용 후 • 세제 : 중성세제 • 방법 　– 가스밸브를 모두 잠근다. 　– 상판이나 외장은 사용할 때마다 세척한다.(물이 들어가지 않도 　　록 주의) 　– 버너 밑에 있는 물 받침대, 용기 받침대 등 분리가 가능한 것은 전 　　부 분리하여 세제를 사용하여 세척한다. 　– 세척액을 헹군 후 건조시킨다.(기름을 발라 녹이 슬지 않도록 함) 　– 가스 호스, 콕, 가스개폐 손잡이 등에는 기름때 제거용 세제를 분 　　무하여 지시된 시간만큼 방치했다가 뜨거운 물을 천에 적셔 닦 　　아낸다. 　– 버너는 불구멍이 막히지 않도록 솔을 사용하여 가볍게 닦는다.(먼 　　지, 물이 들어가지 않도록)	

🌢 표 9-5 냉장 · 냉동고 및 전기 소독고

구분	방법 및 주기	비고
세척 및 소독	• 주기 : 1회/주 • 세제 : 중성, 약알칼리성 세제 • 방법 　– 전원을 차단한다. 　– 냉장고의 내용물은 다른 냉장고로 옮긴 후 성에를 제거한다.(식기 　　소독 보관고는 식기를 넣기 전 비어 있을 때 세척한다) 　– 선반을 분리한 후 스펀지에 세제를 묻혀 냉장고 내벽, 문, 선반을 　　닦고 40℃ 정도의 먹는 물로 씻어낸다. 　– 염소소독(100ppm)한 후 깨끗한 젖은 행주로 씻어내고 소독된 　　행주로 물기를 닦아낸다. 　– 기계부분의 먼지나 더러움은 매일 제거해서 항상 청결한 상태 　　를 유지한다.	• 냉장고 : 수시로 냉 　장·냉동온도 점검 • 전기소독고 : 온도 　조절기, 표시등, 고 　무패킹, 히터상태, 　작동이상

표 9-6 행주

구분	방법 및 주기	비고
세척 및 소독	• 주기 : 1회/일 이상 • 세제 : 중성, 약알칼리성 세제 • 방법 　- 사용한 행주를 흐르는 물에 3회 정도 씻는다. 　- 세척제로 세탁하여 흐르는 물 또는 40℃ 정도의 먹는 물로 세척제를 씻어낸다. 　- 행주 전용 냄비에 넣어 100℃에서 10분 이상 삶는다. 　- 청결한 장소(일광, 바람이 잘 통하는 곳)에서 건조	• 가급적 사용을 제한하며, 용도를 구분하여 사용 • 전용 보관고에 용도별로 수납

표 9-7 고무장갑

구분	방법 및 주기	비고
세척 및 소독	• 주기 : 작업 전환 시마다, 개인위생 준수사항에 따라 • 세제 : 중성세제 • 방법 　- 흐르는 물에 손을 비비며 씻어 이물질을 제거한다. 　- 세제를 묻혀 팔목 부분까지 안과 밖을 닦는다. 　- 손바닥 면의 요철이 있는 부분은 전용솔을 사용하여 깨끗이 씻는다. 　- 40℃ 정도의 온수로 깨끗이 헹군다. 　- 염소소독(100ppm) 또는 요오드(25ppm), 알코올(70%) 분무 후 자연건조시킨 후 청결한 보관고에 겹치지 않도록 보관한다.	• 전처리용, 조리용, 세척용으로 구분하여 사용

표 9-8 수세미

구분	방법 및 주기	비고
세척 및 소독	• 주기 : 1회/일 이상, 필요시마다 • 세제 : 중성·약알칼리성 세제 • 방법 　- 사용한 수세미는 먹는 물로 씻은 후 세정용액에 담근다. 　- 40℃ 정도의 먹는 물로 세제를 헹구어낸다. 　- 전용 용기에 열탕소독(100℃에서 5분 이상)한다. 　- 충분히 탈수한 후 청결한 장소에서 건조(일광이 적당하지 않을 경우 통풍이 잘 되는 곳)한다.	• 식기세척용, 조리기구용, 청소용으로 구분 사용, 관리한다.

표 9-9 저울

구분	방법 및 주기	비고

세척 및 소독	• 주기 : 1회/일 이상, 필요시마다
	• 세제 : 중성·약알칼리성 세제
	• 방법
	  – 받침대와 바퀴에 주의하여 표면의 찌꺼기를 40℃ 정도의 먹는 물로 헹구어낸다.
	  – 세제를 스펀지로 문지르고 깨끗한 젖은 행주로 씻어낸다.
	  – 요오드(25ppm) 소독을 한 후 건조시킨다.
	  – 전자저울 : 표면의 찌꺼기를 먹는 물로 씻어내고 행주에 세제를 묻혀 오물을 닦아낸 후 깨끗한 행주에 먹는 물을 적셔 세제를 제거한다.(70% 알코올 분무 소독)
		• 전자저울 세척 시 내부로 물이 들어가지 않도록 주의

표 9-10 식기세척기

구분	방법 및 주기	비고

세척 및 소독	• 주기 : 1회/일 이상
	• 세제 : 중성·약알칼리성 세제
	• 방법
	  – 오물여과 받침, 커튼 등을 분리해 세제로 청소한다.
	  – 찌꺼기가 남기 쉬운 세척기 내·외부를 호스를 이용하여 청소한다.
	  – 세척기 내 노즐은 정기적으로 청소하여 물 분사가 용이하도록 한다
	  – 커튼은 염소소독(100ppm)을 한다.
	  – 건조, 환기를 위하여 측면을 열어둔다.
		• 스케일 제거
		• 물을 받고 세척기 안에 스케일 제거제를 끼얹은 후 10~20분 정도 스팀을 올려준다.

1 주방에서 사용하는 화학물질 안전관리

주방에서 근무하는 종사원은 주방에서 사용하는 각종 세제 등 화학물질에 대한 명칭, 유성분, 취급 방법 등을 알고 있어야 한다. 또한 화학물질은 지정된 별도의 장소에 안전하게 보관하고 관리해야 하며, 자료는 작업장 내에 게시해 놓아야 한다(그림 9-1).

물질안전보건자료(MSDS, Material Safety Data Sheet)는 미국 노동부 산하 노동안전위생국(OSHA, Occupational Safety & Health Administration)이 1983년 약 600여 종의 화학물질이 작업장에서 일하는 근로자에게 유해하다고 여겨서 이들 물질의 유해기준을 마련하고자 한 것에서 기인하였다.

국내는 「산업안전보건법」 제41조(물질안전보건자료의 작성 · 비치 등)에 근거하여 화학물질을 제조, 수입, 사용, 운반, 저장하고자 하는 사업주가 MSDS를 작성 비치하고, 화학물질이 담긴 용기 또는 포장에 경고 표지를 부착하여 유해성을 알리며, 근로자에게 안전보건교육을 실시하는 제도로써, 화학물질로부터 근로자의 안전과 건강을 보호하고 사고에 신속하게 대응하도록 1996년 7월 1일부터 시행된 제도이다.

1. 산업안전보건법 제41조 : 사업주는 화학물질을 제조, 수입, 사용, 운반, 저장하고자 하는 경우 MSDS를 작성 비치하고, 화학물질이 담겨 있는 용기 또는 포장에 경고 표지를 부착하여 유해성을 알리며, 근로자에게 안전보건교육을 실시해야 한다. 물질안전보건자료를 취급 근로자가 쉽게 볼 수 있는 장소에 게시한다.
   ☞ 물질안전보건자료 미비치할 경우 과태료 500만 원 부과(시행규칙 제72조 4항)
2. MSDS 정의 : 의약품을 구입하면 그 성분 및 함량, 효능, 부작용 등을 알려주는 설명서가 함께 있듯이 우리가 취급, 사용하는 화학물질도 안전한 사용을 위한 유해, 위험 정보 자료가 함께 제공되는데 이것을 물질안전보건자료(MSDS)라 한다. 즉 화학물질에 대한 취급설명서이다.
3. 시행규칙 제92조의4 경고 표시 의무 : 사업주는 화학물질을 함유한 제제 단위로 경고 표지를 작성하여 화학물질 공정, 용기에 부착해야 하며, 취급하는 작업공정별로 관리요령을 게시해야 한다.
   ☞ 경고표시 미부착할 경우 과태료 300만 원 부과(시행규칙 제72조 4항)

▲ MSDS

▲ 보호구

▲ 경고표지 부착

▲ 약품 취급장소 MSDS 관리

그림 9-1 주방 화학물질 안전관리 방법

2 MSDS 무엇이 달라지나요?

화학물질의 분류 기준 및 경고표지의 그림문자가 국제적으로 [그림 9-2]와 같이 통일되었다.

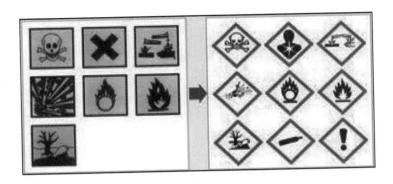

그림 9-2 화학 경고표지 그림문자

1. 내가 사용하는 물질이 무엇이고 어떤 독성이 있는지 제대로 알고 있어야 한다.

2. 공기 중에 화학물질이 섞이지 않도록 약품 용기 뚜껑을 잘 닫아야 한다.

3. 환기시설을 잘 가동해 작업장의 공기를 깨끗하게 유지시켜야 한다.

4. 개인용 위생 보호구를 착용하도록 한다(방독 마스크, 보안경, 보호 장갑 등).

5. 정기적으로 건강검진을 받아야 한다(특수검진 대상 물질 취급 시에는 배치 전 검진과 특수검진 시행함).

3 레스토랑, 카페에서 사용하는 약품의 종류(주방 & 매장 약품현황)

1) 주방에서 사용하는 약품의 종류

① 솔리테어(성분 : 도데실벤젠설폰산나트륨) : 식품 접촉 용기 기구 세척제

② 데타판골드(성분 : 계면활성제) : 과일, 야채 및 식기용 세척제

③ 베지와시(성분 : 차아염소산나트륨) : 야채, 과일, 식품 관련 기구, 용기, 포장 등 살균 소독제

④ 오아시스컴팩콴새니타이저(성분 : 염화 N-알킬디메틸벤질암모늄) : 식품용 기구 등의 살균 소독제

⑤ AB폼핸드솝(성분 : 도데실황산나트륨) : 손소독 및 세척제

2) 매장(홀)에서 사용하는 약품의 종류

① 오아시스컴팩콰새니타이저(성분 : 염화 N-알킬디메틸벤질암모늄) : 식품용기구 등의 살균 소독제
② 베지와시(성분 : 차아염소산소다) : 야채, 과일 세척 및 소독 기구, 용기, 포장 살균소독제
③ AB폼핸드솝(성분 : 도데실황산나트륨) : 손소독 및 세척제
④ AB크린앤스무스(성분 : 도데실황산나트륨) : 전 직원 손소독 및 세척제 각 층 화장실 비치
⑤ 유해 위험성 : 피부와 눈에 자극을 일으킴 / 섭취 - 위통, 메스꺼움, 구토 유발함 / 흡입 - 폐와 기도에 자극을 일으킴

3) 응급조치 요령

① 눈에 들어갔을 때 : 즉시 다량의 흐르는 찬물로 씻어내고 콘택트렌즈를 제거한 뒤 눈꺼풀을 들고 계속해서 15분 이상 씻어낼 것. 전문의의 진료를 받을 것
② 피부에 접촉했을 때 : 오염된 옷과 신발을 벗고 즉시 다량의 흐르는 찬물로 15분 이상 씻어낼 것
③ 먹었을 때 : 즉시 입안을 헹구어내고 1~2컵의 물 또는 우유를 마실 것. 절대 토하지 말 것. 의식 없을 때 아무것도 주지 말 것 / 흡입했을 때 - 즉시 신선한 공기가 있는 곳으로 이동할 것

4) 취급 및 저장 방법

① 안전 취급요령 : 보안경, 고무장갑 등의 보호구를 착용하고 취급할 것
② 보관 방법 : 통풍이 잘 되고 안전한 창고에 보관할 것

4 화학제품 창고 관리

화학제품을 잘 못 보관하는 경우 안전상의 문제를 일으킬 수 있기 때문이며, 식재료에 첨가되면 심각한 문제를 일으킬 수 있으므로 별도 보관해야 한다.

라벨링을 하는 데 있어서 특히 화학제품의 라벨에 올바르지 못한 정보를 기재하는 것은 음식의 오염뿐 아니라 고객과 직원의 심각한 식품 매개 질병을 발생시킬 수 있다.

1) 화학 창고(Storage)

(1) 화학제품은 음식, 음식을 포장한 용기, 다른 기물들과는 완전히 별도로 보관되어야 한다.
(2) 화학제품은 체계적인 방법을 사용하여 보관되어야 한다.
(3) 화학제품을 보관하는 장소는 깨끗하고, 건조하고, 시원해야 하며 환기가 잘 되고 직사광선을 피할 수 있는 곳이어야 한다.

2) 특별보관(Special Storage)

산성, 알칼리인 제품은 특별히 신경을 써서 보관해야 한다. 염소와 산이 만나면 독성 가스를 분출하기 때문이다.

3) 라벨링(Labeling)

모든 화학제품은 이름이 적힌 라벨을 부착해야 한다.

4) 기록(Recording)

모든 화학제품의 안전 기록 문서는 보관되어야 한다.

5) 관리(Handling)

(1) 화학제품을 보관하는 장소에서는 안전 보호장구(고글, 장갑, 코트 등)를 착용해야 한다.

(2) 흡연은 금지된다.

(3) 승인된 직원만 출입할 수 있다.

5 물질안전보건자료

물질안전보건자료란 화학물질에 대하여 유해위험성, 응급조치요령, 취급방법 등 16가지 항목에 대해 상세하게 설명해 주는 자료를 말한다. ILO의 「화학물질조약」(제170호 조약)에서는 CSDS(Chemical Safety Data Sheet)라는 용어로 사용된다. 산업안전보건법 제41조의 규정에 따라 화학물질을 제조, 수입, 사용, 저장, 운반하고자 하는 자는 MSDS를 작성, 비치 또는 게시하고, 화학물질을 양도 또는 제공하는 자는 MSDS를 함께 제공토록 하고 있다.

| 물질안전보건자료에 기재된 16가지 항목 |

1. 화학제품과 회사에 관한 정보
2. 구성 성분의 명칭 및 함유량
3. 위험 · 유해성
4. 응급조치 요령
5. 폭발 · 화재 시 대처 방법
6. 누출사고 시 대처 방법
7. 취급 및 저장 방법
8. 노출 방지 및 개인보호구
9. 물리 · 화학적 특성
10. 안정성 및 반응성
11. 독성에 관한 정보
12. 환경에 미치는 영향
13. 폐기 시 주의사항
14. 운송에 필요한 정보
15. 법적 규제 현황
16. 기타 참고사항

6 화학물질 취급자 5대 수칙

1. 내가 사용하는 물질이 무엇이고 어떤 독성이 있는지 제대로 알고 있어야 한다.
2. 공기 중에 화학물질이 섞이지 않도록 약품 용기 뚜껑을 잘 닫아야 한다.
3. 환기시설을 가동해 작업장의 공기를 깨끗하게 유지시켜야 한다.
4. 개인용 위생 보호구를 착용하도록 한다. (방독마스크, 보안경, 보호장갑 등)
5. 정기적으로 건강검진을 받아야 한다. (특수검진 대상 물질 취급 시에는 배치 전 검진과 특수검진을 시행하여야 한다.)

7 MSDS 교육실시 시기

1. 새로운 품목의 화학물질을 취급시키고자 하는 경우
2. 신규 채용자를 대상 화학물질 취급 작업에 종사시키고자 하는 경우
3. 작업 전환하여 대상 화학물질에 노출될 수 있는 작업에 종사시키고자 하는 경우
4. 대상 화학물질을 운반 또는 저장시키고자 하는 경우
5. 기타 대상 화학물질로 인한 사고 발생의 우려가 있다고 판단되는 경우

8 MSDS 교육 내용

1. 작업장 내 대상 화학물질의 종류와 그 유해성
2. 작업장 내 대상 화학물질의 누출 또는 취급
3. 긴급대피요령, 응급처치 방법 등 물질안전보건 자료상의 주요 내용
4. MSDS와 경고 표지를 읽고 이해하는 방법

5. 근로자에 대한 노출을 알아내는 방법

9 MSDS 보관 비치 장소

1. 유해화학물질 취급 작업공정 내
2. 사고나 자료상의 주요 내용
3. 직업병 발생 우려 장소
4. 사업장 내 근로자가 가장 보기 쉬운 장소

10장

식품첨가물

10장

식품첨가물

다양한 가공식품에 사용되고 있는 식품첨가물은 자연에서 얻은 천연재료만으로는 식품의 맛을 내는 데 한계가 있고, 오래 보관하기도 어렵다는 단점으로 인하여 오랫동안 전 세계적으로 많은 종류의 식품첨가물을 개발하여 사용하고 있다.

누구나 가공식품을 통해 식품첨가물을 섭취하기 때문에 대부분의 국가에서는 식품첨가물의 안전성을 평가하기 위하여 여러 가지 시험과 절차를 거쳐 안전성이 확인된 식품첨가물에 한하여 기준 및 규격을 정하여 사용하도록 권장하고 있다.

우리나라는 식품의약품안전처가 식품첨가물의 신규 지정 및 사용 기준 설정, 주기적인 식품첨가물 섭취 수준 모니터링, 국제 기준과의 조화를 통한 안전관리, 대국민 맞춤형 정보 제공 등을 통하여 식품첨가물을 관리하고 있다.

1 식품첨가물의 정의

식품을 조리, 가공 또는 제조하는 과정에서 식품의 상품적 가치의 향상, 식욕 증진, 보존성, 영양강화 및 위생적 가치를 향상할 목적으로 식품에 첨가되는 화학적 합성품으로 우리나라 식품위생법 제2조 제2항에서는 '첨가물이란 식품을 제조, 가공 또는 보존하는 데 있어 식품에 첨가, 혼입, 침윤 기타의 방법으로 사용되는 물질을 말한다.'라고 정의하고 있다. 나라별 식품첨가물 관리 현황은 다음과 같다.

1. 우리나라에서 현재 식품첨가물로 허가된 품목은 화학적 합성품 370여 종, 천연첨가물 50여 종 등 전체적으로 약 600여 개이고 식품의약품안전처에서는 식품첨가물의 사용기준과 규격을 국제 기준인 Codex, EU 등의 기준에 부합하도록 정하고 있다. 식품첨가물은 식품의 풍미를 높여주고 식품의 부패를 방지하며, 영양소를 강화해 주는 역할을 한다. 이처럼 식품첨가물은 식품을 안전하고 맛있게 먹을 수 있도록 다양한 목적으로 사용되고 있다. 식품첨가물로 많이 사용하는 것으로는 보존료, 살균제, 산화방지제, 착색제, 발색제, 표백제, 조미료, 감미료, 향료, 팽창제, 강화제, 유화제, 증점제(호료), 피막제, 검기초제, 거품억제제, 용제, 개량제 등이 있다. 이처럼 식품첨가물의 정의에서 나타난 식품첨가물은 식품의 구성 성분 이외의 성분으로서 식품에 첨가되는, 사용 목적이 명확한 식품과 공존함으로써 가치성 있는 단독으로는 인간의 섭식과 관계없는 물질로 규정지을 수 있다.

2. 중국은 식품첨가물 사용 표준인 GB 2760-2014에 따라 식품첨가물을 용도별로 21개 유형 및 '기타'로 분류하며, 식품영양강화제 사용 표준인 GB 14880-2012에 따라 영양강화제 37종을 3개 유형으로 구분하고 있으며, 동 표준에 등재된 식품첨가물 및 영양강화제 품목에만 사용범위 및 사용량 등을 준수하여 사용하여야 하고, 식품첨가물 기준·규격에 대한 재평가는 안전성 문제가 존재할 가능성이 있거나 기술적 필요성을 더이상 갖추고 있지 않으면 실시하고 있다.

3. 대만은 「식품첨가물 사용범위 및 제한량, 규격표준」에 따라 총 17개 유형의 791개 식품첨가물을 승인하고 있으며, 동 규정에 등재된 식품첨가물 품목에만 사용범위, 제한량 및 사용제한 등을 준수하여 사용하여야 한다. 식품첨가물 기준·규격에 대한 재평가 관련 규정·지침은 확인되지 않으나 해당 기관 보도자료에서 해외 규범, 안전성 실험 결과 및 국민의식의 리스크평가 결과를 참고하여 심사 후 기준·규격을 재설정하는 것으로 되어 있다.

4. 일본은 식품위생법을 중심으로 식품첨가물 안전성 확보와 관련된 규정을 정하고, 식

품, 첨가물 등의 규격 기준에서는 시험법, 성분규격, 보존기준, 제조기준 사용 기준 등을 정하여 관리하고 있으며, 현재 지정첨가물 455개, 기존첨가물 365개, 천연향료 약 600개, 일반 음식물 첨가물 약 100개가 있는 것으로 조사되었다. 식품첨가물 기준·규격에 대한 재평가는 지속적인 감시를 통해 유해한 영향이 지적되면 실시한다.

5. EU는 식품첨가물에 관한 유럽 규정(EC) No 1333/2008의 '공동체 리스트(Community lists)'에 등재된 식품첨가물에만 정해진 요건에 따라 사용할 수 있으며, 현재 색소 40종, 감미료 19종 및 색소와 감미료 외 기타 식품첨가물 175종 등 총 234종의 식품 첨가물이 등재되어 있다. 식품첨가물 기준·규격에 대한 재평가는 2009년 1월 20일 이전에 사용이 허가된 식품첨가물을 대상으로 우선순위를 정하여 순차적으로 평가하고 있다.

6. 미국은 「연방식품의약품화장품법」 및 관련 하위규정에 근거하여 식품에 직접 또는 간접적으로 첨가되는 식품첨가물, 일반적으로 안전하다고 간주하는(GRAS) 성분, 색소 첨가물, 사전승인 식품 성분 등으로 구분하여 관리하고 있으며, 일부 사용 금지성분에 관해서도 규정하고 있다. 식품첨가물과 색소첨가물은 청원 절차에 따른 승인제, GRAS 성분은 자율 신고제로 관리되며, GRAS 중 사전승인 성분은 첨가물법률 개편 과정에서 규정에 남아 있거나 과학적 재검토가 완료된 성분을 의미한다.

2 식품첨가물의 종류

1) 보존료

미생물에 의한 변질을 방지해 식품 보존 기간을 연장하기 위해 사용되며, 보존료를 사용하지 않는 경우 세균성 식중독이 일어나기 쉬운 햄이나 소시지 등에 주로 첨가되고 있다. 보존료 첨가량은 식품이 일상생활에서 얼마나 많이 사용되는지 그리고 어느 정도의 양이 소비되는지 식품의 종류에 따라 사용량이 다르게 적용된다. 섭취 빈도가 높은 것일수록 첨가량을 적게 제한한다. 방부제로는 소르브산류가 많은 식품에 사용이 허가되고 있는데, 식육 제품, 어육연제품, 땅콩버터, 된장, 고추장, 과일, 채소의 절임류, 잼, 케첩, 유산균음료, 팥 앙금류 등에 쓰인다. 데히드로아세트산은 치즈, 버터, 마가린에 사용이 허가되어 있다. 방미제로는 파라히드록시벤조산에스테르류(일명 paraben이라 한다.)가 간장, 식초, 탄산을 함유하지 않은 청량음료, 과일소스, 과일 및 채소의 표피 등에 허가되어 있고, 프로피온산염은 빵, 양과자에 사용이 허가되어 있다. 그 밖에 살균작용과 세균의 발육억제 작용을 하는 벤조산은 간장과 탄산을 함유하지 않은 청량음료에 허가되고 있다. 살리실산은 살균력이 강하여 오랫동안 주류의 혼탁 방지용으로 사용됐으나 독성이 강하여 최근 사용이 금지되었다.

2) 감미료

식품에 단맛을 부여하기 위해 사용되며, 종류는 자일리톨, 사카린나트륨, 아세설팜칼륨 등이 있고 대표 식품은 청량음료, 유산균음료, 발효유 등이 있다.

3) 산도조절제

식품의 산도나 알칼리를 조절하기 위해 사용되며, 종류는 구연산, 수산화나트륨, 황산, 구연산 등이 있고 대표 식품은 면, 치즈, 발효유 등이 있다.

4) 영양강화제

제조공정 중 손실된 영양소를 복원하거나 영양소를 강화하기 위해 사용되며, 종류는 L-아스코르브산칼륨, 비타민 C 등이 있다. 대표 식품으로는 시리얼, 영양강화 가공식품 등이 있다.

5) 향미증진제

식품의 맛과 향미를 증가시키기 위해 사용되며, 종류는 L-글루탐산나트륨 아미노산계, 핵산계, 유기산계 등이 있고 대표 식품으로는 조미료, 냉동 어묵 등이 있다.

6) 착색료

식품에 색을 부여하거나 복원시키기 위해 사용되며, 종류는 코치닐추출색소 등이 있고 대표 식품으로는 치즈, 버터, 아이스크림 등이 있다.

7) 제조용제

식품의 제조·가공 시 촉매, 침전, 분해 등의 역할을 하는 보조제 식품첨가물이며, 종류는 니켈, 스테아린산, 이온교환수지 등이 있다.

8) 살균제

식품 표면에 미생물을 단시간 내에 사멸시키는 작용을 하는 첨가물이며, 종류는 차아염소산나트륨, 과산화수소, 과산화초산 등이며 대표 식품으로는 과일, 채소, 달걀 등이 있다.

9) 발색제

주로 육류가공품의 발색을 위해 사용하며, 아질산나트륨이 여기에 속한다. 햄, 소시지, 명란젓에 사용한다.

10) 표백제

식품의 색을 표백하고, 보존을 목적으로 사용하며, 아황산나트륨, 차아황산나트륨, 무수아황산 등이 있고 곤약분이나 건조감자, 건조과실류에 사용한다.

11) 팽창제

탄산가스를 발생시켜 부풀리는 역할을 하며, 식품의 촉감을 개선하여 더 부드럽고 더 바삭하게 하는 부분도 있다. 탄산염류, 중탄산염류, 암모니아류가 여기에 속한다. 케이크, 빵, 도넛 등 베이커리에서 주로 많이 사용한다.

12) 안정제(증점제)

식품의 점성을 높이고 촉감을 좋게 하여 맛과 품질을 향상시키며, 수분이 증발하는 것을 차단하는 역할도 한다. 알긴산프로필렌글리콜, 카르복시메틸셀룰로오스칼륨, 변성전분, 알긴산암모늄, 글루코사민, 구아검, 펙틴이 여기에 속하고 발효유, 젤리, 푸딩에 사용한다.

3 식품첨가물의 역할

1) 보존성 향상

식품이 변하거나 상하는 것을 막는다. 많이 사용하는 것으로는 보존료와 산화방지제가 있다. 보존료는 식품을 보관하는 동안 미생물의 성장을 억제해 식품의 부패를 막아주며, 산화방지제는 기름 성분을 함유한 식품의 산화를 방지하거나 속도를 늦춰 품질 저하를 막고 저장기간을 연장한다.

2) 품질 유지 및 향상

대표적인 것으로 영양강화제와 유화제가 있다. 영양강화제는 부족한 영양소를 보충해 균형 잡힌 식품이 되도록 도와주고 유화제는 기름이나 물처럼 혼합되지 않는 두 물질이 분리되지 않고 잘 섞이도록 한다.

3) 조직의 식감 부여 및 유지

식품을 만드는 과정에 필요한 첨가물로 응고제, 팽창제, 증점안정제 등이 있다. 응고제는 식품의 조직을 단단하게 만든다. 주로 액체를 고체화하는 데 사용하며 두부를 만들 때 넣는 간수가 이에 해당한다. 팽창제는 식품을 부풀리는 역할을 하며 가공물의 조직을 향상시키고 적당한 모양을 갖도록 돕는다. 제과·제빵을 만드는 데 주로 사용한다. 증점 안정제는 식품의 점성을 높이고 촉감을 살려 맛과 품질을 향상시킨다.

4) 맛, 색깔, 냄새 향상

대표적인 식품첨가물로는 향미증진제, 착색료, 착향제가 있다. 향미증진제는 식품의 맛과 향을 증진시키는 역할을 하며 그 자체에는 향이 없다. L-글루타민산나트륨(MSG)은 대표적인 향미증진제다. 착색료는 식품 본래의 색을 유지, 강화하거나 새로운 색을 부여한다. 착향료는 식품에 향을 주어 기호도를 높인다.

4 식품첨가물이 갖추어야 할 요건

식품첨가물의 용어 및 정의는 [표 10-1]과 같다.

| 식품첨가물이 갖추어야 할 요건 |

- 인체에 해가 없을 것
- 체내에서 축적되지 않을 것
- 사용하는 방법이 간편할 것
- 소량으로도 충분한 효과가 있을 것
- 물리적·화학적 변화에 안정할 것
- 식품의 영양가를 유지하고 외관을 좋게 할 것

💧 **표 10-1 식품첨가물의 용어 및 정의**

용어	영문명	정의
고결방지제	Anticaking agent	식품의 구성 성분이 서로 엉겨 덩어리를 형성하지 못하도록 하는 식품첨가물
기포제	Foaming agent	액체 또는 고체 식품에 기포를 형성시키거나 균일하게 분산되도록 하는 식품첨가물
감미료	Sweetener	식품에 단맛을 내는 설탕 이외의 다양한 식품첨가물
광택제	Glazing agent	식품 표면에 광택을 내며, 보호막을 형성하도록 하는 식품첨가물
겔화제	Gelling agent	겔 형성으로 식품에 물성을 부여하는 식품첨가물
밀가루 개량제	Flour treatment agent	빵의 품질을 높이고 색을 증진하기 위해 밀가루나 반죽에 넣는 식품첨가물
보존료	Preservative	미생물에 의한 변질을 방지하고 식품의 보존기간을 연장하기 위해 사용하는 식품첨가물
발색제 (색도유지제)	Color retention agent	식품의 색소를 유지하고 강화하는 데 사용되는 식품첨가물
산	Acid	산도를 높이는 데 사용되거나 신맛을 주는 데 첨가하는 식품첨가물
산도조절제	Acidity Regulator	식품의 산도 또는 알칼리도를 조절하는 데 사용하는 식품첨가물
산화방지제	Antioxidant	지방의 산패나 색상의 변화 등 산화로 인한 식품의 품질 저하를 방지하고 저장기간을 연장시키는 식품첨가물
소포제	Anti foaming agent	거품 생성을 방지하거나 감소시키는 데 넣는 식품첨가물
습윤제	Humectant	식품이 건조되는 것을 막아주는 식품첨가물
유화제	Emulsifier	물·기름과 같이 서로 섞이지 않는 물질을 균일하게 섞어주기 위해 넣어주는 식품첨가물
유화제 염류	Emulsifying salt	가공치즈 제조과정에서 지방이 분리되는 것을 방지하고 단백질을 안정시키기 위한 식품첨가물
응고제	Firming agent	과일이나 채소의 조직을 견고하게 하고 겔화제와 상호작용하여 겔을 형성하고 강화하는 식품첨가물
안정제	Stabilizer	섞이지 않는 성분이 균일한 분산상태를 유지할 수 있게 하기 위해 넣는 식품첨가물
증량제	Bulking agent	식품의 열량과 관계없이 식품의 증량에 기여하는 공기나 물 이외의 식품첨가물
증점제	Thickener	식품의 점성을 증가시키는 식품첨가물
추진제	Propellant	식품 용기로부터 식품에 주입하는 공기 이외의 가스
착색제	Color	식품에 색소를 넣거나 복원시키는 데 넣는 식품첨가물
팽창제	Raising agent	가스를 발생하게 하여 반죽의 부피를 증가시키는 혼합물(식품첨가물)
향미증진제	Flavor enhancer	식품의 맛이나 향미를 증가시키는 데 넣는 식품첨가물

5 식품첨가물 품목 수와 시장 상황

1. 식품첨가물의 품목 수는 나라별로 많은 차이가 있음

국가별 식품첨가물 지정현황 2021년 자료를 보면 미국 554개, 한국 618개, 유럽연합 640개, 일본 763개, Codex(국제식품규격위원회) 853개 품목이 지정되어 있다. 우리나라에서 인정된 품목은 618개로, 국내에서 허용되어 사용 중인 식품첨가물의 품목은 다른 나라에 비해 적다.

2. 식품첨가물의 시장 규모

2014년 1,672십억 원, 2015년 1,626십억 원, 2016년 1,578십억 원, 2017년 1,859십억 원, 2018년 2,258십억 원으로 2018년도 식품첨가물의 매출액은 2014년도 대비 35.1% 상승했다.

3. 소비자들이 가공식품을 구매할 때 많이 확인하는 표시사항

유통기한 74.8%, 가격 36.2%, 식품첨가물 34.3%, 원산지표시 33.3%, 브랜드 29.4%, 내용량 24.9%, 원재료명 22.7, KS표시 22.1%로 나타났으며, 유통기한, 가격의 뒤를 이어 식품첨가물이 세 번째로 높은 순위를 차지하고 있다.

4. 소비자들이 식품첨가물에 대해 어떻게 인식하고 있는지에 대한 조사 자료

안전하지 않다는 비율이 2014년 65%, 2018년 47%로 식품첨가물에 대한 부정적 인식 18% 감소한 것으로 나타나고 있으며, 계속 줄어들고 있다. 정부에서 식품첨가물에 대한 지속적인 정보를 제공하고 식품첨가물 홍보 및 교육을 통하여 국민의 인식이 개선되고 있다.

5. 식품첨가물 반복투여 독성시험, 유전 독성시험, 생식·발생 독성시험, 면역독성 시험, 발암성 시험 등 안전성 평가를 통과하여 식품첨가물로 허용

우리가 섭취하는 식품첨가물은 기술적 필요성과 과학적인 안전성 평가를 거쳐 사용이 허가되고 있다.

매일 먹어도 해롭지 않은 '1일 섭취 허용량(ADI, Acceptable Daily Intake)'을 설정하여 그보다 훨씬 적은 양을 사용하도록 관리하고 있다.

6. 식품첨가물의 표시를 확인하는 방법

가공식품에 반드시 표기되어야 할 사항이 있다는 것을 알고 있어야 하며, 식생활에서 빠질 수 없는 가공식품에 사용되는 식품첨가물은 반드시 표시하게 되어 있다. 표시사항을 확인하면 사용된 식품첨가물의 종류와 사용량을 알 수 있다.

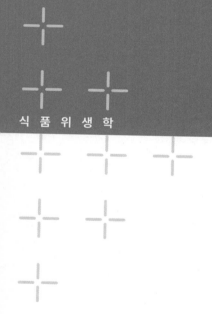

식 품 위 생 학

11장

글로벌 식품 안전 규정
Food Safety Global Audit

11장

글로벌 식품 안전 규정
(Food Safety Global Audit)

01. Current year Food borne Illness Notification Procedures are on file and accessible.

올해 발생된 식중독 사고에 대한 사고보고서는 정확히 작성해서 보관해야 한다.

- Review a copy of the current year's notification procedures. Electronic or paper version is acceptable.

  금년도 사고 보고 절차를 체크하라.

- Check the documentation.

  보고서를 체크하라.

- Mark No if you find any of the following

  만약 다음의 사항을 발견하면 No이다.

  » Procedures not available for review

  　절차 서류를 이용할 수 없을 경우

  » Procedures not current for year review conducted

  　금년도 절차 서류가 없을 경우

02. Proof of Food Safety training for all culinary food handling associates is current and available for review.

조리를 다루는 직원은 위생교육을 받아야 한다.

- Ensure all associates/ladies and gentlemen have certificates on file. Acceptable forms include

  모든 직원(남, 여)은 교육수료증을 파일로 가지고 있어야 한다. 다음의 서류들이 포함된다.

- All on-line courses are available globally

  모든 온라인코스는 전 세계적으로 가능하다.

- Mark No if you find any of the following

  만약 다음의 사항을 발견하면 No이다.

  » Training not conducted or documented

    교육된 서류가 없을 경우

  » Training documentation more than 2 years old for any of the selected associates

    선택된 직원의 교육 서류가 2년 이상일 경우

03. The appropriate managers are Food Safety Certified through an approved training program.

홀에 근무하는 매니저는 승인된 교육프로그램을 통해 위생교육을 수료해야 한다.

- Required Managers are allowed a grace period of 60 days from date of being in position

  승인된 매니저들은 발령된 첫날부터 60일 안에 수료해야 한다.

- Check the following individual certificates

  다음의 개별 수료증을 체크하라.

- Mark No if you find any of the following

  만약 다음의 사항을 발견하면 No이다.

  » Certificates not from approved programs

    승인되지 않은 프로그램으로부터의 수료증일 경우

  » Certificates cannot be produced

    수료증이 없을 경우

» Certificates expired or older than 5 years

　5년이 넘어 만료된 수료증일 경우

» Required managers not certified

　요청된 매니저가 수료하지 않았을 경우

04. A Pest Prevention program must be adopted, effective and a pest control log must be used.

방역 예방 프로그램이 효과적으로 도입되어야 하고, 방역 보고서가 작성되어야 한다.

• Must use a licensed pest elimination company and follow-up on their reports with attention to areas to address.

반드시 허가받은 방역회사를 고용해야 하고, 그들이 언급한 보고서를 따라야 한다.

• A Sightings Log must be located in the Executive/Head Chef office. See a sample log on MGS. Other forms are acceptable.

보고서는 경영진/총주방장 사무실에 보관되어 있어야 한다. MGS의 샘플 로그를 참조하십시오. 다른 양식도 사용할 수 있습니다.

• There should be no active cockroaches or rodents in food prep or stor areas.

주방, 저장실에 살아 있는 바퀴벌레나 쥐 같은 설치류가 있어서는 안 된다.

• Mark No if you find any of the following

만약 다음의 사항을 발견하면 No이다.

» Kitchen not being serviced for pest elimination

　주방을 방역하지 않을 경우

» Sightings Log not located in Executive/Head Chef's office

　총주방장사무실에 보고서가 없는 경우

» 5 or more pests in a small area (i.e. several fruit flies in a drain)

　5개 또는 그 이상의 해충이 있을 경우 (하수구 안에 초파리들)

» Evidence of pests breeding

　해충번식의 증거

» Birds nesting inside building

건물 안쪽에 새의 둥지가 있을 경우

» Trailing ants in food preparation areas
주방에 개미 흔적

05. Refrigerator and freezer temperature logs (HACCP Log A-3) are completed
and on file for 90 days.
냉장고 냉동고 온도 체크 로그 (A3)는 완성되어야 하고, 90일 동안 보관되어야 한다.

• HACCP Form A-3 must minimally record
HACCP A3 일지는 최소로 기록되어야 한다.

» Date, AM internal temp, PM internal temp, corrective action.
날짜, 오전 온도, 오후 온도, 조치사항

» Refrigerator temperatures above 41℉ (5℃) are considered out of range
냉장 온도는 5도 초과하면 정상범위 밖으로 여긴다.

» Freezer temperatures above 5℉(−15℃) are considered out of range
냉동온도는 −15도 초과하면 정상범위 밖으로 여긴다.

• Mark No if you find any of the following
만약 다음의 사항을 발견하면 No이다.

» Documentation not available for review
서류가 없을 경우

» Documentation not 90% + complete
서류의 90% 이상이 완성되지 않을 경우

» Logs not filled out correctly
정확하게 작성되지 않을 경우

» Records incomplete
부정확하게 기록되었을 경우

» Temperatures not taken AM and PM
오전과 오후에 온도가 측정되지 않았을 경우

» Temperatures out of guidelines have no corrective actions

정상범위 밖의 온도에 대한 조치사항이 없을 경우

06. Temperature Logs (HACCP Log A-1) for cooking, holding and reheating food items are completed and on file for the past 90 days.

음식의 조리, 보관, 재가열을 위한 온도 체크 일지를 완성해야 하고, 이 서류를 90일 동안 보관해야 한다.

- Each kitchen must record a minimum of 2 Hot and 2 Cold temperatures per applicable meal period.

  각 주방은 각 식사 시간마다 최소 2가지 뜨거운 음식과 2가지 차가운 음식 온도를 기록해야 한다.

- Randomly select 1 Meal Period for 1 week per Kitchen within the past 90 days.

  지난 90일 동안의 주방당 일주일 동안의 하나의 식사 시간을 임의로 선택해서 서류를 체크하라.

  » Check Separate reading for each meal period

  각 식사 시간대 동안 분리된 기록

  » Corrective Actions (if temperature is out of guidelines)

  조치사항 (온도가 정상범위 밖일 경우)

- Hot food holding below 140℉(60℃) and cold food holding above 41℉(5℃) are out of range.

  뜨거운 음식이 60도 아래로 보관되거나, 차가운 음식이 5도 초과하여 보관된 것은 정상범위 밖이다.

- Reheated food below 165℉(74℃) are out of range

  재가열된 음식이 74도 아래면 정상범위 밖이다.

- Minimum internal cooking temperatures are listed on Log A1

  최소 내부 조리온도는 A1 일지에 리스트되어 있다.

- Mark No if you find any of the following

  만약 다음의 사항을 발견하면 No이다.

» A-1 Logs not complete

서류가 완성되지 않을 경우

» Documentation not available for review

서류가 없을 경우

» Documentation not 90% + complete

서류의 90% 이상이 완성3되지 않을 경우

» Logs not filled out correctly

정확하게 작성되지 않을 경우

» Records incomplete for past 90 days

지난 90일 동안 부적절하게 기록되었을 경우

» No corrective actions taken for out-of-range temperatures

정상범위 밖의 온도에 조치사항이 없을 경우

» Temperatures not taken for applicable meal periods

식사 시간 동안 온도가 기록되지 않을 경우

07. Food cooling Logs (HACCP Log A-2) are completed and on file for the past 90 days.

냉각일지 A2 일지를 완성해야 하고, 90일 동안 보관시켜야 한다.

• Check HACCP Log A-2 and ensure the following fields are available and filled out completely and correctly

A2 일지를 정확하게, 완벽하게 작성했는지 확인하라.

» Date 날짜, Food Item 음식 아이템, Temp (at start) 시간, Temp #1 (after 1 hour) 1시간 후 온도, Temp #2 (after 2 hours) 2시간 후 온도

» Above 70℉ (21℃) is considered out of range

이때 21도 초과하면 정상범위 밖이라 여긴다.

» Temp#3(after 4 hours)

4시간 후 온도

» Temp #4 (after 6 hours)

6시간 후 온도

☞ Above 41°F (5℃) is considered out of range
이때 5도 초과하면 정상범위 밖이라 여긴다.

» Corrective Actions (if temperature is out of guidelines)
조치사항 (온도가 정상범위 밖인 경우)

» Manager/supervisor initials
매니저/슈퍼바이저 이니셜

• Mark no if you find any of the following
만약 다음의 사항을 발견하면 No이다.

» Documentation not available for review
서류가 없을 경우

» Documentation not 90% + complete
서류의 90% 이상이 완성되지 않을 경우

» Logs not filled out correctly
정확하게 작성되지 않았을 경우

» Records incomplete
부정확하게 기록되었을 경우

» No corrective actions taken for out-of-range temperatures
정상범위 밖의 온도에 조치사항이 없을 경우

08. Work station-Railroad Cleaning Schedules must be completed and on file for 90 days.
주방 청소 스케줄을 완성해야 하며, 서류를 90일 동안 보관해야 한다.

• Review Railroad Cleaning Log templates.
청소 스케줄을 체크하라.

• All areas of food and beverage must have established detailed cleaning schedules with documentation. The logs must be posted in all areas
모든 구역은 서류화된 자세한 청소 스케줄을 가지고 있어야 한다. 이 일지는 모든 구역에 걸어두어야 한다.

- Equipment maintenance in sections are conducted weekly by the department head, noting any defect or malfunction. Issues are reported promptly to engineering.

  조리기기 유지보수 검열은 부서장에 의해 일주일 단위로 체크되어야 하고, 결함과 고장을 기록한다. 엔지니어링부서에 바로 보고되어야 한다.

- Check a cleaning log from a randomly selected area and ensure the following in formation is recorded

  임의로 선택된 구역의 청소일지를 체크하고 다음의 정보를 확인하라.

  » Manager signature each day and week.

    일별, 주별, 매니저 사인

  » The area, month, year, day and date are filled in completely.

    구역별, 매일, 매달, 매년 정확하게 기록된 것.

- Mark No if you find any of the following

  만약 다음의 사항을 발견하면 No이다.

  » Documentation not available for review

    서류가 없을 경우

  » Documentation not 90% + complete

    서류의 90% 이상이 완성되지 않을 경우

09. **Kitchen exhaust-hood and ductwork system are professionally cleaned and maintained.**

  주방 후드와 배관시스템은 전문가에 의해 청소되고 관리되어야 한다.

- Professional cleaning must be performed at least every 6 months

  전문적인 청소는 최소 6개월마다 수행되어야 한다.

- Look for a sticker or documentation of professional maintenance and cleaning.

  전문가의 유지, 청소의 서류 및 스티커를 체크하라.

- Check ductwork and hoods

  후드와 배관을 체크하라.

- Mark No if you find any of the following

만약 다음의 사항을 발견하면 No이다.

» Ansul (fire retention) system dirty or has grease build-up

화재 유지시스템(스프링쿨러 등)이 더럽거나 기름기가 있을 경우

» Filters missing

필터가 없을 경우

» Sticker/documentation not present

서류 또는 스티커가 없을 경우

» Yearly inspections for UV/Ozone systems not documented

UV와 오존시스템에 관한 연간 검열 서류가 없을 경우

10. Ice Machines are clean and in good condition.

아이스머신은 깨끗해야 하고 상태가 좋아야 한다.

- Ask Engineering associate to remove inspection panel of ice machine to observe cleanliness of interior.

엔지니어 직원에게 요청하라. 안쪽의 청소를 관찰하기 위해 아이스머신의 패널을 제거시켜라.

- Check bins, doors, drop guards, interior and exterior of ice machines, gaskets and ice scoops.

통, 문, 얼음 떨어지는 곳, 아이스머신의 안쪽 바깥쪽, 개스킷과 아이스 스쿱을 체크하라.

- Mark No if you find any of the following

만약 다음의 사항을 발견하면 No이다.

» Air filters dirty

에어 필터가 더러울 경우

» Gaskets damaged or missing

개스킷이 손상되었거나, 없을 경우

» Exterior of ice machines/ice scoop holders dirty

아이스머신 바깥 및 아이스 스쿱 홀더가 더러울 경우

» Ice scoops broken, cracked or chipped
아이스 스쿱이 깨졌거나, 손상되었을 경우

» Interior of ice machines dirty
아이스머신 안쪽이 더러울 경우

» Mold, mildew or fungus Rust
곰팡이, 녹슨 부분 등이 생겼을 경우

» Other cleanliness or damage issues
다른 청소상태나 손상된 상태가 있을 경우

11. **Floors, walls and ceilings are in clean and free from excessive dust, debris and standing water.**
바닥, 벽면, 천장이 깨끗해야 하고, 지나친 먼지와 쓰레기 그리고 누수가 없어야 한다.

- Check baseboards, cabinets, ceilings, counters, doors, drains, drain covers, floors (grout lines), grease traps, hardware, mats, outlet covers, switch plate covers, vents, walls, and windows in all food production, food service, food storage, and food transpotation areas of the operation.
주방, 서비스구역, 저장실, 음식 운반구역의 바닥, 캐비닛, 천장, 문, 트렌치, 트렌치 커버, 바닥, 그라우트, 그리스트랩, 매트, 아웃렛 커버, 스위치 플레이트 커버, 통풍구, 벽면, 창문 등의 청소상태를 체크하라.

- Mark No if you find more than 3 cleanliness issues of the following
다음 중 3가지 이상의 청소사항을 발견하면 No이다.

» Baseboards dirty or has build-up
바닥이 더럽거나 상태가 좋지 않을 경우

» Cabinets dirty or have build-up
캐비닛이 더럽거나 상태가 좋지 않을 경우

» Ceiling access panels dirty or have fingerprints
천장 입구 패널이 더럽거나 상태가 좋지 않을 경우

» Ceilings dirty or have build-up
천장이 더럽거나 상태가 좋지 않을 경우

» walls surrounding return-air ventilation have heavy dust/soil
에어벤트 주변 천장/벽면 먼지가 많거나 더러울 경우

» Counters dirty or have build-up
카운터가 더러울 때

» Doors dirty or have build-up
문이 더럽거나 상태가 불량할 때

» Drains dirty or have build-up
하수구가 더러울 때

» Drain covers dirty or have build-up
트렌치 커버가 더러울 때

» Floors dirty or have build-up
바닥이 더럽거나 상태가 좋지 않을 경우

» Food debris older than today found under equipment
조리기기 아래 오늘 이전에 생긴 음식쓰레기가 발견될 경우

» Grease traps dirty or have build-up
하수구 기름을 막는 장치가 더럽거나 상태가 좋지 않을 경우

» Grouts dirty or have build-up
그라우트가 더럽거나 상태가 좋지 않을 경우

» Hardware dirty or have build-up
하드웨어가 더럽거나 상태가 좋지 않을 경우

» Lights dirty or build up of dust
형광등이 더럽거나 먼지가 많을 경우

» Mats dirty
매트가 더러울 경우

» Outlet covers dirty or have build-up

아웃렛 커버가 더럽거나 상태가 좋지 않을 경우

» Scuff marks

바닥에 끈 자국이 있을 경우

» Switch-plate covers dirty or have build-up

스위치 커버가 더럽거나 상태가 좋지 않을 경우

» Vents dirty or have build-up

후드가 더러울 때

» Walls dirty or have build-up

벽면이 더럽거나 상태가 좋지 않을 경우

» Windows dirty or have build-up

창문이 더럽거나 상태가 좋지 않을 경우

» Standing water

물이 떨어지고 있을 경우

☞ Many floors do not drain properly and fixing the floor slope may not be economically viable.

많은 바닥이 적절하게 물이 빠지지 않거나, 고정된 바닥경사지가 제 역할을 하지 못할 경우

☞ However, standing water should be mopped up or pushed to a drain with a squeegee immediately.

흐르는 물은 반드시 대걸레로 닦아야 하고, 즉시 고무청소기로 하수구 쪽으로 물을 흘려보내야 한다.

☞ Puddles are a source of microbiological contamination, a breeding site for pests and a safety hazard.

웅덩이는 세균 오염의 원인이고, 해충번식장소가 되며, 안전에 위해를 준다.

12. Floors, walls and ceilings are easily cleanable and in good condition/repair.

바닥, 벽면, 천장은 쉽게 청소돼야 하고, 상태(수리)가 좋아야 한다.

• Check baseboards, cabinets, ceilings, counter doors, drains, drain covers, floors (grout lines), grease-traps, hardware, mats, outlet covers, switch-plate covers, vents, walls, and windows in food-production, food-service, food-storage, and food-transportation areas of the operation

주방, 서비스구역, 저장실, 음식 운반구역의 바닥, 캐비닛, 천장, 카운터, 문, 트렌치, 트렌치 커버, 바닥, 그라우트, 그리이스 트랩, 매트, 아웃렛 커버, 스위치 플레이트 커버, 통풍구, 벽면, 창문 등의 상태를 체크하라.

• Mark No if you find more than 3 condition issues of the following

다음 중 3가지 이상의 손상을 발견하면 No이다.

» Baseboards damaged or worn

바닥이 손상되었거나 낡았을 경우

» Cabinets damaged or worn

캐비닛이 손상되었거나 낡았을 경우

» Ceiling damaged or worn

천장이 손상되었거나 낡았을 경우

» Ceiling tiles missing

천장의 타일(천장 덮개 판자)이 없을 경우

» Counters damaged or worn

카운터가 손상되었거나 낡았을 경우

» Doors damaged or worn

문이 손상 또는 낡았을 경우

» Drains damaged or worn

하수구가 손상되었거나 낡았을 경우

» Drain covers damaged or worn

하수구 커버가 손상되었거나 낡았을 경우

» Drain covers missing

하수구 커버가 없을 경우

» Floors damaged or worn

바닥이 손상되었거나 낡았을 경우

» Grout damaged or worn
그라우트가 손상되었거나 낡았을 경우

» Hardware damaged or worn
하드웨어가 손상되었거나 낡았을 경우

» Hood lights not functioning
후드 형광등이 나갔을 경우

» Leaks or drips
물이 새거나 떨어지거나

» Lighting not functioning
형광등이 나갔을 경우

» Lights missing diffusers/covers
형광등 없거나 커버가 없을 경우

» Loose or missing parts
느슨해졌거나, 없어진 부품이 있을 경우

» Mats damaged or worn
매트가 손상되었거나 낡았을 경우

» Outlet covers damaged or worn
아웃렛 커버가 손상되었거나 낡았을 경우

» Walls have holes larger than 1/4 inches (2/3 cm) in them
벽에 0.6cm 이상의 큰 구멍이 있을 경우

» Windows damaged or worn
창문이 손상되었거나 낡았을 경우

13. Ventilation adequate; vents, fan guards and filters clean.
충분한 환기를 위하여, 후드, 팬, 필터는 깨끗해야 한다.

• Dirty fan and ceiling vents can be a source of product contamination.
더러운 팬과 천장의 후드는 오염의 원인이 될 수 있다.

• Examine ceiling air vents and returns for dust build-up.

천장의 에어벤트를 조사하고, 먼지 상태를 알 수 있도록 돌아가야 한다.

• Air fans must also be cleaned regularly.

에어 팬은 반드시 규칙적으로 청소되어야 한다.

• TRENDING : Where ten or more of the same item exist (e.g. ceiling vents) Mark No only if more than two deficiencies are observed.

같은 아이템(천장의 에어벤트)이 10개 또는 그 이상이 존재하는 곳에서 2가지 이상의 결함을 발견하면 No이다.

» Where fewer than ten of the same item exist(e.g. personal fan in the prep area), score for even one deficiency.

같은 아이템(천장의 에어벤트)이 10개보다 적은 곳에서는 한 개의 결함이 있어도 No이다.

14. Back dock and entryway are Insect and rodent-proof.

로딩 덕과 주방 입구는 해충과 설치류의 흔적이 없어야 한다.

• Does not have a back dock, evaluate the area where the hotel receives the deliveries.

만약 로딩덕이 없다면 검수장을 확인하라.

• Back-dock, entryway, and surrounding areas must be insect and rodent-proof

로딩덕, 입구, 주변은 해충과 설치류의 흔적이 없어야 한다.

• Check air curtains, bait stations(where available), Catch-alls, exterior doors, glue boards, Insect-O-Cutors outside (where available), inside traps, outside walls, and Stealth Units inside (where available)

에어커튼, 살충제, 외부 문, 보드, 곤충 잡는 것, 외부, 덫, 외부벽면, 스텔스 등을 체크하라.

Mark No if you find more than one of the following

만약 다음의 사항을 발견하면 No이다.

» Air curtains, Insect-O-Cutors(where available), Insect Prevention devices, or Stealth Units (where available) not operational or turned off

에어커튼, 해충 잡는 것, 유도등, 해충 예방 장치 또는 스텔스가 작동이 안 되거나 꺼졌을 경우

» No bait stations outside, or insect prevention devices not present
외부 베이트 스테이션 또는 해충 예방 장치가 없을 경우

» Doors left open when unattended
사용하지 않을 때 문이 열려 있을 경우

» Exterior doors not fitted with door sweeps
외부 도어에 도어 스위프가 고정되지 않을 경우

» Holes in doors, exterior walls or pipes larger than 1/4 inches (2/3 cm) in diameter
문, 외부벽면, 또는 파이프에 지름 0.6cm보다 큰 구멍이 있을 경우

» Windows not adequately screened to prevent fly entry
파리의 예방에 적합하지 않은 창문일 경우

15. Dumpster areas are kept clean and organized.
쓰레기 처리 구역은 항상 깨끗함을 유지해야 하고 정리 정돈되어야 한다.

• Check the dumpster, back dock, trash enclosures, and surrounding areas.
쓰레기처리장, 로딩덕, 주변 등을 체크하라.

• Mark No if you find more than one of the following
만약 다음의 사항을 발견하면 No이다.

» Dirt or grease build-up
더럽거나 상태가 좋지 않을 경우

» Dumpster (trash/rubbish bins/storage areas) areas have strong odor
쓰레기처리장 구역에 악취가 날 경우

» Dumpster (trash/rubbish bins/storage areas) areas disorganized
쓰레기처리장이 정리 정돈되지 않았을 경우

» Dumpsters (trash/rubbish bins) have fluid draining onto the ground
쓰레기처리장 바닥에 액체 등이 고여있을 경우

» Excessive food debris on the ground

과도한 음식물쓰레기가 바닥에 있을 경우

» Garbage stored directly on the ground

쓰레기가 직접적으로 바닥에 보관되어 있을 경우

» Recyclable products not organized (if applicable)

재활용품들이 정리 정돈되어 있지 않을 경우

» Dumpster (trash/rubbish bins) lids missing, cracked or damaged

쓰레기통의 뚜껑이 없거나 깨졌거나 손상되었을 경우

16. Associate/ladies and gentlemen's Cafeteria/Canteen/Break room is clean and well maintained.

직원식당과 휴게실은 깨끗해야 하고 잘 정리되어 있어야 한다.

• Check food buffet, kitchen equipment, food and refrigeration temperatures, ceilings, floors, ventilation and walls

뷔페, 조리기기, 음식과 냉장고 온도, 천장, 바닥, 후드, 벽면을 체크하라.

• Take 1 hot and 1 cold food temperature check, and 1 refrigerator/chiller

뜨거운 음식 1개 차가운 음식 1개를 체크하고 냉장고 1개를 체크하라.

• Mark No if you find more than two of the following

만약 다음의 사항 중 2개 이상을 발견하면 No이다.

» Buffet, grill, steam table or kitchen equipment in poor condition or not operating

뷔페, 그릴, 스팀 테이블, 주방기기의 상태가 좋지 않거나 작동되지 않을 경우

» Cold-food temperatures not at or below 5℃ (41℉)

차가운 음식의 온도가 5도 이하가 되지 않을 경우

» Hot-food temperatures not at or above 60℃ (140℉)

뜨거운 음식의 온도가 60도 이상이 되지 않을 경우

» Refrigeration in poor condition or not maintaining at or below 5℃ (41℉)

냉장고의 상태가 좋지 않거나 5도 이하로 유지되지 않을 경우

» Electrical connections/parts damaged or worn
전기 콘센트가 손상되었거나 낡았을 경우

» Ceilings damaged
천장이 손상되었을 경우

» Ceilings dirty
천장이 더러울 경우

» Carpet/floors damaged or worn
카펫이나 바닥이 손상되었거나 낡았을 경우

» Carpet/floors dirty
카펫이나 바닥이 더러울 경우

» Leaks or drips
물이 새거나 떨어질 경우

» Loose or missing parts
느슨해졌거나 없어졌을 경우

» Mildew or mold
곰팡이가 있을 경우

» Missing tiles
타일이 깨졌을 경우

» Room poorly ventilated, stuffy or excessively hot
홀에 환기가 잘 안 되거나 너무 더울 경우

» Tables, chairs, furnishings dirty
테이블, 의자, 가구가 더러울 경우

» Tables, chairs, furnishings in poor condition
테이블, 의자, 가구의 상태가 좋지 않을 경우

» Two or more pieces of equipment damaged
2개 또는 그 이상의 조리기기가 손상되었을 경우

» Walls damaged
벽면이 손상되었을 경우

» Walls dirty

벽면이 더러울 경우

17. Hand washing facilities in food handling areas are used only for that purpose.

음식을 다루는 곳에는 손 씻는 싱크대가 있어야 하며, 반드시 손을 씻는 용도로만 사용되어야 한다.

- Sinks must be maintained clean and accessible at all times

싱크대는 반드시 청결함을 유지해야 하고, 항상 이용할 수 있어야 한다.

  » Supplied with readily available hot water, soap, disposable towels

  뜨거운 물, 비누, 일회용 페이퍼 타월이 준비되어야 한다.

  » Or heated—air hand drying device

  또는 핸드 드라이기 장치

  » Hand washing signs to remind employees must be posted

  직원들에게 알려주기 위해 손 씻기 절차를 붙여두어야 한다.

- Hand wash sinks in food handling areas must be readily available at all times

음식을 다루는 곳에는 손 씻는 싱크대가 항상 사용할 수 있게 준비되어야 한다.

- Mark No if hand sinks are blocked for any reason, regardless of how easy it is to move the object

만약 손 씻는 싱크대가 어떤 이유로든 막혀 있다면 No이다. 물건을 쉽게 옮길 수 있어도 상관없이 안 된다.

  » Soap and single use towels or a hot air dryer must be available

  비누와 일회용 페이퍼 타월 또는 에어 드라이기는 반드시 이용할 수 있어야 한다.

  » Hand sanitizer may be available in addition to, but not in place of soap

  손 소독제는 추가로 설치할 수 있으나, 비누대용은 아니다.

  » Hot water must reach at least 38℃(100℉) at the faucet in a reasonable length of time(60 seconds is a generous length.)

  뜨거운 물은 수도꼭지 쪽에서 60초 동안에는 적어도 38도까지는 도달해야 한다.

» Hand wash sinks should be used only for hand washing

핸드 싱크대는 반드시 손 씻는 용도로만 사용할 수 있다.

» Do not mark No for minor food debris observed in the basin.

싱크대 안에서 미세한 음식쓰레기가 보였다면 No하지는 마라.

» A trash can must be in the general area, but does not have to be dedicated to the hand wash sink

쓰레기통은 반드시 일반적인 구역에 있어야 하고, 핸드 싱크대 전용으로는 없어도 된다.

18. Dish washing machines properly maintained and operated.

세척기는 적절하게 유지되어 있어야 하고 작동 시 돌아가야 한다.

• Dish machines surfaces must be clean; curtains clean and in place; and water temperature meets requirements listed on the machine data plate.

세척기 표면은 반드시 깨끗해야 한다. 커튼도 깨끗해야 하고, 그리고 온도는 기계에 요구된 기준에 맞아야 한다.

• All dish washing machines should be in good repair and stocked with detergent.

모든 세척기는 잘 수리된 상태여야 하며, 세제가 있어야 한다.

• Most convey or machines that sanitize with hot water (no chemical) require three sets of curtains.

약품이 아닌 뜨거운 물로 소독하는 대부분의 컨베이어 기계는 3가지 커튼 세트를 요구한다.

» Long curtains must be on each end and short curtains must be just be fore the final rinse spray.

긴 커튼들은 각각 설치되어 있어, 짧은 커튼은 린스 스프레이 전에 있다.

» Mark No if the curtains are dirty, damaged or missing and if machine surfaces are dirty or if the machine is not fully functional.

만약 커튼이 더럽거나 손상되었거나 없다면 No하라. 그리고 만약 기계의 표면이 더럽거나 기계가 제대로 작동되지 않는다면 No하라.

» For extended-length conveyor machines, check the machine diagram for curtain placement

길게 확장된 컨베이어 기계는 커튼 설치를 위해 기계 도표를 체크하라.

• Non-chemical sanitizing in a dish washing machine must be at 71°C(160°F) on dish surface.

소독제 없는 세척기는 반드시 접시 표면의 온도가 71도 이상 되어야 한다.

• If machine has not been used recently, run it through a cycle or two be fore testing.

만약 최근에 기계를 사용하지 않았다면 테스트 전에 한 사이클 또는 두 번 돌려라.

» Attach a 71°C (160°F) test strip, heat tape using a plate or fork or use a waterproof thermometer. (See MGS for details on waterproof thermometer.)

접시나 포크에 테스트 종이 붙이거나 방수 온도계를 이용하라.

» Run tape or waterproof thermometer through the machine.

테스트 종이나 방수 온도계를 기계에 넣어라.

» Check heat tape for activation or thermometer for correct temperature of the food contact surface in the machine.

기계 안 음식 접촉면의 정확한 온도를 체크하라.

» Mark No if heat tape is not activated or required temperature is not achieved.

만약 테스트 종이가 활성화되지 않거나, 요구된 온도가 나오지 않는다면 No하라.

» Best practice is to use dish machine temperature logs available on MGS.

가장 좋은 방법은 세척기 일지를 사용하는 것이다.

19. Chemical Supplies - Use and storage meets standard.
화학약품 공급, 사용저장의 기준

• All chemicals must be clearly marked with manufacturers' labels
모든 화학약품은 생산업체의 라벨로 명확하게 표시되어야 한다.

• Working containers such as spray bottles must be labeled with common names such as "sanitizer" or "window cleaner"

스프레이건과 같은 통에는 '소독제' 또는 '창문 청소용 세제'와 같은 이름이 적혀 있어야 한다.

> » Examples of calibrated systems include : automated dispensing systems(Oasis or Ecolab Brain) and manual/hand pumps
> 조절 시스템의 예 : 오아시스, 이코랩 브레인 등과 같은 자동 조절 디스펜서/핸드 푸시

- Check all chemicals, chemical storage, food production, food service, food storage and food transportation areas of the operation.
  모든 화학약품, 약품 창고, 주방, 서비스 부문, 음식 이동구간을 체크하라.

- Mark No if you find any of the following.
  만약 다음의 사항을 발견하면 No이다.

  > » Chemicals in applicators/bottles not clearly marked
  > 애플리케이터/병의 화학약품이 명확하게 표시되지 않았을 경우

  > » Chemicals not separated by physical barriers from food products in delivery
  > 이동할 때, 음식으로부터 물리적 장벽에 의한 화학약품이 분리되지 않을 경우

  > » Chemicals stored improperly and risk of cross-contamination exists
  > 화학약품이 부적절하게 보관되어 있거나, 교차오염의 위험이 있을 경우

  > » Chemicals stored near/over food products or food supplies
  > 화학약품이 음식 가까이에 보관되어 있을 경우

  > » Chemicals stored near/over utensils or food-production equipment
  > 화학약품이 조리기기나 기구 위나 가까이에 보관되어 있을 경우

  > » Pesticides found in food-production areas
  > 주방에서 농약이 발견되었을 경우

20. Facilities for manual washing and sanitizing of equipment and utensils properly maintained.
조리기구와 기기의 세척과 소독의 시설

- Facilities for manual washing and sanitizing of equipment and utensils properly maintained and operated.

적절한 기기와 기구의 세척 및 소독의 시설은 유지되고 작동되어야 한다.

> » Sinks not used for dish washing and food prep at the same time and sanitized between processes
>
> 같은 시간에 세척과 음식 준비를 위해 싱크대를 사용할 수 없다. 과정 사이에 소독돼야 한다.

- Hotels may use an alternative procedure to wash, rinse and sanitize pots under local jurisdiction.

  호텔은 항상 국내 위생법에 따라 세척, 린스, 소독을 위해 대체될 절차를 사용할 수 있다.

- RANDOMLY SELECT one sink area to evaluate for manual dish washing(whether there are two, three, or four compartments) for cleanliness and for properly stocked detergent and sanitizer.

  임의로 하나의 싱크대를 선택해서 적절하게 세제와 소독제가 있는지, 깨끗한지 확인하라.

- Observe the process to ensure Wash-Rinse-Sanitize is occurring properly.

  적절히 세척-린스-소독을 확실하게 수행하기 위한 과정을 관찰하라.

- Mark No for any issues here.

  만약 다음의 사항을 발견하면 No이다.

  > » Sinks may be used for dish washing and for food preparation, but never at the same time.
  >
  > 싱크대는 세척을 위해, 음식 준비를 위해 사용할 수 있지만 동시에 같은 작업을 위해 사용할 수는 없다.

  > » Clean items may not be present on the drain board while food preparation is occurring even if it is at the far end of the sink.
  >
  > 만약 싱크대 맨 끝에서 하더라도 음식 준비를 하는 동안에는 씻어야 할 것들이 설거지대에 있지 말아야 한다.

» Also, the sink must be washed, rinsed, and sanitized between these two tasks.

두 가지 작업을 한다면 그 중간에 싱크대는 반드시 씻고, 린스하고, 소독되어야 한다.

• Use this item to mark No to any damage to the dish washing sinks such as bent drain boards that do not shed water properly.

적절히 물이 나오지 않는 구부러진 설거지대와 같은 세척 싱크대에 어떤 손상이 있다면 No하라.

21. Food and food contact packaging must be properly stored at a minimum of 15 centimeters (6″) off the floor.

음식과 음식 접촉 포장 팩은 바닥으로부터 최소 15cm 위로 적절히 보관되어야 한다.

• Check chemical, beverage and food-storage areas in all food-production, food-service, and food-transportation areas of the operation, including refrigerators and freezers, storerooms, back aisles and production/service areas. This practice facilitates cleaning, protects products from spills and allows monitoring of pests.

냉장고, 냉동고, 저장실, 뒤쪽 통로구역을 포함 주방, 서비스, 음식 이동구간 안에 있는 화학약품, 음료, 식품 보관된 곳을 체크하라. 이는 청소, 쏟아져 나오는 것을 예방, 해충 모니터링을 할 수 있게 한다.

• Mark No if you find any 2 or more instances of the following

만약 다음의 사항을 2가지 또는 그 이상 발견하면 No이다.

» Any instance where food (except bread), beverage or chemical items stored on bread racks

브레드를 제외한 음식, 음료, 또는 화학약품이 브레드 랙에 보관되어 있을 경우

» Shelving does not allow for 15 centimeters (6 inches) clearance, except shelving sealed to the floor

바닥에 고정된 선반을 제외하고, 선반이 15cm 이상으로 설치되지 않았을 경우

» 2 or more instances of items stored directly on the floor

바닥에 직접적으로 보관되어 있는 아이템이 2개 또는 그 이상이 있을 경우

22. Ensure proper implementations of the FIFO principles in food-production and storage areas.

주방과 저장실에서는 선입선출의 원리를 따라야 한다.

- FIFO means "First Item In is the First Item Out," a technique that assures proper rotations of food and beverage products

  선입선출은 먼저 들어온 것을 먼저 사용한다는 의미이며 음식과 음료의 적절한 로테이션을 위함이다.

- Check the main food storeroom area and randomly select 1 other food storeroom or pantry if applicable

  주요 저장실을 체크하고, 임의로 다른 저장실 한 개, 또는 팬트리를 선택하라.

- Mark No if you find any of the following

  만약 다음의 사항을 발견하면 No이다.

  » 2 occurrences of new product stored in front of old

    날짜가 더 오래된 것 아이템 앞에 새로 들어온 아이템이 2개 이상 있을 경우

  » Any new product dated with a date in the past

    과거에 붙여둔 날짜와 새로운 날짜가 같이 있을 경우

23. Refrigerators and freezers maintain required temperatures

냉장고와 냉동고는 요구된 온도를 유지시켜야 한다.

- Internal temperatures of each refrigerator/freezer must be maintained at or below

  냉장고와 냉동고의 내부온도는 다음과 같거나 낮아야 한다.

  » Freezers : 5°F (−15°C)

    냉동고 −15도

  » Refrigerators : 41°F (5°C)

    냉장고 5도

- Each refrigerator/freezer must have a thermometer that measures the ambient temperature of warmest area of the unit.

각 냉장고/냉동고는 내부온도가 가장 따뜻한 곳에 주변 온도 측정할 온도계를 가지고 있어야 한다.

> » If built in devices are absent or not working, hanging thermometers are adequate. One of the other must be present and working.
> 만약 기계의 온도계가 설치되어 있지 않거나 작동되지 않는다면, 따로 달아둔 내부온도계를 사용하라. 둘 중에 한 개는 있거나 작동되어야 한다.

- Randomly select refrigerator/freezer units(walk-in or reach-in)
  냉장고/냉동고를 임의로 선택하라.

  > » 1 refrigerator and 1 freezer(FFI/RI/SHS)
  > 냉장고 1개 냉동고 1개

  > » 2 refrigerator sand 1 freezer(CY)
  > 냉장고 2개, 냉동고 1개(CY)

  > » 3 refrigerators and 2 freezer
  > 냉장고 3개/냉동고 2개

  > » If multiple kitchens, check 2 units per kitchen
  > 만약 멀티플레이 주방이라면 주방마다 2개씩 체크하라.

  > > ☞ Bakery/Pastry Shop/Butcher/Garde Manger, cafeteria/canteen are considered separate kitchens
  > > 베이커리/페스트리숍/부처/가드망제, 카페테리아/캔틴은 다른 주방으로 여긴다.

  > » Note internal temperature reading
  > 읽은 내부 온도를 기록하라.

24. Take temperatures of 1-3 food items that have been stored for a minimum of hours
   적어도 24시간 동안 보관된 1~3개의 음식 온도를 체크하라.

   - Compare the temperatures against the unit thermometer
     기계의 온도계와 그 온도를 비교하라.

» Compare reading to required temperature for unit to determine accuracy

냉장고를 정확하게 측정하기 위해 요구된 온도와 비교하라.

• Enter out-of-range temperatures and unit name/location into findings

온도가 정상범위 밖이면 발견한 기계의 이름과 위치를 기록하라.

• Mark No if you find any of the following

만약 다음의 사항을 발견하면 No이다.

» Thermometer not present

온도계가 없을 경우

» Freezers over 5℉ (−15℃)

냉동고가 −15도보다 높을 경우

» Refrigerators over 41℉ (5℃)

냉장고가 5도보다 높을 경우

25. Cold potentially hazardous foods maintained at 5℃ (41℉) or below (or meet local required temperature if more stringent) in all cold holding devices.

모든 차가움을 유지하게 만드는 장치에서는 위험 가능성이 큰 차가운 음식 온도는 반드시 5도 또는 그 이하여야 한다. (또는 국내법이 더 엄하다면 그것을 따르라.)

• Randomly select cold unit/units (walk-in, reach-in, cold holding units, salad bars, ice wells) :

임의로 차가운 설비 (워크인, 리치인, 차가움을 유지하는 장치, 샐러드 바, 얼음)

• 3 refrigerators and 2 cold holding units/6 cold items

3개 냉장고와 2개의 차가움을 유지하게 만드는 장치의 6개의 차가운 음식

• Mark No if 2 or more products are 6-10℃ (42~50℉)

만약 2개 또는 그 이상의 음식이 6~10도 사이일 경우 No이다.

• Mark No if any product is over 13℃ (55℉)

만약 한 개의 음식이 13도 이상이면 No이다.

26. Hot potentially hazardous foods maintained at 60℃ (140℉) or above (or meet local legal required temperature if more stringent) in all hot holding devices

모든 뜨거움을 유지하게 만드는 장치에서 위험 가능성이 큰 뜨거운 음식은 반드시 60도 또는 그 이상이어야 한다. (또는 국내법이 더 엄하다면 그것을 따르라.)

- Randomly select hot holding units that contain potentially hazardous foods (Chafing dish, steam table, banquet hot box)

  임의로 위험 가능성이 큰 뜨거운 음식을 보관하고 있는 뜨거움을 유지하게 만드는 장치를 선택하라. (신선로 음식, 스팀 테이블, 뱅킷 핫 박스)

  » 3 hot holding units/6 hot food items

  3개의 뜨거움을 유지하게 만드는 장치의 6개의 뜨거운 음식

- Mark No if 2 or more products are 54~59℃ (130~139℉)

  만약 2개 또는 그 이상의 음식이 54~59도 사이일 경우 No이다.

- Mark No if any product is below 54℃ (130℉)

  만약 한 개의 음식이 54도 이하이면 No이다.

- Food handlers understand required cooking temperatures or know local legal required cooking temperatures if more stringent).

  음식을 다루는 직원은 요구된 조리온도를 이해해야 하며 또는 국내법이 더 엄격하다면 국내법상의 조리온도를 알아야 한다.

- Minimum required cooking temperatures

  최소 요구된 내부 조리온도

  » Fresh Shell/Pasteurized Eggs or Egg Dishes : 145℉ (63℃)

  조개류, 살균 처리된 달걀

  » Ground Meats (except poultry)

  155℉ (68℃) 간 고기 (가금류 제외)

  » Pork, Game Products : 145℉ (63℃)

  돼지고기, 야생동물

  » Poultry (solid & ground) : 165℉ (74℃)

가금류

» Re-heated Foods : 165℉ (74℃)

재가열 음식

» Roast Beef : 130℉ (55℃)

로스트비프

» Seafood : 145℉ (63℃)

해산물

» Soups, Sauces : 165~180℉ (74~82℃)

수프, 소스

» Stuffed Foods (Meats, Poultry, Seafood, Pastas) : 165℉ (74℃)

속이 가득 찬 음식 (고기, 가금류, 해산물, 파스타)

» Veal, Lamb, Other Red Meats : 145℉ (63℃)

송아지, 양, 다른 빨간색 고기

• Local code prohibits/supersedes any standard; documentation must be provided for verification

국내법이 금하거나 대처하려면 서류를 준비해서 보관하라.

» Randomly select 3 food handlers

임의로 3명의 직원을 선택하라.

» Randomly select 1 food handler : (CY/FFI/SHS/RI)

식품을 취급하는 1명의 직원을 임의로 선택하라.

» In form culinary staff they may answer verbally, or show them on charts/documentation.

조리부 직원에게 구두로 대답할 수 있고, 차트나 서류를 그들에게 보여줄 수 있다는 것을 알려라.

☞ You must accept the first answer provided

제공된 첫 번째 대답으로 체크하라.

» Randomly select a food item from above list (select a different item for each person)

임의로 위의 아이템을 선택하라. 다른 사람은 다른 아이템을 선택하라.

» Ask for the minimum required cooking temperature for selected food products
선택된 음식 내부 조리온도를 물어라.

» Interact with culinary staff for answers
대답을 위한 조리부 직원과 소통하라.

• Mark No if you find any of the following
만약 다음의 사항을 발견하면 No이다.

» 2 or more food handlers could not recite/show proper cooking temperatures.
2명 또는 그 이상의 음식을 다루는 직원이 대답을 못하거나 적절한 온도를 보여주지 못할 경우

27. must purchase ground/minced beef for hamburgers from vendors that comply with approved microbiological standards or grind beef for hamburgers on property with approval from Global Food Safety.
인증된 미생물학적 기준을 따르는 공급업체로부터 햄버거용 분쇄된(간 것) 쇠고기를 구매해야 하며, 글로벌 식품의 안전 승인을 얻은 식품을 구매하여 햄버거 패티를 만들어야 한다.

• Fresh or frozen ground beef used for hamburger patties must be
햄버거 패트를 위한 냉장/냉동의 간 쇠고기는 반드시 다음과 같아야 한다.

» Microbiologically Food Safety Tested(MFST)(Where available) or Ground on property with approval letter and documented procedures for grinding fresh beef following : A-12-Purchasing, storing and fabricating fresh ground beef
미생물학적 식품 안전 테스트(MFST)(가능한 경우) 또는 승인서 및 다음과 같은 신선한 쇠고기를 분쇄하기 위한 문서화된 절차와 함께 사유지에 접지한다 : A-12-신선한 다진 쇠고기의 구매, 저장 및 제조;

» tested using fresh/frozen raw beef microbiological testing protocol. See specifications on MGS.
신선한/생육 미생물학적 시험 프로토콜을 사용하여 시험한다. MGS의 사양을 참조하라.

• Mark No if

만약 다음과 같으면 No하라.

» MFST option : Hamburgers do not contain the MFST sticker affixed to the case

MFST 옵션 : 햄버거에는 케이스에 부착된 MFST 스티커가 포함되어 있지 않다.

» In-house grinding option : A12 grinding standard is not utilized or available for review

내부에서 만드는 경우 A12 절차를 올바르게 따르지 않거나, 사용하지 않을 경우

» testing protocol : GFS approval letter accepting grinding vendor not available

공급업체가 Approval letter를 갖지 못할 경우

» This standard applies to all brands

이 표준은 모든 브랜드에 적용된다.

» Mark No if for use of pre-cooked hamburgers.

반조리 햄버거를 사용하면 No이다.

28. Food must come from commercial suppliers and food/packaging must be in sound condition when received. Shellfish tags must be retained for 90 days.

식품은 반드시 공인된 공급업체로부터 구매되어야 하며, 식품/포장은 검수 시 상태가 좋아야 한다. 조개류 태그는 90일 동안 보관해야 한다.

• Food and ingredients must come from commercial suppliers and be in good condition.

식품과 재료는 반드시 공인된 공급업체로부터 들어와야 하며, 좋은 상태여야 한다.

• Mark No if you find any of the following

만약 다음과 같으면 No하라.

» Home made products

가정에서 만든 상품일 경우

» Damaged/dented cans

손상되거나 움푹 들어간 캔이 있을 경우

» Moldy foods

곰팡이 난 음식이 있을 경우

» Unpasteurized milk and cheese products

살균 처리되지 않은 우유나 치즈가 있을 경우

» Seafood harvested from a non-licensed sourced

공인되지 않은 업체에서 수확된 해산물을 사용할 경우

- Shellfish tags have to be in chronological order to allow for discard after 90 days.

조개류 태그는 90일 후에는 버려져야 하므로, 입고된 순서대로 보관해야 한다.

29. Date marking is applied at time of preparation to ready to eat potentially hazardous food and may not exceed 7 days shelf life.

위험 가능성이 큰 바로 먹는 음식을 준비할 때 날짜를 표시한다. 이는 7일간의 유통기간을 가진다.

- Food that is refrigerated, ready-to-eat, potentially hazardous and intended to be held for more than 24 hours must be dated.

냉장 음식, 바로 먹을 수 있는 음식, 위험 가능성이 큰 음식, 24시간 이상 동안 유지할 음식은 반드시 날짜 표시를 해야 한다.

» This applies to food prepared on site and to commercial containers opened on site.

이는 현장에서 만들어진 음식과 바로 개봉된 제품에 적용한다.

- Items prepared on site are to be given a maximum shelf life of 7days.

현장에서 준비된 음식은 최대 7일간의 사용기간이 주어진다.

- Commercially processed foods are to be given a maximum shelf life of 7 days, but the date given on site cannot exceed any date placed on the original package by the manufacturer.

가공된 음식은 최대 7일간의 사용기간을 가지나 현장에서 주어진 날짜는 원래 박스에 있는 유통기간의 날짜를 초과할 수는 없다.

» For example, if the manufacturer's original expiration date is February 12th, but the product is opened on February 10th. The product can be given only 2 days shelf life, not 7 days.

예를 들어, 만약 원래 박스에 있는 유통기간이 2월 12일이라면 그 제품을 2월 10일에 오픈했을 경우 단지 2일간의 사용기간이 있는 것이다.

- If the date marked is the day the container is opened (rather than the date it expires), a system must be in place to discard the food within at most 7 days.

  만약 표시되는 날짜가(만료될 날짜가 아닌) 제품을 개봉한 날짜로 표시되는 시스템이라면, 최대 7일 안에 식품이 버려질 수 있어야 한다.

  » This item does NOT apply to

  이런 식품에는 적용하지 마라.

  » Items intended to be used later the same day

  같은 날 더 늦게 사용될 것 같은 식품

  » Raw animal products (though dating them is a good practice)

  날고기

  » Non-potentially hazardous foods, such as cookies or unopened canned products

  위험 가능성이 없는 음식, 쿠키나 개봉 안 된 캔 제품

  » Deli salads and salad dressing manufactured in a processing plant, such as ham salad, seafood salad, chicken salad, egg salad, pasta salad, potato salad, and macaroni salad (since these typically contain preservatives),

  햄샐러드, 해산물샐러드, 치킨샐러드, 에그샐러드, 파스타샐러드, 감자샐러드, 마카로니샐러드 등 가공 공장에서 제조된 델리 샐러드 및 샐러드 드레싱(일반적으로 보존료를 함유하고 있으므로)

  » Hard and semi-soft cheeses such as cheddar, Gruyere, Parmesan and Reggiano, Romano, blue, Edam, Gorgonzola, Gouda, and Monterey jack

  체다, 그뤼에르, 파르메산과 레지아노, 로마노, 블루, 에담, 고르곤졸라, 고다, 몬테레이 잭과 같은 딱딱하고 반쯤 부드러운 치즈

  » Cultured dairy products such as yogurt, sour cream and buttermilk

발효유제품

» Fluid milk and cream (based on industry practice and the fact that they will be unpalatable long before they are unsafe)
유동 우유 및 크림(업계 관행 및 안전하지 않게 되기 훨씬 오래전에 맛이 없을 것이라는 사실에 근거함)

• Mark No where trending applies
다음의 사항에서 No하라.

» Ten or more items that are not correctly dated 10
또는 그 이상의 식품에 날짜 표시가 없을 경우

30. Food products not held or sold past expiration dates.
사용할 수 있는 기한이 지난 식품은 보관이나 판매할 수 없다.(유통기한, 29번의 7일 보관 모두 해당)

• In a restaurant or food service environment, mark No only for ready-to-eat, potentially hazardous foods dated on site at the time of preparation.
레스토랑이나 서비스 안에서, 준비될 때의 날짜 표시가 된 '바로 먹는 음식', 위험 가능성이 높은 음식에 관해서만 체크해서 No하라.

• These items may not be held beyond the given date. (If the items are marked with the day of preparation, they may not be held more than 7 days.)
이런 식품들은 주어진 날짜를 지나서는 가지고 있을 수 없다. (만약 준비한 날의 날짜가 있다면 7일 이상 보관할 수 없다.)

• Do not mark no for manufacturer's "Enjoy by" & "Best by" dates. These dates are only recommendations based on quality, not safety.
품질 유지 기간(유통기한이 아님)에 관해서는 No하지 마라. 이런 날짜는 단지 식품의 안전보다는 질에 우선을 둔다.

» TRENDING : Mark No where ten or more items are expired.
10 또는 그 이상의 식품에 날짜 표시가 없는 것은 No하라.

31. Food and food contact surfaces protected from potential microbiological, physical and chemical hazards.

미생물, 물리적, 화학적 위해로부터 보호되는 식품과 식품접촉표면

- Hotel must store items with the highest cooking temperature requirement on the bottom shelf, and place food items with lower cooking temperature requirements above these items.

  호텔은 반드시 가장 낮은 선반에 가장 높은 온도에서 조리를 요구하는 식품을 보관해야 한다.

- Examples of such hazards include but are not limited to : raw animal products above ready-to-eat foods, commingling raw animal species, and thumb tacks/staples.

  그런 위해의 예로, 바로 먹는 식품 위에 날고기를 보관하거나, 여러 종류의 날고기를 같이 보관하거나, 압정, 스테이플

- Egg products and raw poultry products must be stored on the bottom shelf (liquid pasteurized eggs are not a raw food product)

  달걀과 익히지 않은 가금류는 가장 낮은 선반에 보관시켜야 한다. (액체 살균 달걀은 날 식품이 아니다.)

- Mark no for

  다음일 때 No하라.

  » Raw animal products store above or commingled with ready-to-eat products

    날고기를 바로 먹는 식품과 같이 보관하거나 그 위에 보관했을 경우

  » Physical hazards that would present an imminent health hazard, such as push pins used directly above food prep surfaces

    식품 표면 위에 직접적으로 박은 핀 같은 임박한 건강 위해를 가져올 물리적 위해가 있을 경우

  » Chemicals stored above food or food contact surfaces

    식품이나 식품접촉 표면 위에 화학약품이 보관되어 있을 경우

- Mark no if various types of raw animal products are not properly segregated.
  만약 여러 종류의 날고기가 적절히 분리되어 있지 않다면 No하라.

  » For example, where complete vertical separation is not possible, raw poultry must be stored on the bottom and ready-to-eat items must be stored on the top.
  예를 들어, 완벽한 수직의 분리는 꼭 필요하지 않지만, 익히지 않은 가금류는 반드시 가장 아래 선반에, 바로 먹는 음식은 가장 높은 선반에 보관해야 한다.

  » All other products should be stored in between and not commingled. (Note that the exact order of the items in between is not important, though some local health authorities have their own preference)
  모든 다른 제품은 그 사이에 보관해야 하며, 같이 혼합해서 보관하지 마라.
  (국내법에 제한이 없는 이상, 사이에 두는 제품들의 정확한 순서는 중요하지 않다.)

- Check all chillers, refrigerators, reach-ins and walk-ins
  모든 칠러, 냉장고, 리치인, 워크인을 체크하라.

- Mark No if you find any of the following
  만약 다음의 사항이 발견되면 No하라.

  » Egg products not stored on the bottom shelf
  가장 낮은 선반에 달걀이 보관되어 있지 않을 경우

  » Food items with higher-cooking temperature requirements stored over food items with lower-cooking temperature requirements
  더 높은 조리온도를 가진 음식이 더 낮은 조리온도를 가진 음식보다 위에 보관되어 있을 경우

  » Potential for cross-contamination between foods exists
  음식 사이의 교차오염의 위험이 있을 경우

  » Raw products stored directly above ready-to-eat foods
  바로 먹는 음식 위에 직접적으로 날고기를 보관하고 있을 경우

32. Potentially hazardous foods properly thawed.
위험 가능성이 높은 음식은 적절하게 해동해야 한다.

- Thawing at room temperature is not allowed.

  실온에서의 해동은 절대 안 된다.

- Potentially hazardous foods should thaw

  위험 가능성이 큰 음식은 반드시 다음과 같이 해동하라.

  » Under refrigeration at 5℃ (41℉) or below

    5도 또는 그 이하의 냉장고 안에서

  » Completely submerged under cool running water that is 21℃ (70℉) or below

    21도 또는 그 이하의 흐르는 차가운 물 아래 완전히 담근다.

  » In a microwave oven if it is to be cooked immediately after thawing, or

    만약 해동 후 즉시 요리를 한다면 전자레인지에서 가능하다. 또는

  » As part of the cooking process.

    조리의 한 과정이라면 전자레인지에서도 가능하다.

  » Mark No for any potentially hazardous foods not properly thawed.

    위험 가능성이 높은 음식을 적절하게 해동하지 않을 경우 No하라.

33. In-use utensils (including ice scoops) properly handled and stored in a sanitary manner. Handles of utensils stored in the product do not touch the product and extend out of the container for moist product.

    아이스 스쿱을 포함 사용되는 조리기기(유텐슬)는 적절히 다루어야 하고, 위생적으로 보관해야 한다. 유텐슬의 손잡이는 음식과 닿아서는 안 되며, 수분 있는 재료에도 손잡이가 닿지 않게 밖에 보관시킨다.

- Mark No for any issues with utensils that are currently in use.

  현재 사용하고 있는 조리기기를 체크하고 No하라.

  » Serving utensils that are stored in food waiting to be used are considered to be in use and should be stored with the handle extending out of the food.

    서빙 유텐슬은 사용되고 있다고 여기고 음식에 닿지 않게 보관시켜야 한다.

  » For dry ingredient sonly, scoops may be stored with the product in side covered

    마른 재료를 위해서는, 스쿱은 커버로 덮인 제품 안쪽에 함께 보관되어야 한다.

» For moist products, the scoop must extend completely out of the container.

수분 있는 재료에 스쿱은 반드시 완전하게 컨테이너 밖으로 나와 있어야 한다.

- Mark No for utensils such as glasses, cups and bowls with no handles that are being used as a scoop.

유리컵, 컵, 그리고 볼 같은 핸들이 없는 조리기기가 스쿱처럼 사용될 경우는 No 하라.

- Ice scoops, shovels, paddles, etc. stored at the ice machine are considered to be in use at all times and must be kept sanitary.

아이스 스쿱은 항상 사용하는 것으로 여기고, 위생적으로 보관되어야 한다.

» The dusty top of an ice machine is not a sanitary surface.

아이스머신의 먼지 있는 위는 위생적인 표면이 아니다.

- Mark No for utensils stored at room temperature in containers of sanitizer. Proper cleaning must always precede sanitizing, and air—drying must follow it.

유텐슬들이 60도 이상이 아닌 실온에서 보관되어 있다면 No하라.

적절한 세척은 반드시 소독과 함께 진행되어야 하고, 에어 건조시켜야 한다.

» Alternatives include

이는 다음과 같이 대체할 수 있다.

» (1) Hold on a clean, sanitary surface and wash—rinse—sanitize and at least every 4 hours

적어도 깨끗하고 위생적인 표면을 유지시키고, 세척, 린스, 소독을 4시간에 한 번씩 하라.

» (2) OR hold in hot water 140°F(60℃) or above.

» 또는 60도 또는 그 이상의 뜨거운 물에 담가라.

» NOTE : Ice water is not an alternative allowed.

얼음물로는 대체되지 못한다.

34. Cutting board policy meets standards.
도마는 기준에 맞아야 한다.

- Cutting board system must be in place
  도마는 다음을 지켜야 한다.

  » White plastic, polypropylene or acrylic, used for preparing only ready-to-eat food items(including Sushi and Sashimi)
  흰색 플라스틱, 아크릴 도마는 바로 먹을 수 있는 음식을 준비할 때만 사용할 수 있다. (사시미, 스시도 포함된다.)

  » Second/other color used for food items that are not ready-to-eat
  다른 색깔의 도마는 바로 먹을 수 있는 음식 외의 식품에 사용할 수 있다.

  » It is acceptable to use a multiple color cutting board system for non ready-to-eat food items
  바로 먹을 수 있는 식품이 아닌 식품일 경우 다양한 색깔의 도마도 사용할 수 있다.

- Wood cutting boards may only be used for
  나무 도마는 단지 다음과 같을 때 사용할 수 있다.

  » Food displays
  디스플레이

  » Bakery work tables
  베이커리 워킹 테이블

  » Butcher blocks
  부처 블록

- Asian kitchens and other specialty kitchens may use wooden boards for general use, provided that
  아시안 주방과 다른 특별한 주방에서도 아래를 충족시킨다면 나무 도마를 사용할 수 있다.

  » Boards must be properly maintained and marked for the proper product use
  도마는 적절하게 유지해야 하고 적절한 곳에 사용해야 한다.

» Separate boards for chicken, fish, raw and cooked products
닭고기, 생선, 날고기와 조리된 고기를 분리해야 한다.

» Blocks are to be scraped, washed and sanitized daily
블록은 스크랩되어야 하고, 매일 세척, 소독되어야 한다.

• Randomly select 1 culinary associate and ask when each color is used
임의로 한 명의 조리부 직원을 골라 각 색깔의 도마를 사용할 경우를 물어보아라.

• Check cutting boards for cleanliness and condition
청결과 상태를 체크하라.

• Mark No if you find any of the following
다음의 사항을 발견할 경우 No하라.

» CulinaryAssociatecannotexplainwhateachcolorisusedfor
조리부 직원이 색깔별 용도를 설명하지 못할 경우

» Preparing not ready-to-eat items and ready-to-eat items on the same cutting boards
바로 먹는 식품과 그렇지 않은 음식을 동시에 준비할 경우

» Using only one-color cutting boards
단지 한 개의 색깔만 사용할 경우

» Using wooden boards for applications other than those approved
위의 승인된 경우 외에 나무 도마를 사용할 경우

35. Food contact surfaces of equipment and utensils durable, non-toxic, easily cleanable and in good condition.
조리기기나 조리기구의 식품접촉표면은 내구성이 있어야 하고, 독성이 없으며, 쉽게 세척되고 좋은 상태로 유지해야 한다.

• All food contact surfaces in the food preparation area must be made of materials that are safe, corrosion resistant, nonabsorbent, smooth and easily cleanable.
주방 내 모든 식품접촉표면은 반드시 안전하고, 부식되지 않고, 내구성이 있고, 흡

수되지 않으며, 부드럽고, 쉽게 세척될 수 있는 재질로 만들어져야 한다.

- Surfaces must also be in good condition to facilitate cleaning and to prevent physical contamination of the food.

또한 표면은 세척이 쉽게 상태가 좋아야 하고 음식의 오염을 예방할 수 있어야 한다.

- Food contact surfaces must be made of food-grade plastic or of non-reactive metals such as stainless steel.

음식접촉표면은 식품접촉 가능 플라스틱이거나 스테인리스스틸과 같은 반작용이 없는 재질로 만들어진 것이어야 한다.

- Mark no if more than two unlike items is unacceptable. Several of the same item(E. g. spoons) counts as one item.

만약 2개 이상의 아이템이나 스푼과 같은 아이템 중 여러 개가 기준에 미달하면 No하라.

36. Equipment and utensils properly cleaned, such as sides of sinks, door handles and gaskets, sliding door tracks, shelves, racks, etc.

조리기기와 조리기구는 적절히 세척해야 한다. 싱크대 바깥 표면, 문 손잡이, 도어자국, 개스킷, 선반, 랙

- All non-food contact surfaces must be cleaned regularly to maintain a sanitary environment.

모든 음식을 접촉하지 않는 표면은 반드시 규칙적으로 청소되어야 하고, 위생적으로 유지해야 한다.

- Check surfaces of equipment and utensils that do not directly contact food

직접적으로 음식에 접촉하지 않는 조리기기나 조리기구의 표면을 체크하라.

  » Sides of sinks gaskets on cooler and freezer doors
    싱크대 표면, 냉장고 냉동고 문의 개스킷

  » Tracks of sliding doors on ice machines
    아이스 머신 문의 자국

  » Exterior of ice machines exterior/sides of food containers
    아이스머신의 외부표면, 음식 컨테이너의 외부표면

» On/off switches of food processing equipment

음식 가공기기의 전원스위치

» Handles to cooler doors shelves and racks for food etc.

음식을 위한 랙이나 선반, 쿨러 문의 손잡이

» TRENDING :

☞ Mark No only if more than one deficiency is observed.

만약 한 개 이상의 결함이 보일 시 No하라.

37. Non-food contact surfaces of equipment and utensils durable, non-toxic, easily cleanable and in good condition.

(식품접촉 면이 아니어도) 조리기기나 조리기구에 내구성이 있어야 하고, 독성 없고, 쉽게 세척되며, 상태가 좋아야 한다.

- Non−food contact surfaces of utensils and equipment in the food preparation area must be made of materials that are

직접적 식품접촉표면이 아닌 주방 안 조리기기나 조리기구도 반드시 다음의 재질로 만들어져야 한다.

» Safe

안전한 재질

» Corrosion resistant

부식되지 않는 재질

» Nonabsorbent

흡수되지 않은 재질

» Smooth

부드러운 재질

» Easily cleanable

쉽게 세척되는 재질

- These surfaces must be in good cond + A1394 it ion to facilitate cleaning and to prevent physical contamination of the food.

이러한 표면은 세척을 쉽게 하고 식품의 물리적 오염을 방지하기 위해 양호한 상태 + A1394 상태여야 한다.

- Mark No for all damage to non-food contact surfaces here.
  식품접촉표면이 아닌 곳에 손상이 있을 시 No하라.

- TRENDING :
  » Mark No only if more than one
    한 개 이상이면 No이다.

38. Chemical sanitizer solutions at proper concentration and temperature per label instructions.
소독제는 기준에 맞는 적절한 농도와 온도를 지켜야 한다.

- Check sanitizer in buckets; spray bottles, chemical sanitizing dish washing machines, manual pot sink, and dispensing systems in each area.
  버킷에 있는 소독제를 체크하라. 각 구역에 있는 스프레이건, 소독제를 사용하는 세척기, 3조 싱크대, 소독제 디스펜서

  » Immerse strip for exactly the specified time
    정확하게 스트립을 담근다.

  » Do not use hot water
    뜨거운 물은 이용하지 마라.

  » Do not agitate the paper
    페이퍼를 휘젓지 마라.

  » Do not contact foam on top of the solution.
    소독제 위에 있는 거품에 접촉하지 마라.

- Quat sanitizers works in hot water, but the test strips may not.
  If the water is hot, pull a small sample out in to a tray or cup and allow it to cool before testing.

  콴새니타이저는 뜨거운 물에서 작용한다. 그러나 테스트 스트립은 아니다. 만약 물이 뜨거우면 컵이나 트레이에 물의 샘플을 담은 후 식혀라.

- The most common sanitizer concentrations are

  가장 좋은 소독제 농도

  » Old Quats 200−300 PPM

  » New Quats(multi−quat) 150 to 400 PPM

  » Chlorine/bleach 50−100 PPM Mo Iodine 12.5−25 PPM

- If you are unsure of which quat is in use, check the label's fine print. Look under the heading "Directions for Use".

  만약 사용하고 있는 콧새니타이저가 확실하지 않다면 라벨을 확인하라.

- To check low temperature dish machines

  저온 식기 점검 방법

  » Run a rack of glassware through a complete cycle

    한 랙의 유리 제품을 전체 사이클에 걸쳐 실행

  » Take a chlorine test strip and dip it in any excess water droplets on glass

    염소 테스트 스트립을 취하여 유리에 있는 여분의 물방울에 담근다.

  » Check that the level of the chlorine is 50−100ppm

    염소의 농도가 50~100ppm인지 확인한다.

- Mark No if the chlorine level is not at the correct level

  만약 크롤린(염소) 레벨이 정확하지 않으면 No하라.

- TRENDING : Mark No where 3 or more of the same items exist. (e.g. spray bottles of sanitizer, buckets)

  같은 아이템 중 3개 또는 그 이상이면 No하라.

- Use this item to mark No sanitizer compartment is not large enough or filled high enough to adequately sanitize at least half of the largest piece of equipment being cleaned. (It can be flipped to sanitize the other half.)

  소독제 칸이 충분히 크지 않거나, 적어도 세척할 조리기기의 가장 큰 부분의 반이 충분한 들어갈 높이가 아니면 No하라.

39. Sanitizer test kits readily available for use for all available kinds of sanitizers.
모든 소독제의 소독제 테스트 키트는 사용할 수 있게 준비돼야 한다.

- Test kits must be readily available for each chemical sanitizer used.
  테스트키트는 반드시 각각 사용되는 소독제 종류별로 이용할 수 있게 준비되어야
  한다.

  » Test kits that are buried in drawers or that are still in the orig in a laluminum foil wrap are not considered readily available or used.
  사무실에 있거나, 알루미늄 호일 랩에 포장된 상태 그대로 있는 테스트키트는
  사용할 수 있다고 볼 수 없다.

- The calibration of automatic dispensing systems should be tested at least daily.
  자동 디스펜서 시스템의 조절에 관한 검사는 적어도 하루에 한 번은 해라.

  » When mixed by hand, each batch should be tested.
  손에 의해 농도를 맞출 때는 반드시 테스트해야 한다.

  » Mark No if test kit(s) are not readily available.
  만약 사용할 테스트키트가 없으면 No하라.

40. Hands that may have become contaminated are washed appropriately.
교차오염 예방을 위해 손은 반드시 적절히 씻어야 한다.

- Upon entry into the food preparation area, always model best practices by washing your hands
  주방에 들어갈 때, 항상 손을 씻어야 한다.

- Hand-washing practices for food handlers meet standard
  다음 기준에 따르라.

- At the minimum, hands must be washed under the following conditions
  적어도 손은 다음의 기준에 따라 씻어야 한다.

  » After engaging in any activity that may contaminate the hands(e.g., smoking)
  손을 오염시킬 수 있는 행동을 한 후 (담배 등)

  » After using the restroom

화장실 사용 후

» Between preparing raw food and then working with ready-to-eat food

날고기와 바로 먹을 수 있는 음식을 준비하는 사이

» Contact lenses - insertion or removal

콘택트렌즈를 끼거나 뺄 때

» Coughing, nose blowing, or sneezing

기침, 콧물, 재채기 후

» Cuts or wounds-before and after treating

손에 상처가 난 후, 치료 전후

» Eating - before and after

식사 전후

» Garbage cans or bags - before and after touching

쓰레기통, 뚜껑을 만진 전후

» Glove changing

장갑을 바꿀 때

» Mopping or cleaning

청소 시

» Sick or injured persons - before and after touching

아픈 사람을 만지기 전후

» Soiled equipment or utensils after handling

더러운 조리기기나 기구 만진 후

» Touching hair, mouth, nose or scalp

머리, 입, 코, 머리카락을 만진 후

• Hands should be washed at least every hour if none of the above conditions applies

위의 경우가 아니더라도 적어도 한 시간에 한 번씩은 손을 씻어야 한다.

• Observe food handlers in food and beverage areas

주방, 서비스 쪽에서 직원들을 관찰하라.

- Randomly select 1 food handler : (All brands)
  한 명의 직원을 임의로 선정하라.

- Ask food handler to name 2 conditions under which hands must be washed
  손을 씻어야 할 2가지 경우에 관해 물어보아라.

- It is acceptable if exact wording is not provided as listed above, e.g., "coughing" is acceptable
  위에 있는 만약 정확한 단어가 나오지 않아도 의미가 비슷하면 허용한다.

- Mark No if you find any of the following
  다음의 사항을 발견할 경우 No하라.

  » Food handler could not recite/show 2 conditions under which hands must be washed
    직원이 2가지 경우를 말하지 못했을 경우

41. No bare hand contact with ready-to-eat foods.
바로 먹는 음식은 맨손으로 만질 수 없다.

- All ready-to-eat food (food intended to be eaten without further cooking) must be portioned and served without contacting bare hands.
  모든 바로 먹는 음식은 (더이상의 조리가 없는 음식) 반드시 맨손으로 만질 수 없다.

- Utensils, gloves, in dividual wax papers, etc. are appropriate alternatives if used correctly.
  유텐슬, 글러브, 개별 왁스페이퍼 등으로 적절히 대체되어야 한다.

- Observe handling practices to assess this item.
  이런 아이템을 사용하는 직원들을 관찰하라.

- For Sushi Bars where bare hand contact is used : (International only)
  스시바에서는 맨손 사용이 가능하다.

  » Check for "Bare Hand Contact Variance"
    "맨손 접촉 차이" 확인

- Mark No for

다음은 No이다.

  » Intentional bare hand contact with RTE foods. (One instance)

  바로 먹는 음식을 맨손으로 의도적으로 접촉했을 경우

  » Do not score for a hand that accidentally touched the edge of a ready-to-eat food.

  바로 먹는 음식의 끝에 우연히 접촉된 손에 대해서는 점수를 매기지 마라.

  » No Bare Hand Contact Variance for International Sushi Bars.

  전 세계적으로 스시바에 대한 맨손 접촉 차이 없음

42. Persons displaying contagious symptoms are restricted from working around exposed food, utensils or equipment and hotels must display Associate Illness exclusion Guidelines.

전염되는 증상을 보인 직원은 음식, 주방기기, 주방기구 주변에서 일할 수 없으며, 호텔은 직원 질병 배제 지침을 교육해야 한다

- Illness exclusion guidelines poster is available (English only) for printing in the Global Source

  질병 제외 지침 포스터는 글로벌 소스에서 인쇄할 수 있다(영어로만 제공).

- Employees with the following symptoms should be restricted from food handling duties

  다음과 같은 증상을 보인 직원은 음식을 다루는 직무로부터 엄격히 금지해야 한다.

  » Diarrhea 설사

  » Vomiting 구토

  » fever 열

  » sore throat with fever 열을 동반한 목 아픔

  » jaundice (yellowing of the eyes) 황달

- Also watch for persons with open sores on their hands or forearms.

  또한 손이나 팔뚝이 아픈 직원을 관찰하라.

- Employees diagnosed with illnesses due to the following organisms should be excluded from the food establishment：

직원이 다음의 질환으로 진단받는다면 주방으로 출입할 수 없다.

» Norovirus 노로바이러스 / Salmonella Typhi 장티푸스

» Shigella 세균성 이질 / Hepatitis A A형 간염

» Shiga toxin-producing E. coli (STEC) 대장염

• Mark No for

다음은 No이다.

» Food handler displaying the symptoms/illnesses above.

위의 증상과 질환이 있을 경우

» No Associate Illness Exclusion Poster available.

포스터가 없을 경우

43. Eating, drinking and tobacco use restricted to nonfood areas.

허용된 먹는 장소가 아닌 곳에서 먹거나, 마시거나, 담배를 피우는 것은 안 된다.

• Drinking allowed from cups with lid and straw stored so they cannot contami-
nate the food contact surfaces.

마시는 것은 뚜껑이 있는 컵에 빨대를 이용해 마실 수 있다. 이러면 음식 접촉 표
면에 교차오염을 주지 않을 수 있다.

• Mark No for any in stance of eating or to baccouse in are as with exposed

다음이 있는 곳에서 먹거나 담배를 피울 경우 No이다.

» Food 식품

» food contact surfaces 식품 접촉 표면

» food contact packaging 식품을 포장하는 곳

• Chewing gum and chewing tobacco are considered eating.

씹는 껌이나 씹는 담배는 먹는 것으로 여긴다.

• Mark No for improper con sumption of food and drink.

부적절한 음식과 음료수의 섭취는 NO이다.

» Tasting of foods is acceptable, provided

다음이 있다면 음식을 테스트하는 것은 허용한다.

☞ Single-service utensils are used

　일회용 유텐실

☞ Utensils are washed, rinsed and sanitized between uses

　세척, 린스, 소독한 유텐슬

- It is acceptable if closed beverage containers (e.g., sports bottles, cups with lids, cups with lids and straws) are present as long as stored below or adjacent to work stations.

만약 닫힌 음료 컨테이너(스포츠 병, 뚜껑 있는 컵, 뚜껑과 빨대가 있는 컵)가 작업하는 곳 밑에 보관되어 있거나 가까이 있는 것은 허용한다.

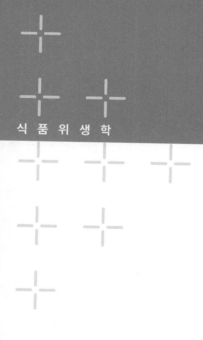

식 품 위 생 학

국내 표준 위생 운영 절차
Local Standard Operating Procedure

12장

국내 표준 위생 운영 절차
(Local Standard Operating Procedure)

1 Grooming Standard 그루밍 스탠다드

1) Standard 표준

01. To avoid physical, chemical or biological contamination of food and food contact surfaces by food handlers or waiters.

음식을 다루거나 서비스하는 사람은 음식 자체를 접촉하거나 오염된 음식을 접촉하는 것 (신체적, 화학적, 생물학적으로)을 피한다.

02. These guidelines are applicable to all food handlers and waiters in the Restaurant.

외식업에 종사하는 음식을 다루는 모든 사람은(홀 직원 포함) 해당 기준을 따른다.

03. Men and women should have clean, daily washed hair.

종사원은 매일 머리를 감고 샤워를 한다.

04. Adhere to personal hygiene : daily shower, mild deodorant or anti-perspirant roll on, clean teeth, clean non-greasy hair.

개인위생 관리에 힘쓴다. : 샤워를 매일 하고, 데오드란트는 강하지 않은 향으로 사용, 깨꿋한 치아 상태를 유지하고 기름진 머리는 피한다.

05. Men should be shaven daily, beard should not be allowed in food production areas.

남자 종사원은 면도는 매일 하도록 하며, 식음료 부서(키친 포함) 종사원은 수염을 기를 수 없다.

06. Nails should be kept short and clean, free from nail varnish.

손톱은 깨끗하고 깔끔하게 정돈하고, 매니큐어는 피한다.

07. Jewellery is not allowed. Except a plain wedding band.

깔끔한 결혼반지를 제외하고 다른 금속류는 금지한다.

08. Hand washing procedures must be followed.

손은 절차에 따라 씻도록 한다.

09. Colleagues should not adopt behaviors which could result in the contamination of food, such as eating, chewing tobacco, chewing gum, smoking, or unhygienic practices like spitting or snorting.

직원들은 음식을 오염시킬 수 있는 행동, 예를 들어 음식을 먹는 행위, 담배를 씹는 행위, 껌을 씹는 행위 및 담배를 태우는 행위 등은 하지 않아야 한다.

10. Employee uniform should be clean at all times, and needs to be changed when necessary.

직원은 항상 유니폼을 깨끗하게 유지하도록 하고, 필요하면 즉시 갈아입도록 한다.

11. It is not allowed to keep cigarettes, screws, chewing gums, etc. in the pockets or jackets, as this can contaminate food by falling into it.

재킷이나 바지 주머니에 껌, 담배, 못(나사) 등을 소지하지 않도록 한다. 음식에 빠져 음식을 오염시킬 수 있음을 숙지하도록 한다.

2 Uniform Standards 유니폼 표준

1) Standard 표준

To ensure Kitchen and Service colleagues are well groomed and enter the food production areas in a dress code that is specified.

주방 및 서비스 직원들은 깔끔한 Grooming을 유지하고 지정된 단정한 복장 규정을 준수하고 식품 생산 구역에 출입할 수 있도록 한다.

2) Procedure 절차

01. Guidelines for a chef

주방 직원을 위한 가이드라인(기준)

- Chef's jacket (to be specified) 셰프 재킷(지정된 상의)
- Pants (to be specified) 셰프 바지(지정된 하의)
- Apron (to be specified) : 앞치마(지정된 앞치마)
- Chefs hat 위생모자
- Black safety shoes 검정 안전화
- Name tag 이름표
- Themometer 온도계
- Well groomed 단정한 외모
- Black or blue ink pen 검정 또는 청색 잉크 펜

02. Guidelines for waiter/waitress

서비스 직원을 위한 가이드라인(기준)

- Uniform specific to the restaurant 해당 레스토랑에 지정된 유니폼
- stockings to be worn either in black or skin colour 살구색 또는 검정 스타킹 착용
- Name tag 명찰
- wall groomed 단정한 외모

3 Uniform Standard Procedure 유니폼의 통일된 표준

01. The Uniforms are not allowed to be taken home, or outside the kitchen at any time.

유니폼은 언제나 주방 안에서만 착용하며, 집이나 주방 밖으로 가져가는 것은 허용되지 않는다.

02. They must only be worn on duty.

근무 중에는 항상 착용한다.

03. Soiled uniforms should be brought immediately after the shift to the uniform exchange room, to ensure that the uniform is cleaned according to the standards.

더럽거나 오염물질이 묻은 유니폼은 유니폼실에서 바꿔입을 수 있도록 하고, 새롭게 착용할 유니폼의 상태가 깨끗한지 확인한다.

04. Every day the employee has to receive a clean uniform.

모든 직원은 매일 깨끗한 유니폼을 받아야 한다.

4 Food Borne Illness Notification 식인성 질환(식중독) 알림

1) Standard 표준

To ensure that all food borne illness notifications are on file and followed up according Company Procedures.

모든 식품 매개 질병에 대한 보고는 정리하고 기록해야 하며, 내규에 따라 처리되어야 한다.

2) Procedure 절차

01. This procedure applies to all complaints related to physical, chemical and biological contamination in food and water.

해당 절차는 음식과 물의 오염에 관련된 신체적, 화학적 및 생물학적인 불평불만 신고에 적용된다.

02. A Food Borne Illness Outbreak consists of 2 or more persons allegedly becoming ill from food served during the same meal period, function or event.

식품매개 질병이라고 보고할 수 있는 상황은 같은 식사 시간, 또는 행사에서 음식이 서비스되는 시점부터 2명 이상의 이상자가 나타나는 경우이다.

03. The actual Food Borne Illness Notification document Paper must be in every Restaurant and in the chef's Office.

식품매개 질병 보고서는 각 레스토랑 아웃렛과 셰프 사무실에 원본으로 보관되어야 한다.

04. All staff involved in F&B must be knowledgeable about the Procedures, All new starters receive an overview of the procedures during the Orientation.

F&B 업장에 속한 모든 직원은 절차를 숙지하여야 하며, 신규입사자는 오리엔테이션을 통해 교육받도록 한다.

05. The Procedures are revised yearly and should always be up to date.

절차는 매년 새롭게 수정 및 변경되며, 최신의 내용으로 업데이트되어야 한다.

06. Assuming that there is a Food Borne Illness Outbreak, follow these steps:
식품매개질병이 발생하는 경우 아래의 순서를 따르도록 한다.

- Report to restaurant insiders and general representatives.
  레스토랑 내부자와 총대표자에게 보고한다.

- Gather details by filling out the "Suspected Food Bore Illness Outbreak Questionnaire"
  가능한 모든 정황을 파악하여 "식품 매개 질병으로 의심되는 음식을 파악할 수 있는 질문지"를 작성한다.

- Report Incident.

보고는 즉각 한다.

- Copy the Questionnaire to your Regional Director of Operations.

  해당 오퍼레이션의 지역 대표자에게 질문지 내용을 보고한다.

- Save any food related to reported incident.

  관련 있는 음식의 상태를 유지, 보관한다.

- File all the documentation in the Operation, Executive chef and save for 2 years.

  운영하는 총괄 주방장에게 모든 문서를 제출하고 보관서류는 2년간 보관한다.

- Follow up after 24 h with the government.

  정부의 법에 따라 24시간 이후의 상태를 보고한다.

07. Update everybody on Food Borne Illnesses and how to prevent them.

식품 매개 질병에 대해 전 직원에게 업데이트된 내용과 예방하는 방법을 교육한다.

5 Food Transportation and Outside Catering
식품 운송 및 외부 케이터링

1) Standard 표준

01. Prepare the Truck and food carrier before use.

이동 수단은 사전에 준비하도록 한다.

02. Ensure that all surfaces of the truck and food carriers are clean.

음식을 전달하는 트럭과 이동 수단의 모든 표면은 깨끗하고 위생적으로 관리되어야 한다.

03. Wash, rinse, and sanitize all interior surfaces.

내부 표면은 항상 깨끗하게 정리되어 있어야 하며, 물론 위생적이어야 한다.

04. Ensure that the truck and food carrier are designed to maintain cold food temperatures at 5℃ or below and hot food temperatures at 65 ℃ or above respectively.

트럭과 음식 이동 수단은 냉장 음식을 보관할 수 있도록 섭씨 5℃, 온장 음식을 보관할 수 있도록 섭씨 65℃ 이상을 유지할 수 있는 기능을 갖춰야 한다.

05. Pre-heat food carrier at 65℃ or above before loading hot food into the same.

온장 음식을 이동 수단에 싣기 전에 사전 예열을 65도 이상으로 맞추는 것을 잊지 말아야 한다.

06. Pre-chill the truck at or below 5℃ before loading cool boxes.

반대로 냉장 음식을 이동 수단에 싣기 전에 섭씨 5도(그 이하)로 냉장 온도를 맞춰놓는다.

07. Store food in containers suitable for transportation. Containers should be:

이동하는 데 무리가 없도록 음식을 보관해야 한다. 음식을 보관하는 컨테이너는 아래와 같아야 한다.

- Rigid and sectioned or separate so that foods do not mix
  단단하고 잘 휘지 않아야 하며, 음식이 섞이지 않도록 완벽하게 구분되어야 함.

- Tightly closed to retain the proper food temperature
  음식 온도를 확실하게 유지하기 위해 뚜껑이 잘 닫혀야 함.

- Nonporous to avoid leakage
  샘 방지를 위해 작은 구멍이나 통기성이 없어야 함.

- Easy-to-clean or disposable
  청소나 폐기가 쉬워야 함.

- Suitable to hold food
  음식물을 보관하는 데 알맞아야 함.

08. Place hot food at or above 65℃ in hot cabinets / food carriers at or above 65℃ which will then be loaded into the vehicle. Place sterno at the bottom of the cabinet to maintain the temperature.

차량 등으로 이동/전달될 Hot food는 65도 또는 그 이상의 보관 용기에 담겨야 한다. 그리고 온도를 계속 유지하기 위해 이동식 열기구를 음식 아래에 설치한다.

09. Place cold food below 5°C in cool boxes / carts which are loaded into pre-chilled section of vehicle which is below 5°C.

Cold Food는 차량에 싣기 전에 5도 이하를 유지할 수 있는 아이스박스에 보관하고, 이동 차량 또한 5도 이하로 선냉장되어야 한다.

10. For lunch boxes which need to be transported, the same will be chilled below 5°C and transported in trolleys in a truck which is also pre-chilled below 5°C. Pallets will be used when necessary in the truck.

이동이 필요한 런치 박스 / 투고 박스 역시 5도 이하로 선냉장되어 있는 차량에 실어야 하며 필요하다면 팔레트를 이용해도 좋다.

11. Follow Receiving Guide 1 and F&B Guide 32 when food arrives at remote site.

외부로 음식을 옮겼을 때 Receiving 가이드1, F&B 가이드 32에 따라 진행하도록 한다.

12. During service, follow the food service Guide.

서비스할 때는 음식 서비스 가이드를 따르도록 한다.

13. To prevent food borne illness by ensuring that food is handled hygienically to prevent deterioration and contamination during transportation and service to outdoor premises.

음식을 전달하는 과정에서 발생할 수 있는 질병을 예방하기 위해, 음식은 항상 위생적으로 안전한 상태에서 전달되어야 하며, 특히나 외부로 이동을 하는 경우 또는 서비스가 실외에서 될 때는 더욱 특히 신경을 써야 한다.

14. This procedure applies to colleagues who transport and serve food from to remote sites outside premises.

이 절차는 주방에서 외부로 음식을 전달하고 서비스하는 모든 직원에게 적용된다.

15. Train employees on using the procedures in this Guide.

해당 기준에 따라서 직원 교육을 진행하도록 한다.

16. Only approved vehicles / food carriers for transporting food to be used.

식품 운송을 위해 승인된 차량/식품 운반자만 사용할 수 있다.

6 Food Sampling and Control Sampling
식품 샘플링 및 샘플링 관리

1) Standard 표준

01. His extends to food contact surfaces and hands of food handlers as well.

이 기준은 음식을 접촉하는 모든 사람(사람의 손)을 포함한 표면에 적용된다.

02. The food samples and swabs are done monthly by a governmental approved laboratory according to Guest satisfaction standards.

음식의 샘플, 표본은 정부가 인정하고 승인한 연구소를 통해 월별로 진행되어야 하며 또 고객 만족 조사의 기준을 따라야 한다.

03. The samples taken are : 3 food samples (high risk foods)

샘플 채취를 위해 3가지 아이템을 선택 (고위험군)

- 1 water/ice sample 물과 얼음 샘플
- 1 surface swab 표면 표본
- 1 hand swab 손의 균을 채취

04. A Monitoring program is in place to monitor the monthly samples and the results.

관찰 및 연구는 월별 샘플 및 결과 중에서 선택되어 진행된다.

05. The test report shall give all information related to the sample, identification number & batch numbers, method of sampling, method of analysis, results, standards/ specifi-cations, remarks, corrective action.

연구 보고는 샘플, 일련번호 및 해당 회분의 번호, 샘플 채취 방법, 분석 방법, 결과, 기준, 설명서, 비고, 조치사항에 대한 정보를 모두 제공해야 한다.

06. On every Banquet, food samples of random potentially hazardous foods must be taken and stored for 3 days in a freezer. Food samples must be identified.

모든 연회에서 무작위로 잠재적으로 위험한 식품의 샘플을 채취하여 냉동고에 3일 동안 보관해야 한다. 그리고 선택된 식품 샘플은 확실하게 명시되어야 한다.

7 Emergency Fridge and Freezer Breakdown
비상 냉장고 및 냉동고 고장

1) Standard 표준

To ensure that food is appropriately handled after an emergency fridge-freezer breakdown in a manner that will not pre-dispose to food poisoning.

냉장고/냉동고의 고장으로 사용이 불가한 경우 식중독균의 증식을 예방하기 위해 음식은 올바르게 관리돼야 한다.

01. Applicable to all food and beverage under chilled and frozen storage including hot holding.

고온 보관을 포함하여 냉장 및 냉동 보관 중인 모든 식품 및 음료에 본 기준이 적용된다.

02. When a fridge, freezer or hotbox breaks down, it must be recorded in the breakdown log with the relevant details such as the date and time of break down noted the unit that broke down, etc.

냉장고, 냉동고 또는 핫박스가 고장이 나면 이에 관한 내용은 모두 고장 로고 시트에 기록되어야 하며, 날짜, 시간, 고장 난 기물의 수량 등의 내용이 포함되어야 한다.

03. Verify the temperature of the fridge or freezer.

냉장고와 냉동고 온도를 확인한다.

04. The gauge reading and the internal product temperature of a product that has been in the cold unit for 24 hours. Also check the previous reading recorded in the temperature monitoring log.

24시간 동안 냉장/냉동고에 보관되어 있던 제품(음식)의 내부 온도를 체크한다. 또한 이전에 기록한 온도 체크 로그 시트도 함께 확인한다.

05. If the temperature of the product is below 8°C or the temperature of frozen product is -12°C or below, the product temperature may be restored by shifting to another chiller or freezer or by repairing of the same.

음식/제품 온도가 8도 이하로 떨어지거나, 냉동식품 온도가 영하 12도 이하로 떨어지는 상황에는 냉장고/냉동고를 옮기거나 동일한 제품을 빠르게 수리하여 온도를 유지해야 한다.

06. The manager or supervisor must note what kind of food was in the unit and where you transferred it to and the time it was returned back.

해당 업장의 관리자는 음식(제품)이 어디에 보관되어 있었는지, 어느 냉장고/냉동고로 옮겨졌는지, 그리고 본 냉장/냉동고로 재입고된 시간 등을 함께 기록하도록 한다.

07. Return the Form immediately to the Hygiene Officer.

모든 기록지는 위생관리 담당자에게 전달되어야 한다.

8 Cleaning and Monitoring Schedules
청소 및 모니터링 일정

1) Standard 표준

To make sure that a rotational cleaning is being done and monitored.

지속적인 청소와 관리가 진행되고 있는지 항상 관찰하고 확인하도록 한다.

01. All food handlers and waiters.

음식을 다루는 모든 직원은 본 가이드라인의 대상이 된다.

02. The cleaning schedule needs to be filled out by the Hotelier cleaning and sanitizing the equipment on a daily basis.

기물에 대한 청소 및 위생관리는 매일 직원들이 작성해야 한다.

03. The equipment is noted as cleaning daily, weekly and monthly.

기물별로 일, 주, 월별로 관리해야 하는 스케줄을 만든다.

04. Clean and sanitize according the cleaning list and work instructions, and write down under the day the name of the person who cleaned it.

청소 스케줄과 지시 방법에 따라 청소를 진행하고 담당자의 서명과 실시한 날짜에 대한 정보를 함께 기입한다.

05. Under comments write down all the things that occur that are important, for example if equipment was under repair etc.

문제가 발생한 기물이나 시설에 관한 내용을 항상 기입하도록 한다.

06. The form needs to be given to the Hygiene Officer at the end of the month, signed by the outlet Manager.

매월 말 기록지는 위생관리 담당자에게 전달되어야 하며, 해당 업장 매니저의 서명이 함께 기입되어야 한다.

07. With the cleaning schedule there is a Monitoring schedule, which needs to be done daily by the Outlet Manager or Supervisor! Not by anyone else! This is to monitor that everything has been cleaned.

청소 스케줄은 해당 업장 매니저의 확인과 서명이 꼭 필요하며, 다른 사람이 대리로 진행할 수 없는 부분임을 모든 직원에게 알리도록 한다. 이는 청소가 완벽하게 실시되었다는 것을 증명한다.

08. Mark yes/no and if something has not been cleaned or not enough, write down a corrective action!

청소가 완벽하지 않거나, 충분하지 않으면 Yes/No로 표시하고 취해져야 하는 조치사항을 함께 적도록 한다.

09. Manager to sign daily!

다시 한번, 서명은 업장 매니저가 해야만 한다.

10. To be given to the Hygiene Officer at the end of the month with the cleaning schedule.

청소 스케줄은 위생관리 담당자에게 월말에 전달되어야 한다.

9 Allergen Control 알레르겐(알러지) 조절

1) Standard 표준

To prevent guest allergies while accepting special orders to be free from known allergens.

기존의 메뉴가 아닌 특별 주문을 받는 경우 손님에게 알러지를 일으킬 만한 재료가 있는지 확인한다.

01. For all waiters who are taking special orders and chefs who are preparing special ordered food. The list of allergens under the scope of this procedure is included herewith.

본 가이드라인은 특별 주문을 받는 서비스팀, 그 특별 주문을 만드는 키친팀을 대상으로 한다. 알러지 관련 문제 발생 방지를 위한 절차는 아래와 같다.

02. All food handlers must be trained on allergens that are of significance and which are commonly used in the property.

음식을 다루는 모든 직원(키친 및 서비스팀)은 알러지를 일으킬 수 있는 식재료 등에 대한 정보를 교육해 미리 숙지하도록 한다.

03. The major serious allergens include the following.

심각한 알러지를 일으킬 수 있는 제품군은 아래와 같다.

- Cereals containing gluten (i.e. wheat (tarwe), rye (rogge), barley (gerst), oats (haver), spelt (spelt), kamut (kamut) or their hybridised strains) and products thereof

  글루텐을 함유한 곡물(예 : 밀(타르), 호밀(로게), 보리(거스트), 귀리(하버), 스펠트(스펠트), 카무트(카무트) 또는 이들의 잡종 균주) 및 이들의 제품

- Crustaceans and products thereof including mollusks (shellfish)

  갑각류와 연체동물(조개류 포함)과 이를 사용한 제품

- Eggs and products thereof

  달걀과 이를 사용한 제품

- Fish and products thereof

  어류와 이를 이용한 제품

- Peanuts and products thereof

  땅콩과 이를 사용한 제품

- Soybeans and products thereof

  대두와 이를 사용한 제품

- Milk and products thereof (including lactose)

  우유와 이를 사용한 제품(젖당 포함)

- Nuts i.e. Almonds (Amygdalus communis L.), hazelnut (Corylus avellana), walnut (Juglans regia), Cashew (Anacardium occidentale), Pecan nut (Carya illinoiesis), Brazil nut (Bertholletia excelsa), Pistachio nut (Pistacia vera), Macadamia nut and Queensland nut (Macadamia ternifolia) and products thereof

  너트류(아몬드, 헤이즐넛, 호두, 캐슈너트, 피칸, 브라질너트, 피스타치오, 마카다니마, 퀸즐랜드 너트 등)와 이를 이용한 제품

- Celery and products thereof

  셀러리와 이를 사용한 제품

- Mustard and products thereof

  겨자와 이를 사용한 제품

- Sesame seeds and products thereof

  참깨와 이를 사용한 제품

- Sunflower seeds and products thereof

  해바라기씨와 이를 사용한 제품

- Cottonseed (meal, not oil) and products thereof

  목화(오일이 아닌 씨)와 이를 사용한 제품

- Poppy seeds and products thereof

  양귀비씨와 이를 사용한 제품

- Beans other than green beans

녹두 이외의 콩류

- Peas and products thereof

  완두콩과 이를 사용한 제품

- Lentils and products thereof

  렌틸콩과 이를 사용한 제품

- Sulphur dioxide and sulphites

  이산화황 및 아황산염

- Mono sodium glutamate and products thereof

  모노 소디엄과 이를 사용한 제품

04. When alerted by guest, floor supervisor/manager and chef in charge must be notified.

손님이 알러지에 대한 반응을 보이는 경우 업장 매니저와 주방 담당자에게 즉각 통보한다.

05. The supervisor/manager should then talk to the guest to find out the seriousness of the allergy and if the guest has emergency medication on them.

업장 매니저와 주방 담당자는 알러지 통보를 받은 즉시 손님에게 직접 알러지의 심각성과 손님이 알러지 관련 약품을 가지고 있는지 확인한다.

06. The supervisor/manager must communicate this information to the Senior Chef in Charge.

업장 매니저와 담당 셰프는 상관 셰프에게 해당 내용을 즉각 전달한다.

07. The type of allergy must be printed in the kitchen order e.g. Eggs, Peanuts and tree nuts, shellfish, etc.

알러지 방지를 위해 알러지에 반응하는 음식을 오더지에 함께 기재하여 주도록 한다. 예) 달걀, 땅콩, 갑각류, 조개류 등

08. All foods on display including shellfish or fish on ice beds must not be consumed by allergen sensitive persons and must not be recommended for consumption by the waiting personnel to guests who request special orders.

얼음 위에 전시되는 조개류와 생선류를 포함한 모든 음식은 알러지에 예민하게 반응하는

손님은 물론, 서비스팀도 먹어서는 안 된다.

09. All equipment must be thoroughly cleaned and sanitized or passed through a dishwashing machine and hands should be washed before preparing food for an allergen sensitive guest.

알러지에 예민하게 반응하는 손님을 위해, 모든 음식에 닿는 기물들(손, 식기 세척기, 기물 등)은 항상 청결하고 위생적인 상태로 보관되어야 한다.

10. All ingredients combined must not be used from the food materials dispensed for ongoing use e.g. mis - en – place trays with herbs, mustard, egg, garlic paste.

알러지 위험군이 모두 혼합된 재료는 현재 사용하는 기물 등과 함께 사용할 수 없다. 예를 들면 준비 트레이에 허브, 머스터드, 달걀 및 마늘을 함께 올려놓는 행위

11. They must be used from the original packaging or container which is used to store food materials.

알러지 위험군에 있는 재료들은 포장된 상태 그대로 보관되어야 한다.

12. The Senior Chef must exercise wise judgment when deciding which ingredients to use. E.g. A person having an allergy to flour should not be served food using sugar as an ingredient if stored in the stores, unless it comes individually packed e.g. Sugar sachets.

해당 업장의 담당 셰프는 어떠한 재료를 사용해야 하는지를 결정할 때, 현명하게 판단해야 한다. 예를 들면 밀가루에 알러지가 있는 손님은 밀가루와 함께 보관되어 있던 설탕조차도 사용할 수 없고, 설탕은 개별 포장된 상태의 것을 사용해야 한다.

13. All foods must be washed thoroughly under running water before cooking.

모든 재료는 요리하기 전에 흐르는 물에 깨끗하게 씻어야 한다.

14. Ensure all service ware is clean and sanitized freshly for use through the dishwasher. These must be dried with paper towels and not with cloth. Do not use service ware which is not washed and stored on the clean plate counter.

식기세척기로 세척되는 모든 기물은 오염되지 않고 위생적으로 관리되어야 하는 것을 숙지한다. 젖은 수건이나 헝겊이 아닌 종이 타월로 물기를 없애도록 하고, 깨끗하지 않은 곳

에서 세척된 기물들은 사용하지 않도록 한다.

15. The Restaurant does not accept responsibility for allergens not communicated neither does it accept responsibility for any repercussions that may arise which are not under control of the Restaurant (e.g. Contamination from the suppliers premises) or even if the contamination has occurred at the Restaurant premises, considering that all reasonable precautions had been undertaken.

레스토랑은 정확하지 않은 의사소통으로 인해 발생한 알러지에 대한 책임과 레스토랑에서 감당할 수 없는 정도의 알러지로 발생하는 문제에 대한 책임은 지지 않는다. (공급자로부터 발생한 알러지의 경우를 포함) 또는 모든 예방책을 사용하였음에도 불구하고 손님이 알러지로 인한 불만을 제기하는 경우 이에 대한 책임을 지지 않는다.

16. The concerned Chef finalizing the order must communicate this to the guest. (Pls. refer to Restaurant Policy)

레스토랑 규정에 따라 주문을 최종적으로 받고 준비한 셰프는 손님과 직접 의사소통할 수 있도록 한다.

17. How to fill in the Allergen Control Procedure

알러지 발생에 대한 문제의 해결 절차에 대한 보고서를 작성하는 방법

- If a guest should inform a waiter or chef about an Allergy, it is crucial that this information is communicated to the Section Chef / Exe. Sous Chef.

  손님이 서비스팀 또는 담당 셰프에게 알러지에 대한 정보를 알려주면 해당 정보는 해당 업장 담당 셰프/총주방장에게 꼭 전달되어야 한다.

- Use then the Allergens Control Procedure sheet and fill it up:

  그리고 알러지 문제의 해결 절차에 대한 보고서를 이용하여 작성한다. (작성 방법은 아래)

- The date, Guest Name, Guest Contact Number (if the guest is willing to give) the type of allergy (peanut allergy, sesame allergy etc.) the name of the service colleague and kitchen colleague and what kind of food was served. Please be as specific as possible!

발생 날짜, 손님 이름 및 연락처(손님이 남기기를 원하는 경우), 알러지를 일으킨 제품(땅콩 알러지 또는 참깨 알러지 등)과 서비스와 음식을 담당한 직원의 이름(셰프 포함), 정확하게 서비스된 메뉴의 이름 등 가능한 많은 디테일을 포함한 정보를 남기도록 한다.

- The Allergy Form must be on file and to be submitted to the Hygiene Manager immediately after this issue occurs.
  그리고 이 기록지는 문제 발생 직후 위생관리 담당자에게 전달하도록 한다.

🔟 Rejection of Food 식재료 거부

1) Standard 표준

If food is not up to standard, you need to fill out the "Rejection Log", which is located in the Chef's Office and at the Purchasing department.
식자재의 상태가 기준에 맞지 않는 경우, "거부/거절 문서 대장"에 내용을 기입하고 이 문서는 총주방장 사무실과 구매부서에 보관한다.

01. The contents to be filled out are
    기재해야 하는 내용

    - 1. Date 날짜
    - 2. Name of supplier 공급자
    - 3. Name of Product 제품의 이름
    - 4. Non-Conformity 부적합한 이유
    - 5. Person in- charge 담당자
    - 6. Signature of the supplier 납품업체 직원의 서명

02. Rejection of Food Procedure

식품 절차 거부

- 1. Rejection of Food Procedure After filling out, please return with the purchase request from the supplier to the Chef's office.

  문서 대장을 모두 기입한 뒤, 문서를 총주방장 사무실에 보관한다.

- 2. The Hygiene Manager will write a report and send it to the supplier.

  위생관리 담당자는 보고서를 작성하고 담당 납품업체에 전달한다.

- 3. If the Violation happens many times from the same supplier the Hygiene Manager will inform the executive chef, director of purchasing and representative.

  동일한 업체에서 문제가 지속해서 발생한다면, 위생관리 담당자는 총주방장, 구매부서장 그리고 대표에게 이 사실을 통보한다.

- 4. All rejected food report is being kept on file in the Kitchen Office.

  조리부는 입고 거절된 품목의 보고서를 모두 파일철한다.

11 Sickness at Work 직장에서의 질병

1) Standard 표준

To ensure effective management of sickness in line with company policy and employment legislation.

직원의 병가 또는 조퇴(병으로 인한)에 대한 관리는 회사 내규와 노동법을 따른다.

01. The sickness procedures outlined below ensures that sickness is managed effectively, and that no colleague contaminates food, food contact surfaces and other colleagues by being sick at work.

근무 중에 질병 발생이 의심되거나 건강 상태에 대한 문제점이 발생하는 경우 해당 직원은 다른 직원들과의 접촉을 피하고 식재료 및 모든 음식과는 완벽하게 분리되어 2차 오염을 막는다.

02. Only colleagues fit to work are allowed in food handling areas.

식재료를 다루는 모든 업장에서 근무하는 직원은 건강하고 위생적인 상태를 유지해야 한다.

03. All sickness is to be treated as genuine absence in all circumstances, unless proved otherwise.

모든 질병은 어떠한 상황이더라도 병가로 처리되어야 하며 이를 입증할 수 있어야 한다.

04. The procedures will be outlined to all new colleagues as well during the Orientation, either by the Hygiene Officer or the HR Department.

병가와 관련된 가이드라인은 오리엔테이션 시 위생관리 담당자 또는 인사부를 통해서 내용을 전달받는다.

05. If a colleague does not appear to be in good condition, notify the manager of the business and report to the representative to have him checked out at the hospital.

동료가 컨디션이 좋아 보이지 않으면 해당 업장의 매니저에게 통보하고 대표에게 보고하여 병원에서 검진받도록 한다.

06. Food handlers should only come back if 48 hrs symptoms free from illness, as a risk of contamination is too high if coming back to work too early.

식재료를 직접 다루는 직원들은 환경 및 식음료 재료에 오염을 끼칠 수 있는 위험이 크므로 질병이 없다는 확신 없이는 업장으로 돌아오는 일이 없도록 한다. 적어도 48시간 동안 건강상으로 아무 문제가 없다는 것을 입증할 수 있어야 한다.

07. In cases of diarrhoea, vomiting, stomach pain, fever etc. the food handler must be taken out of the operations immediately.

직원이 설사, 구토, 복통, 발열의 증상을 보인다면 업무에서 즉각 배제될 수 있도록 조치를 취해야 한다.

08. A yearly check-up as request must be done with all food handlers, and it is the food service responsibility to notify the employee on the date of medical check-up.

외식업 종사자는 일 년에 한 번씩 모든 직원(특히 음식을 다루는 모든 직원)이 건강 검진을 받도록 준비해야 하며, 직원들에게 건강 검진 날짜를 공지해야 한다.

12 Recalls and Traceability 리콜 및 추적 가능성

1) Standard 표준

To prevent food borne illness in the event of a product recall and to be able to track any food used in the operation back to the supplier and the receiving date.

식품 매개 질병 발생을 예방하기 위해 제품을 받은 날짜와 공급자에 대한 기록은 남겨 제품 회수도 문제없이 할 수 있도록 한다.

01. This procedure applies to colleagues who prepare or handle food and all potentially hazardous foods.

본 가이드라인은 식재료를 직접 옮기고 준비하는 모든 직원을 대상으로 한다.

02. The Recall Team consists of the Executive Chef, F&B Manager, Purchasing Manager, Hygiene Manager and their responsible colleagues.

제품 회수 관리팀은 총주방장, 식음료부서장, 구매팀장, 위생관리 담당자 그리고 이들이 부재중일 때 대신할 수 있는 대체자로 구성되어야 한다.

03. Communicate the food recall notice which may be originated externally or internally by a customer complaint, to all colleagues.

제품 관련으로 발생하는 내/외부적인 불만 사항에 관한 내용은 모든 직원이 공유하여 동일한 문제가 두 번 발생하지 않도록 한다.

04. Hold the recalled product using the following steps:

회수가 필요한 제품을 보관하는 방법은 아래와 같다. :

• Physically segregate the product, including any open containers, leftover product, and food items in current production that items contain the recalled product.

회수가 필요한 제품을 포함하여, 이를 사용하여 조리하는 음식, 잔반, 그리고 오픈된 용기를 포함하여 모든 제품을 별도로 분리하여야 한다.

- If an item is suspected to contain the recalled product, but label information is not available, follow the procedure for disposal.

라벨에 표시되지 않았지만, 회수가 필요한 제품을 사용한 것으로 의심되는 음식이 있다면, 처분의 절차를 따르도록 한다.

- Mark recalled product "Do Not Use" and "Do Not Discard." Inform the entire staff not to use the product.

회수가 필요한 제품에 "사용하지 마시오"와 "버리지 마시오"의 표시를 남기고, 모든 직원에게 사용 금지 제품임을 알린다.

- Every product must have a receiving invoice with the respective receiving date, name of the supplier, name of the product and expiration date of the product.

입고되는 모든 제품에는 입고 날짜, 공급자, 제품의 이름과 유효기간이 기재된 인보이스가 있어야 한다.

- Every product must be traceable throughout the entire food process using the name of the product and expiration date.

또한 모든 제품은 유효기간과 제품의 이름을 이용하여 추적할 수 있도록 기록해야 한다.

- Traceability in particular will be implemented for potentially hazardous foods, both chilled and frozen. E.g. Meat that arrives to the property will be brought to the butcher, who will keep the label.

특별히 고위험군에 있는 냉장과 냉동의 식재료는 재료를 사용하게 될 담당자에게 바로 전달될 수 있도록 하는 것이 좋다. 예를 들어 호텔에 고기가 들어오면 부처 셰프에게 바로 전달되어 라벨링을 할 수 있도록 한다.

- The product will then be stored in the freezer with the receiving date or in the fridge for chilled storage.

입고된 날짜의 정보 등을 포함한 라벨링을 마친 뒤, 냉장고 또는 냉동고(알맞은 장소)에 보관하도록 한다.

- Every outlet needs to make a requisition to be able to take or get any meat or fish from the butchery.

  모든 업장은 부처 셰프로부터 필요한 고기나 생선을 받기 위해서는 요청서를 작성해서 진행해야 한다.

- The butcher will attach the labels of the issued product on the Requisition Form and keep it for 90 days.

  부처 셰프는 배분한 제품에 대한 라벨을 요청서와 함께 90일 동안 보관해야 하는 의무가 있다.

- He will also mention the production/expiry date on the portioned products.

  또한 부처 셰프는 배분한 제품에 유효기간과 제조한 날짜를 함께 기록해야 한다.

- These will then be taken to each outlet.

  모든 제품은 각각의 업장으로 배분된다.

- In case of customer complaint, backward traceability will be ensured to effectively identify product against the supplier and the receiving date in order to recall the same. i.e. One portion of meat will be picked up which has the production date, the same will be traced back to the Requisition Form corresponding to the production date.

  In the Requisition Form the receiving and expiration date including name of product will help trace the product to the original invoice with the relevant details.

  식재료로 인한 고객의 불만 사항이 접수되는 경우, 어떠한 제품으로 인해 문제가 발생하였는지 추적할 수 있고, 또한 입고 날짜의 정보를 가지고 동일한 제품들을 회수 요청할 수 있다. 예를 들어 제조 날짜가 명시되어 있는 고기를 가지고 제조 날짜의 정보를 가지고 업장에서 신청한 요청서를 통해 동일한 날짜에 제조된 제품을 모두 추적할 수 있는 것이다. 요청서는 제품을 인수한 날짜, 유효기간, 제품의 이름이 기록되어 있고, 이는 인보이스 원본을 통해 실제 제품을 찾는 데 큰 도움이 된다.

• Food included under the scope of traceability will include frozen and chilled potentially hazardous foods especially meats and seafood.

여기서 말하는 추적이 가능한 음식(제품)은 냉장 냉동식품뿐 아니라 변질위험이 큰 육류 및 해산물(생선류 포함)도 포함된다.

13 Handling of Guest Complaint 고객 불만 처리

1) Standard 표준

To address customer complaints related to physical, chemical and biological contaminants in food and beverages and initiate corrective actions, which will be fed into a — rapid response — system, under the following categories, as needed : Foreign matter in food, food taste, food complaint.

제공하는 식음료를 통해 신체적, 화학적, 생물학적인 불편 사항을 겪고 있는 고객으로부터의 불만 사항은 적극적이고 신속하게 처리해야 하며, 음식에 이물질이 들어 있거나 맛에 대한 불만 신고 역시 즉시 처리할 수 있도록 한다.

01. This procedure applies to food safety related complaints that are reported by the customer either as written or verbal feedback.

본 가이드라인은 음식 안전에 대한 고객의 불만 사항이 말로 하는 표출을 포함하여 서면으로 제출된 불만 사항도 적용된다.

02. Once a verbal or written complaint related to physical, chemical and biological contaminants is received must be informed to supervisor/manager of the outlet immediately.

서면 또는 말로 전달된 식음료의 불만 사항은 해당 업장의 매니저/담당자에게 즉시 보고하도록 한다.

03. Supervisor/Manager must inform Executive Chef, Director of Food and Beverage, Manager on duty, Hygiene Officer and Loss prevention supervisor or

their designated representatives as applicable.

이 전달 사항은 또 총주방장, 식음료부서장, 근무 중인 관리부장, 위생관리 담당자, 사고 예방 관리자 등 해당 문제에 지정된 모든 관계자에게 전달되어야 한다.

04. Executive Chef, Director of Food and Beverage, Manager on duty, Hygiene Officer or Loss prevention supervisor or their designated representatives as applicable must investigate the cause of the complaint.

위에 명시된 지정 관리자들은 고객의 불편 사항에 대한 원인을 파악하도록 한다.

05. For physical contaminants an incident report must be filled.

물리적인 오염으로 발생하는 고객의 불편 사항은 기록으로 남긴다.

06. For chemical or biological contaminants the food borne illness outbreak notification procedures to be followed.

화학적이나 생물학적으로 오염되어 발생한 식품 매개 질병의 발생은 해당 가이드라인에 따라 진행되어야 한다.

07. For allergen complaint cases, the incident needs to be handled as per the food borne illness notification procedure. The incident including root causes and actions taken must be recorded in the incident report.

음식으로 발생한 알러지 발생의 경우, 식품매개질병 관련 가이드라인의 절차를 따르고, 사건의 원인부터 조치사항까지 모두 사건 사고 보고서에 기록하도록 한다.

14 Thaw Frozen Products 냉동제품 해동

1) Standard 표준

To ensure that no cross-contamination occurs and the product is safe for cooking, after thawing.

해동 후 안전하고 위생적인 상태로 조리를 할 수 있고, 2차 오염을 방지하기 위하여 작성

된 가이드라인

Procedure 절차:

01. This applies to all frozen foods which must be defrosted before cooking.

이 가이드라인은 조리 전 해동이 필요한 모든 냉동제품을 대상으로 한다.

02. Plan the production ahead, so that you can thaw the items correctly in the chillers.

냉동제품을 해동하고자 할 때는 해동 방법을 먼저 계획하여, 정확하게 해동할 수 있도록 한다.

03. If you have a thawing chiller, the temperature should not exceed 8°C.

융해기(해동기)가 있다면, 온도는 8도를 넘지 않도록 한다.

04. There are 3 methods that can be used to thaw foods.

해동 방법은 3가지가 있다.

05. In a conventional refrigerator, and the food needs to have a thawing date when transferred from freezer to fridge.

일반 냉장고의 냉동칸에서 냉장칸으로 음식을 옮기는 경우 해동 날짜(thawing date)가 있어야 한다.

06. Under flowing, potable cold water at a temperature of 21°C or below within maximum four hours after which it must be consumed (this method to be used in an emergency only).

21℃ 온도의 음용할 수 있는 물을 흘러내림으로써 해동하는 방법이 있으나, 이는 음식의 소비가 4시간 안으로 이뤄져야 하는 조건이 있다. (급한 상황에만 사용)

07. Using a microwave oven for proper time and temperature (only for a la carte purpose). Or when part of a cooking process, for example frozen snacks.

전자레인지를 통해 알맞은 시간과 온도를 사용하여 해동 (단품 메뉴인 경우만) 또는 냉동 스낵과 같은 제품들도 전자레인지를 사용하여 해동한다.

08. Prevent cross-contamination by placing products for thawing on the lower shelf.

상호 오염을 막기 위해 해동시킬 아이템을 낮은 선반에 올려놓고 작업하도록 한다.

09. Defrosting and consumption must be completed within 3 days (72 hours).

해동한 제품은 3일(72시간) 이내에 소비한다.

10. If defrosting occurs in less time, consumption must be taken place 24 hours after the defrosting process. E.g. if an item is defrosted on the 23rd, it must be consumed on the 24th.

짧은 시간 동안 진행된 해동의 경우, 24시간 이내로 아이템은 소비가 되어야 한다. (예를 들면, 23일에 해동한 제품은 24일에 소비되어야 하는 것)

11. Thawing item should be placed on drip pans, be covered and dated and labeled and then immediately be moved into chilled storage.

해동할 제품은 물받이 등의 기구를 사용하여 해동하고 뚜껑을 닫고 날짜 등을 기재한 라벨링을 한 뒤 즉시 저온 창고에 옮겨 보관한다.

12. Products that do not require thawing prior to cooking must be kept frozen for use, for example frozen vegetables, pre-breaded items, etc.

조리 전 해동이 필요 없는 냉동식품(냉동 야채나 빵가루가 입혀진 제품)은 냉동의 상태로 보관되어야 한다.

13. Never re-freeze food!

재냉동하는 일은 없도록!

14. Foods like sushi, Carpaccio, burgers, steaks, fish and cooked food must be thawed by the refrigeration method only and used within 24 hours.

스시, 카르파초, 버거, 스테이크, 생선류 및 조리된 식품은 냉각방식으로만 해동하고, 해동 24시간 이후 소비되어야 한다.

15 Re-heating Food 음식 다시 데우기

1) Standard 표준

Subject : Re-heating food

To ensure that cooled food is reheated as rapidly as possible to prevent unsafe food

식은 음식을 빠르게 재가열하여 불안전한 음식을 섭취하지 않도록 하기 위함이다.

01. Applicable to all chefs who are re-heating PHF for hot service or for hot holding.

고위험군에 속하는 음식을 서비스하거나 보관하는 동안 적정온도에 대한 정보를 모든 셰프들이 알고 있어야 한다.

02. Reheating must be carried out as rapidly as possible within 90 min.

재가열은 90분 안에 진행될 수 있도록 한다.

03. The reheating temperature must reach 74°C for a minimum time of 2 minutes.

재가열할 때 온도는 2분 안에 74도에 도달해야 한다.

04. When cooked food is added as an ingredient to another food the product must be reheated to 74°C within 90 min.

조리된 음식이 다른 음식에 섞이게 되는 경우, 90분 이내로 74도까지 가열되어야 한다.

05. When using the microwave oven to reheat previously cooked food, it must be covered.

전자레인지를 사용하여 재가열할 때, 뚜껑은 무조건 닫아야 한다.

06. Re-heated to 74°C within 90 min with stirring midway and let stand for 2 minutes.

90분 이내로 74도에 도달할 수 있도록 재가열하고, 그 온도를 2분 동안 유지하는지 확인한다.

07. Reheating must not be carried out in food warmers or Bain Marie.

재가열하는 동안에는 이중냄비나 워머에서 꺼내지 않도록 한다.

08. Reheated food must be served hot or held hot at the correct temperature of at or above 74°C or served immediately.

재가열된 음식은 74도 이상의 온도를 유지하여 서비스되어야 한다. 온도가 떨어지지 않도록 즉시 서비스하도록 한다.

09. Food must be reheated only once.

재가열은 딱 한 번만!

16 Handling Ready to Eat Food 바로 먹을 수 있는 음식 취급

1) Purpose 목적

To prevent cross – contamination of ready to eat food and water from hands of food handlers.

식음료를 다루는 직원들로부터 발생할 수 있는 RTE 음식의 상호 오염을 막기 위한 가이드라인

01. Applicable to all chefs and waiters preparing or handling ready to eat food or water.

음식을 조리하는 주방 직원뿐 아니라, 어떠한 경로로도 식음료를 다루는 모든 직원을 대상으로 하는 가이드라인이다.

02. Ready to eat food is food that is served to the guest either in cooked or raw state and which will not undergo any further heat treatment.

RTE 음식이란, 더이상의 가열이 필요 없는 조리가 완료된 음식(익히지 않은 날것의 요리도 포함)으로 손님께 바로 서비스될 수 있는 상태를 말한다.

03. Foods must be handled with : Vinyl single use gloves.

RTE 음식을 다룰 때 함께 착용/사용해야 하는 것 : 비닐장갑(일회용)

04. Deli tissue / foil / cling wrap / food grade disposable containers/ serving utensils like spoon, spatula, tongs, etc.

델리 티슈, 호일, 랩, 사용 적합한 일회용 용기, 숟가락이나 스패츌라, 집게 같은 기물

05. Ice scoop or tongs for potable ice.

식용얼음은 아이스 스쿱이나 집게를 사용

17 Hand Washing 손 씻기

1) Purpose 목적

To avoid cross-contamination of food and beverages including food contact surface through hands

식음료를 다루는 모든 직원의 손의 세균으로 발생될 수 있는 오염을 예방하기 위한 가이드라인

2) Procedure 절차

01. Wet hands with water as hot as you can stand, at least 38°C.

최소 38도 이상의 온도의 따뜻한 물로 손을 씻도록 한다.

02. Apply the antibacterial soap provided.

항균 비누(손 세정제) 등을 사용하여 손을 씻는다.

03. Vigorously scrub hands and arms for at least 20 seconds (Scrub both sides of the palm, the fingers including thumb, between fingers, nails).

손을 씻을 땐, 팔을 포함하여 20초 이상 세게 문질러 씻는다. (양쪽 손바닥, 손가락, 손가락 사이와 손톱도 모두 씻어야 함)

04. Rinse thoroughly under running water.

흐르는 물에 충분히 헹군다.

05. Dry hands with disposable paper towel or warm air hand dryer.

물기는 일회용 티슈(페이퍼 타월)나 핸드 드라이어로 없앤다.

06. Use your elbow to turn off lever faucet.

수도꼭지를 잠그려면 팔꿈치로 레버를 돌리도록.

07. Apply sanitizer gel and rub in (in kitchens and food service areas).

물기가 다 마르면 알코올성의 새니타이저를 손에 바른다. (서비스팀 또는 키친팀의 must have item)

08. Wash your hands after smoking, toilet, entering food areas, after handling high risk foods, after touching hair, face, nose, between handling raw and cooked food, after handling garbage, before and after using disposable gloves, before and after eating, breaks, after touching floors or other dirty areas, coughing, after handling cleaning chemicals, etc.

식음료를 다루는 직원이 하던 작업의 변경이 있는 경우, 출입한 장소가 달라지는 경우 등 가능한 손을 자주 씻어 감염 및 오염을 예방한다. (담배를 피운 후, 화장실 사용 후, 식음료 관련 업장의 출입 후, 고위험군 식품을 다룬 후, 머리/얼굴/코 등을 만진 후, 날것의 음식과 조리된 음식을 다루는 중간단계, 쓰레기 처리 후, 일회용 장갑을 사용하기 전과 후, 식사 전과 후, 쉬는 시간 전과 후, 바닥이나 더러운 것을 만진 후, 재채기 후, 청소용 세제 등을 만진 후 등등!!)

09. Hand washing sinks need to be foot operated or with an integrated sensor, but not hand operated.

손 세척기는 발이나 센서를 통해서 작동되어야 한다.

10. Should be at all kitchen entry points and service areas.

손 세척기는 주방 출입구와 서비스팀이 손쉽게 사용할 수 있는 곳에 설치되어야 한다.

11. The facility shall be equipped with hot and cold potable water, liquid antibacterial soap, disinfectant, disposable towels and a towel bin.

손 세척기는 음용이 가능한 냉/온수 시설이 설비되어야 하고, 액상 항균 비누와 소독약 (새니타이저), 일회용 페이퍼 타월 그리고 페이퍼 타월을 버릴 수 있는 쓰레기통이 함께 갖춰져 있어야 한다.

18 Receiving Meat Kitchen 고기 받는 주방

1) Purpose 목적

To ensure that the meat is delivered is fresh and in appropriate condition to avoid contamination
납품되는 모든 고기류는 신선한 상태여야 하며, 오염 및 감염을 막기 위해 배송기준에 적합한 상태로 해야 한다.

2) Procedure 절차

01. Meat should be received at a temperature not higher than 5°C, maximum 8°C.
고기류는 5도 미만(최대 허용 온도 : 8도)의 온도로 납품되어야 한다.

02. The packaging should be well vacuumed and not loose.
진공포장은 완벽해야 한다. (공기 들어가면 안 됨)

03. The colour of the meat should be red and not green or grey.
고기의 색은 붉은색을 띠어야 한다. (녹색이나 회색은 No)

04. The texture is firm and springs back when touched.
고기를 눌러보았을 때 탄력 있어야 한다.

05. The smell should be neutral.
상한 냄새 없이 고기의 냄새가 나야 한다.

06. If frozen meat is delivered the temperature should not be below -12°C, and no ice should be on it.

냉동고기의 납품 허용 온도는 영하 12도 이하보다 낮아서는 안 된다. 그리고 얼음은 필요 없다.

07. There should be icepacks used, as it is otherwise hard to take the temperature.

온도를 올바르게 유지하기 위해 아이스 팩을 사용한다.

🔲19 Receiving Eggs-Kitchen 달걀을 받는 주방

1) Purpose 목적

To ensure that the egg is delivered in an appropriate condition to avoid contamination.

달걀을 납품할 때, 오염 및 감염을 막기 위해 올바른 상태로 납품되는지 확인한다.

2) Procedure 절차

01. Check eggs if they have soil, faeces etc on and send back if they are in a bad condition.

달걀에 흙이나 배설물이 묻어 있는 경우, 업체에 회수 요청을 한다.

02. Check if there is a lot of broken eggs in between and send back, if a lot of eggs have been cracked due to transportation-ask for replacement.

납품 시 많은 양의 달걀이 부서져 있을 때는 회수를 요청하고, 금이 간 경우에도 교체를 요청해야 한다.

03. Discard cracked eggs immediately upon arrival to avoid a cross-contamination.

금이 간 달걀은 바로 폐기처분해야 한다. (교차오염을 예방하기 위해)

04. Eggs will be refused if seal on case is broken or the case is not clearly dated.

달걀을 포장하고 있는 용기 또는 포장지가 찢어지고 부서졌을 때 또는 포장용지가 오래된 경우 납품할 수 없다.

05. Temperature on delivery must be at 5°C or below, maximum 5°C.

입고 시 달걀의 온도는 5도 미만이어야 한다.

20 Receiving Frozen Foods- Kitchen 냉동식품 수령 주방

1) Purpose 목적

To ensure that the item delivered is fresh to avoid contamination.
냉동식품 입고 시 오염을 예방하기 위해 기준에 맞춰 입고되는지 확인한다.

2) Procedure 절차

01. All boxes should be free of moisture and blood seepage.

모든 포장 박스는 건조한 상태(축축하지 않고), 피가 새거나 하지 않아야 한다.

02. Frozen ordered products should be received frozen, and not already in the thawing process and bacterial growth is likely.

냉동제품은 무조건 완벽한 냉동 상태로 입고되어야 하며, 박테리아가 증식하는 해동의 단계에서는 입고될 수 없다.

03. Do not accept any frozen food, where the vacuum packaging is broken.

진공포장 상태가 찢어지거나 완벽한 진공이 아닌 경우, 회수를 요청한다.

04. Pork products should be free of moisture and blood.

돼지고기 제품은 습기와 핏자국 등이 없어야 한다.

05. Ducks ordered in a frozen state should arrive free of solid and sweat.

냉동 오리고기 주문 시, 입고되는 물품은 뭉치거나 젖은 상태여서는 안 된다.

06. When receiving frozen vegetables, the items in the bag need to be loose, and not in piece.

냉동 야채 입고 시 냉동 야채를 담고 있는 포장지에는 여유가 있어야 한다.

07. If they are in one piece, it is a sign, that the food has been defrosted and then frozen again.

한 조각으로 되어 있으면 음식이 해동되었다가 다시 냉동되었다는 신호이다.

21 Receiving Canned Food - Kitchen
통조림식품 수령 주방

1) Purpose 목적

To ensure that the item is delivered in appropriate condition to avoid contamination.

입고되는 물품이 기준에 맞는지 오염을 예방할 수 있도록 배송되었는지 확인해야 한다.

2) Procedure 절차

01. Check on delivery, if the cans are blown, rusted or seam dented, and do not accept them!

캔 종류의 제품이 입고될 때, 캔이 부풀어 있거나 녹슬었거나, 찌그러진 것이 있다면 입고는 불가하다.

02. Blown cans could be the indicator for the Botulinus bacteria, which can cause death when consumed.

팽창된 캔은 보툴리누스 박테리아가 이미 증식을 시작했다는 증거일 수 있으며, 먹는 경우 사망할 수 있다.

03. There should always be a production and expiry date on the can.

제조 날짜와 유통기한을 꼭 확인(표시가 안 되어 있으면 입고 불가)

04. When you return damaged cans, always fill it out on the "Rejected food" form.

캔이 훼손되어 회수를 요청하는 경우 물품 거절 Log sheet를 꼭 작성!

05. If can falls down during transportation in the kitchen, it needs to be used immediately.

입고가 완료되고 주방에서 옮기다 떨어뜨리는 경우, 즉시 사용하도록 한다.

22 Receiving Alcohol Other-Kitchen
알코올 수령 기타 주방

1) Purpose 목적

To ensure that the item delivered is in appropriate condition.
배송된 물품이 입고 시 기준에 맞는지 적절한 상태인지 확인한다.

2) Procedure 절차

01. Receiving 입고

a) No breakage - 파손된 물품은 입고 불가

b) No broken seals - 포장이 뜯어진 것도 입고 불가

c) Full cases only - 낱개 포장도 입고 불가

02. Storage 보관

a) Removed liquor from the boxes – 박스에서 꺼낸다.

b) Store liquid according to the type (Vodka, Rum, etc.) – 종류별로 나눈다.

c) Rotate using the first out system – 선입선출(FIFO) 규칙에 따라 보관

d) Store beers by brand – 맥주는 브랜드별로 보관

e) Store in order – 차례에 맞게 보관

03. Issue 배포

a) Issue beers by full case only – 맥주는 full case로만 배포(낱개 No)

b) Only issue liqueur by the bottle, never open a bottle to give a small amount and put back in the shelf – 병째로만 배포하고 뚜껑을 열어 적은 양을 나누어 배포할 수 없다.

04. The storeroom and racks must be clean and in a sanitary manner.
보관 창고는 언제나 청결한 상태여야 한다.

05. It is not allowed to store food items with alcohol.
알코올류는 다른 음식류와 함께 보관할 수 없다.

23 Storage of Received Goods-Kitchen
입고품 보관 주방

1) Purpose 목적

To ensure satisfactory conditions during storage, prevent spoilage of food, contamination and proper stock rotation.
만족스러운 보관상태를 유지하면서 음식의 부패 및 오염을 방지하고 적당한 회전을 통해 물품을 신선하게 보관하도록 한다.

2) Procedure 절차

01. All different food and beverages items shall be separately stored under dry/chilled/frozen condition, according to label/manufacturers recommendation.

각 식음료 아이템은 라벨 및 제조 회사의 권고사항에 따라 건조 / 냉장 / 냉동 보관법으로 보관해야 한다.

02. All food products shall be stored 15cm (6 inches) away from the wall, floor and ceiling, especially in the dry stores.

모든 식재료는 바닥, 벽, 천장으로부터 15㎝(6인치) 떨어져서 보관되어야 하며, 건조 보관이 필요한 식재료의 경우 특별히 신경을 쓰도록 한다.

03. FIFO has to be in place! First in, First out! Check Use-by dates and rotate the stock accordingly.

선입선출! 사용 기한 날짜(Use-By)를 확인하여 사용 기한이 짧은 식재료부터 사용할 수 있도록 항시 신경 쓴다.

04. All products to be dated with the receiving date!

모든 물품은 입고된 날짜가 기재된 라벨이 필요하다.

05. Chemicals and non-food products will be stored separately from food materials and food contact surfaces.

화학제품과 식재료가 아닌 물품들은 식음료와 별도로 보관되어야 한다.

06. No Supplier to be entering any store!

납품업체는 스토어에 출입할 수 없다.

07. Dry stores 건조 보관

- Storeroom shall be equipped with temperature and humidity control.
  스토어는 온도와 습도를 조절할 수 있는 장치가 설비되어야 한다.
- Relative humidity shall be 50~60%, and temperature of 21°C.
  가장 적합한 습도는 50~60%, 온도는 21°C이다.
- All food in glass containers needs to be stored on the bottom shelf.

유리 용기에 보관되는 식재료는 가장 아래 선반에 보관한다.

- Storeroom has to be clean and organized at all times and free of carton boxes!
종이박스는 적합한 보관 용기가 아니며, 스토어는 항상 청결하고 깔끔하게 정리되어야 한다.

- De-boxing should be done immediately after having received the items and before storage.
종이박스로 납품되는 아이템들은 입고 확인과 동시에 박스에서 물품을 빼내어 정리하고 보관 전에 박스를 모두 재활용할 수 있도록 별도 정리한다.

- Beverage has to be separated from food items!
음료는 식재료와 별도로 보관한다.

- No alcohol to be stored with food items.
알코올류는 식재료와 별도로 보관한다.

- Flour and cereal bags (rice etc.) are not allowed to be stored on the floor!
밀가루, 시리얼 봉지(쌀 등등)는 바닥에 보관할 수 없다.

- They have to be on plastic pallets and inspected regularly for pest infestation and discoloration.
플라스틱 팔레트로 된 선반 위에 식자재를 보관하고, 정기적인 검사를 통해 해충을 예방, 박멸한다.

- Cold storage : (chillers and freezers)
냉장 보관(냉장고와 냉동고)

- Sufficient airflow should be assured around the inventory by keeping open racks in refrigerated and frozen areas.
냉장고와 냉동고 안의 아이템은 원활한 공기 흐름을 위해 용기를 오픈해서 보관한다.

- Chillers must be maintained below 5℃ and freezers below −18℃ and used as per their designated use.
냉장고는 5℃ 미만, 냉동고는 영하 18℃ 미만의 온도로 유지되어야 한다.

- All high risk and ready to eat foods must be well segregated either by using separate units or by using different shelving or by using appropriate order of storage with high risk food being stored in top shelves.

고위험군 및 RTE 음식은 따로 보관되어야 한다. ① 묶음을 달리하여 보관 ② 다른 선반에 보관 ③ 적당한 순서를 지정하여 고위험군의 식재료 보관을 최우선으로 한다.

24 Storage & Preparation of Fish
어류의 보관 및 준비

1) Purpose 목적

To ensure that the fish is handled appropriately during storage and preparation.

생선류를 보관하거나 다룰 때는 기준을 따르며, 이는 오염을 예방하기 위함이다.

2) Procedure 절차

01. Applicable to all chefs storing, preparing and displaying fish.

본 가이드라인은 생선류를 만지는 모든 직원(보관, 준비, 디스플레이하는)을 대상으로 한다.

02. Prepare Fish for Storage 생선류 보관을 위해서

- Remove fish from any bulk plastic packaging from supplier.

  납품업체가 생선을 입고 시 큰 비닐 포장 용기에서 생선을 꺼낸다.

- Place ice in the bottom of the strainer, which is in a food pan.

  스트레이너(물 빠지게 하는 것) 바닥에 얼음을 넣는다.

- Place fish on the ice.

  얼음 위에 생선을 올려놓는다.

- Place a layer of ice in the cavity of the fish.

  생선 위에 얼음으로 층을 쌓는다.

- Place ice on top of the fish.

  그 위에 다시 생선을 올려놓는다.

- In deeper containers, additional layers of fish are placed between layers of crushed ice.

  속이 깊은 용기의 경우, 추가로 얼음층을 만들어 생선을 놓아야 한다.

25 Washing & Sanitizing of Fruit & Vegetables-Kitchen
과일 및 야채 세척 및 소독·주방

1) Purpose 목적

To prevent food borne illnesses by ensuring proper disinfection of fruits and vegetables.

야채와 과일의 정확한 소독 방법을 사용하여 식품매개질병 발생을 막는다.

2) Procedure 절차

01. The disinfecting will be achieved with the help from Ecolab, as per the following.

이콜랩의 관리를 통해서 소독 방법을 교육받는다.

02. Rinse stream method

린스 헹굼 방법

- Start dispenser by pushing and twisting the button (right) to start dispensing

  약품 디스펜서의 버튼을 누르고 오른쪽으로 돌려 기계를 작동시킨다.

- Run dispenser for 20sec. to prime pump

  20초가량 기계를 작동시킨다.

- Hold product under dispenser stream

  씻을 제품을 디스펜서 아래에 둔다.

- Rinse with solution for a minimum of 20sec. brush if needed

  최소 20초 동안 헹구고, 솔질이 필요하면 한다.

- Stop dispenser by pushing and twisting the button (left), to stop dispensing

  디스펜서의 버튼을 누르고 왼쪽으로 돌려 디스펜서 작동을 멈춘다.

03. Soak wash procedure

담가서 씻는 방법

- Close the drain, push and twist the button (right) to start dispensing

  배수구를 막고 디스펜서를 작동시킨다.

- Push and twist the button (left) to stop filling

  가득하면 디스펜서의 작동을 멈춘다.

- Soak for 1 min

  1분 동안 담근다.

26 Vehicle Check for Supplier
공급업체 차량 점검

1) Purpose 목적

To ensure that the food is delivered in an appropriate vehicle to avoid contamination of foods and bacterial multiplication.

납품업체의 차량이 기준에 맞는지 확인하는데, 이는 식재료의 오염이나 박테리아의 증식을 예방하기 위함이다.

2) Procedure 절차

01. The supplier must emphasize cleaning and sanitation of the vehicle, transportation practices and temperature control. Responsible for the following:

납품업체는 차량의 청결과 소독에 대해 간과하면 안 되고, 음식을 이동하고 온도를 조절하는 것도 교육을 통해 이해하고 실천해야 한다. 납품업체는 아래와 같은 책임이 있다.

    a) cleaning and sanitation procedures 세차와 소독 절차

    b) efficient and safe separation of mixed loads
       물품이 섞이지 않도록 안전하고 효율적으로 적재

    c) temperature control during transportation 이동 중 온도 조절

    d) disposition of food products subjected to spills or other damages during transport
       이동 중 음식이 흐르거나 훼손되지 않도록 알맞게 배치

02. responsible to ensure that the food accepted is safe upon arrival, and at the right temperature.

담당자는 승인된 식품 도착 시 안전한 상태인지 알맞은 온도인지 확인한다.

03. Food vehicle must follow good practices during transportation.

물품을 이동하는 모든 차량은 숙련된 운전자가 다뤄야 한다.

04. The vehicle must be covered, have washable surfaces, temperature gauge which is under calibration and show no signs of pest infestation or unusual odour.

차량은 덮개가 있어야 하고, 표면을 씻을 수 있어야 하며, 보정 중인 온도 게이지가 있어야 하며 해충 침입이나 이상한 냄새의 징후가 없어야 한다.

05. Temperature controlled vehicles must have synthetic strip curtains.

온도 조절이 가능한 식재료 이동 차량은 열어젖힐 수 있는 커튼이 설치되어 있어야 한다.

06. Food transporters must have valid health cards and should provide evidence of temperature gauge calibration.

식재료를 운반하는 모든 업체 직원은 보건증을 소유하고 있어야 하며, 온도 조절 가능 장치가 탑재되어 있음을 입증할 수 있어야 한다.

07. Name, address of the company as well as contact details must be available in the food transportation vehicle

납품업체의 연락처 및 주소 등에 대한 정보를 가지고 있어야 한다. (비상 연락망 역시 필요)

08. The food transportation must be used only for food! It is not allowed to transport other non-food materials in the same truck.

식재료 운반 차량은 식재료를 제외한 다른 제품을 같이 운반할 수 없다.

09. Food transportation units for chilled foods need to have 5°C, maximum of 8°C, and freezers -18°C, maximum of −12°C.

식재료 운반 중 냉장 음식은 5℃(최대 8도), 냉동 음식은 영하 18℃(최대 영하 12도) 온도로 제공되어야 한다.

10. Dried, canned, packed food items must be covered, to avoid getting dusty.

건재료, 캔 제품 및 포장 제품은 먼지 등에 오염되는 것을 방지하기 위해 항상 커버로 덮어야 한다.

11. Cleaning and sanitation must be done on a daily basis!

차량 내/외부 청소 및 소독은 매일 진행하도록 한다.

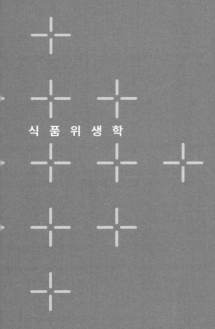

식 품 위 생 학

부록

생산부터 소비까지 식품공급사슬 전 주기 체계적 안전관리				
생산	제조	수입	유통	소비
관리 대상 • 농축수산물 생산자	• 식품제조업체 등	• 수입판매업 등 해외제조업체	• 식품판매업체 등	• 식품판매업체 등
위해요소 (화학적, 생물학적, 물리적) • 농약, 중금속, 동물용 의약품 • 식중독군 • 이물(돌, 낚시바늘 등)	• 식품첨가물, 부정물질 • 식중독군 • 금속성 이물 등	• 농약, 중금속, 동물용 의약품, 곰팡이독소, 첨가물 • 식중독군 • 이물	• 보존료, 곰팡이독소 • 식중독군 • 이물(벌레 등)	• 곰팡이독소 • 식중독군 • 이물(벌레 등)
관리 수단 • 안전성조사 • GAP(농산물) • HACCP(양식장, 사육장) • 농약, 동물용의약품 사용 등록	• HACCP • GMP(건식) • 지도점검 • 자가품질검사 • 기준규격 설정 • 영업자 위생교육	• 해외제조업소 사전 등록 • 해외 현지 실사 • 수입신고보류제 • 검사명령제 • 통관단계 검사 • 해외직구식품 검사	• 수거검사 • 지도점검 • 회수·폐기 • 위해식품판매차단 시스템 • 식품이력추적제도 • 인터넷 모니터링 • 보존및유통기준설정	• 음식점 위생등급제 • 어린이급식관리지원센터 • 어린이식품안전보호구역 • 식중독조기경보시스템 • 식품표시제도 • 소비자 교육
관리 주체 • 식약처 총괄 • 농식품부, 해수부 위탁	• 식약처 총괄 • 지자체 집행	• 식약처	• 식약처 총괄 • 지자체 집행	• 식약처 총괄 • 지자체 집행
관리 법령 • 식품안전기본법 • 농수산물품질관리법 • 축산물위생관리법	• 식품안전기본법 • 식품위생법 • 축산물위생관리법 • 건강기능식품법 • 식품표시광고법	• 식품안전기본법 • 식품위생법 • 축산물위생관리법 • 건강기능식품법 • 수입식품특별법 • 식품표시광고법	• 식품안전기본법 • 식품위생법 • 축산물위생관리법 • 건강기능식품법 • 수입식품특별법 • 식품표시광고법	• 식품안전기본법 • 식품위생법 • 축산물위생관리법 • 건강기능식품법 • 수입식품특별법 • 식품표시광고법 • 어린이식생활특별법

출처 : 식품의약품안전처(https://www.foodsafetykorea.go.kr/portal/board/boardDetail.do?menu_no=2603&bbs_no=bbs101&ntctxt_no=529&menu_grp=MENU_NEW04)

2 올바른 보존식 보관방법

집단급식소에서는 식중독 사고 발생 시 역학조사 때 정확한 식중독 원인을 규명하기 위해 아래와 같이 보조식을 보관하여야 한다. 제공한 모든 급식과 간식을 꼭 보관해 주어야 한다.

올바른 보존식 보관방법

집단급식소에서 조리·제공한 식품의 매회 1인분 분량을 -18℃ 이하에서 144시간 이상 보관하는 것 「식품위생법」 제88조 제2항

보존식 대상

✔ 제공한 모든 급식 및 간식
✔ 대체 메뉴 등
  - 메뉴가 소진되어 별도의 추가 메뉴로 제공되는 음식
  - 식품알레르기 메뉴를 대체하여 제공되는 음식

✔ 음식의 종류별로 각각 1인분 이상 독립 보관, 완제품으로 제공하는 식재료는 원상태로 보관

✔ 보존일, 폐기일(날짜, 시간(시/분)), 채취자 성명, 메뉴명을 철저히 기록 → 보존식 용기에 부착하여 보관

✔ -18℃ 이하에서 144시간 이상 보관

✔ 스테인리스 재질로 각각의 뚜껑이 있는 전용용기 또는 1회용 멸균 팩

✔ 세척소독 → 보관함 상단 보관 → 음식 담기 직전 소독·건조 사용

출처 : 어린이급식관리지원센터(올바른 보존식 보관방법)

3 달걀 산란일자 표시제도

　2019년 8월 23일부터 달걀의 산란일자 표시제도가 도입되었다. 산란일자 표시제는 달걀의 안전성을 확보하고, 소비자에게 달걀에 대한 정보 제공을 강화하기 위해 마련된 제도이다.

　소비자는 달걀 껍데기에 표시된 앞쪽 4자리 숫자를 통해 산란일자를 확인할 수 있다. 농장고유번호는 가축 사업 허가 · 등록증에 기재된 번호로 식품안전나라 홈페이지에서 위해 · 예방에 들어가면 달걀농장정보를 확인할 수 있다.

| 사육환경 번호 |

1. 방사(방목장에서 자유롭게 다니도록 사육) : 1마리/㎡
2. 평사(케이지 · 축사를 자유롭게 다니도록 사육) : 9마리/㎡
3. 개선케이지 : 13마리/㎡
4. 기존케이지 : 20마리/㎡

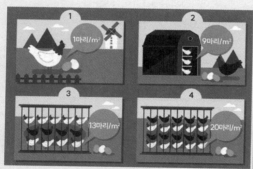
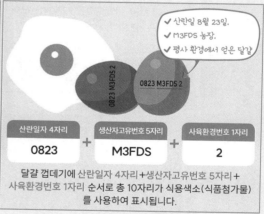

출처 : 식품안전나라(달걀껍데기 산란일자 표시제 바로 알기)

| 업소용 달걀 안전관리 강화 |

달걀 선별·포장 유통제도 2022년 1월 1일부터 음식점 등 영업소에서 조리하는 달걀까지   HACCP(안전관리인증기준) 인증을 받은 식용란 선별·포장업소를 통해 유통된다. (축산물가공업 또는 식품제조·가공업의 원료로 사용하는 경우 제외)

농장에서 달걀을 생산한 후 식용란 선별·포장 업소에서 달걀 선별 → 세척 → 건조 → 살균 → 검란 → 포장을 한 후 출하하여 음식점에 납품되어야 한다.

| 식품접객업(음식점, 집단급식소 등), 즉석판매 제조·가공업 영업자의 달걀 취급 시 확인사항 |

1. 포장 및 표시가 없는 달걀은 사용하지 않는다.
2. 선별·포장된 달걀만 사용한다.
3. 물 세척된 달걀은 꼭 냉장 보관(0~10℃)한다.
   (물 세척 여부는 식용란 선별·포장 확인서에 표시사항 체크)

4 소비기한/ 유통기한

유통기한이란 1985년 식품의 판매가 허용되면서 영업자 중심의 표시제도로 도입되었다. 소비기한은 식품을 안전하게 섭취할 수 있는 기한으로 소비자 중심의 표시제도이다.

유통기한은 제품의 제조일로부터 소비자에게 유통·판매가 허용된 기한이고, 소비기한은 식품 등에 표시된 보관방법을 준수할 경우 섭취하여도 안전에 이상이 없는 기한을 뜻한다. 품질안전한계기간(식품의 맛, 품질 등이 급격이 변하는 시점의 설정실험결과)을 소비기한은 80~90%로 하였고, 유통기한은 60~70%로 하였다. 소비기한은 식품 등에 표시된 보관방법(냉장 0~10℃, 냉동 −18℃, 실온 1~35℃)을 지키는 경우 섭취하여 안전에 이상이 없는 기한으로 소비자의 혼란 방지, 식품 폐기 감소 등을 위해 도입·운영한 제도로 2023년 1월 1일부터 시행되었으며, 1년간 계도 기간을 부여하여 올해는 소비기한과 유통기한이 혼재되어 포장지에 표시될 수 있다. 소비기한으로 변경할 경우 식품 폐기물 감소로 탄소 중립을 실천하고 환경·경제적 편익이 증가(향후 10년간 소비자 7조 3천억 원, 산업체 2,200억 원 비용 절감, 식품안전정보원, 2021)할 것으로 기대하고 있다.

유통기한에서 소비기한으로 변경되면서 유의사항은 식품별 보관방법을 철저히 지키고, 소비기한이 경과된 식품은 절대 섭취하면 안 되며, 식품 구매 후 가급적 빨리 섭취하도록 한다.

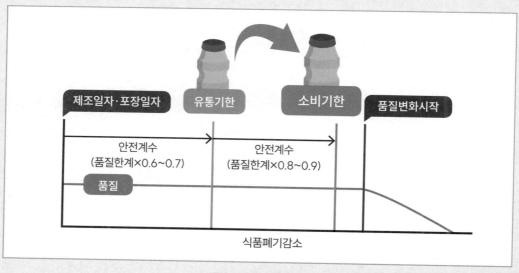

출처 : [식품의 유통기한 표시 소비기한으로 변경], 식품안전나라(2022)

식품별 변경된 소비기한

종류	(전)유통기한	(변경)소비기한
가공유	15~17일	23~26일
과채음료	2~20일	3~35일
두부	5~31일	5~35일
빵류	3~40일	3~54일
발효유	14~31일	18~55일
햄	10~45일	11~61일

※ 단, 우유류(냉장보관 제품)는 냉장 유통환경 개선(10℃ →5℃) 등을 위해 2031년 1월 1일부터 소비기한이 적용된다.

출처; [만두, 만두피 등 소비기한 참고값 추가 제공], 식약처 보도자료(2023)

5 회수대상 식품 기준

회수대상이 되는 식품 등의 기준(제58조 제1항 관련)

1. 법 제4조, 제5조, 제6조 또는 제8조를 위반한 경우

2. 법 제7조에 따라 식품의약품안전처장이 정한 식품, 식품첨가물의 기준 및 규격을 위반한 것으로서 다음 각 목의 어느 하나에 해당하는 경우

   가. 비소·카드뮴·납·수은·메틸수은·무기비소 등 중금속, 메탄올 또는 시안화물의 기준을 위반한 경우

   나. 바륨, 포름알데히드 o-톨루엔설폰아미드, 다이옥신 또는 폴리옥시에틸렌의 기준을 위반한 경우

   다. 방사능 기준을 위반한 경우

   라. 농산물의 농약잔류허용기준을 위반한 경우

   마. 곰팡이독소 기준을 위반한 경우

   바. 패독소 기준을 위반한 경우

   사. 동물용의약품의 잔류허용기준을 위반한 경우

   아. 식중독균 기준을 위반한 경우

   자. 주석, 포스파타제, 암모니아성질소, 아질산이온, 형광증백제 또는 프탈레이트 기준을 위반한 경우

   차. 식품조사처리기준을 위반한 경우

   카. 식품등에서 금속성 이물, 유리조각 등 인체에 직접적인 손상을 줄 수 있는 재질이나 크기의 이물, 위생동물의 사체 등 심한 혐오감을 줄 수 있는 이물 또는 위생해충, 기생충 및 그 알이 혼입된 경우(이물의 혼입 원인이 객관적으로 밝혀져 다른 제품에서 더이상 동일한 이물이 발견될 가능성이 없다고 식품의약품안전처장이 인정하는 경우에는 그렇지 않다.)

   타. 부정물질 기준을 위반한 경우

   파. 대장균, 대장균군, 세균수 또는 세균발육 기준을 위반한 경우

   하. 소비기한 경과 제품 또는 식품에 사용할 수 없는 원료가 사용되어 식품 원료 기준

을 위반한 경우

거. 셀레늄, 방향족탄화수소(벤조피렌 등), 폴리염화비페닐(PCBs), 멜라민, 3-MCP-D(3-Monochloropropane-1,2-diol), 테트라하이드로칸나비놀(THC) 또는 칸나비디올(CBD) 기준을 위반한 경우

너. 수산물의 잔류물질 잔류허용기준을 위반한 경우

더. 식품첨가물의 사용 및 허용 기준을 위반한 경우(사용 또는 허용량 기준을 10% 미만 초과한 것은 제외한다)

러. 에틸렌옥사이드 또는 2-클로로에탄올 기준을 위반한 경우

3. 법 제9조에 따라 식품의약품안전처장이 정한 기구 또는 용기·포장의 기준 및 규격을 위반한 것으로서 유독·유해물질이 검출된 경우

4. 국제기구 및 외국의 정부 등에서 위생상 위해우려를 제기하여 식품의약품안전처장이 사용금지한 원료·성분이 검출된 경우

5. 그 밖에 섭취함으로써 인체의 건강을 해치거나 해칠 우려가 있다고 식품의약품안전처장이 정하는 경우

출처 : 「식품위생법 시행규칙」 별표 18(개정 2022.7.28.)

6 회수 종류, 대상 및 등급

1. 회수의 종류

가. 의무회수

「식품위생법」 제45조 및 제72조, 「식품 등의 표시 · 광고에 관한 법률」 제15조에 근거한 회수

나. 자율회수

의무회수 이외의 위생상 위해 우려가 의심되거나, 품질 결함 등의 이유로 영업자가 스스로 실시하는 회수

2. 회수대상 식품 등

「식품위생법」 제45조(위해식품 등의 회수) 제1항 및 제72조(폐기처분 등) 제3항, 「식품 등의 표시 · 광고에 관한 법률」 제15조(위해 식품등의 회수 및 폐기처분 등) 제1항 및 제3항의 규정에 따라 식품위생상의 위해가 발생하였거나 발생할 우려가 있다고 인정되는 식품 등으로서 다음 각 항목에 해당하는 경우

가. 「식품위생법」 제4조(위해식품 등의 판매 등 금지), 제5조(병든 동물 고기 등의 판매 등 금지), 제6조(기준 · 규격이 정하여지지 아니한 화학적 합성품 등의 판매 등 금지), 제8조(유독기구 등의 판매 · 사용 금지) 또는 제9조의3(인정받지 않은 재생원료의 기구 및 용기 · 포장에의 사용 등 금지) 규정을 위반한 식품 등

나. 「식품위생법」 제7조(식품 또는 식품첨가물에 관한 기준 및 규격) 제4항 또는 제9조 (기구 및 용기 · 포장에 관한 기준 및 규격) 제4항의 기준 · 규격을 위반한 식품 등으로서 각 회수등급별 위반사항에 해당되는 경우

다. 「식품위생법」 제12조의2(유전자변형식품 등의 표시) 제2항, 제37조(영업허가 등) 또는 「식품 등의 표시 · 광고에 관한 법률」 제4조(표시의 기준) 제3항 및 제8조(부당한 표시 또는 광고행위의 금지) 제1항 규정을 위반한 식품 등으로서 각 회수등급별 위반사항에 해당되는 경우

라. 기타 인체의 건강에 위해를 가할 가능성이 있어 식품의약품안전처장이 회수하여야
　　한다고 인정하는 경우

3. 회수등급

회수등급은 위해요소의 종류, 인체건강에 영향을 미치는 위해의 정도, 위반행위의 경
중 등을 고려하여 1, 2, 3등급으로 분류한다. 다만, 위해물질 등이 기준을 초과한 정도,
사회적 여건 등을 종합적으로 고려하여 필요하다고 판단되는 경우에는 회수등급을 조정
할 수 있다.

가. 1등급

식품 등의 섭취 또는 사용으로 인해 인체건강에 미치는 위해영향이 매우 크거나 중대
한 위반행위로서 다음 각 항목에 해당되는 경우

1) 식품 등에 다음 어느 하나에 해당하는 원료를 사용한 경우

　① 「식품위생법」 제5조(병든 동물 고기 등의 판매 등 금지) 및 같은 법 시행규칙 제
　　4조(판매 등이 금지되는 병든 동물 고기 등)에 규정된 「축산물 위생관리법 시행
　　규칙」 [별표3] 제1호 다목에 따라 도축이 금지되는 가축전염병 또는 리스테리아
　　병, 살모넬라병, 파스튜렐라병 및 선모충증에 감염된 동물의 고기ㆍ뼈ㆍ젖ㆍ장
　　기 또는 혈액

　② 「식품위생법」 제93조(벌칙)에 따라 식품에 사용할 수 없는 마황, 부자, 천오, 초
　　오, 백부자, 섬수, 백선피, 사리풀

　③ 식품공전 [별표 1] "식품에 사용할 수 있는 원료"의 목록, [별표 2] "식품에 제한
　　적으로 사용할 수 있는 원료"의 목록 및 [별표 3] "한시적 기준ㆍ규격에서 전환
　　된 원료"의 목록에서 정한 것 이외의 원료

　④ 식품공전 '제1. 3. 용어의 정의'에 따른 식용으로 부적합한 비가식 부분

　⑤ 기타 식품의약품안전처장이 식용으로 부적절하다고 인정한 동ㆍ식물

　⑥ 소비기한이 경과한 식품 등

　⑦ 한글 표시사항 전부를 표시하지 않았거나, 표시해야 할 소비기한 또는 제조일자
　　를 표시하지 않은 식품 등

2) 국제암연구소(International Agency for Research on Cancer, IARC)의 발암물질 분류기준 중 Group 1에 해당하는 물질로서 포름알데히드, 방향족탄화수소(벤조피렌 등), 다이옥신 또는 폴리염화비페닐(PCBs) 기준을 위반한 경우

3) 장출혈성 대장균, 리스테리아 모노사이토제네스, 클로스트리디움 보툴리눔 또는 크로노박터 기준을 위반한 경우

4) 패독소 기준을 위반한 경우

5) 아플라톡신 기준을 위반한 경우

6) 방사능 기준을 위반한 경우

7) 식품 등에 금속성 이물(쇳가루 제외), 유리조각 등 인체에 직접적인 손상을 줄 수 있는 재질이나 크기의 이물, 위생동물의 사체 등 심한 혐오감을 줄 수 있는 이물이 혼입된 경우(다만, 이물 혼입 원인이 객관적으로 밝혀져 다른 제품에서 더이상 동일한 이물이 발견될 가능성이 없다고 식품의약품안전처장이 인정하는 경우는 제외)

8) 인체 기생충 및 그 알이 혼입된 경우

9) 부정물질(발기부전치료제, 비만치료제, 당뇨병치료제 등 의약품성분과 그 유사물질) 기준을 위반한 경우

10) 멜라민 기준을 위반한 경우

11) 「식품위생법」 제4조(위해식품 등의 판매 등 금지) 제1호, 제2호 또는 제4호를 위반한 것으로 인체 건강에 미치는 위해의 정도가 매우 큰 경우

12) 「식품위생법」 제4조(위해식품 등의 판매 등 금지) 제5호, 제6호 또는 제7호를 위반한 경우

13) 「식품위생법」 제6조(기준·규격이 정하여지지 아니한 화학적 합성품 등의 판매 등 금지), 제8조(유독기구 등의 판매·사용 금지) 또는 제9조의 3(인정받지 않은 재생원료의 기구 및 용기·포장에의 사용 등 금지)을 위반한 경우

14) 「식품 등의 표시·광고에 관한 법률」 제4조(표시의 기준) 제3항 및 제8조(부당한 표시 또는 광고행위의 금지) 제1항 규정을 위반한 것으로서 다음 어느 하나에 해당하는 경우

① 표시해야 할 제조일자 또는 소비기한을 표시하지 않은 경우

② 제조일자 또는 소비기한을 사실과 다르게 표시한 경우로서 위반사항 확인 시점에 실제 소비기한이 이미 경과한 경우

③ 표시 대상 알레르기 유발물질을 표시하지 않은 경우

15) 기준·규격이 정해지지 않은 기구 및 용기·포장을 제조·수입·기타 영업에 사용한 경우

16) 그 밖에 인체건강에 미치는 위해의 정도나 위반행위의 정도가 위의 1)부터 15)항목과 동등하거나 유사하다고 판단되는 경우로서 식품의약품안전처장이 1등급으로 결정하는 경우

나. 2등급

식품 등의 섭취 또는 사용으로 인해 인체 건강에 미치는 위해 영향이 크거나 일시적인 경우로서 다음 각 항목에 해당하는 경우

1) 비소, 납, 카드뮴, 수은, 메틸수은, 무기비소 등 중금속 기준을 위반한 경우

2) 살모넬라, 황색포도상구균, 장염비브리오, 클로스트리디움 퍼프리젠스, 캠필로박터 제주니/콜리, 바실루스 세레우스, 여시니아 엔테로콜리티카 기준을 위반한 경우

3) 국제암연구소(IARC)의 발암물질 분류기준 중 Group 2A, 2B에 해당하는 물질로서 3-MCPD(3-Monochloropropane -1, 2-diol) 기준을 위반한 경우

4) 농산물(콩나물 포함)의 농약잔류허용기준을 위반한 경우

5) 수산물의 잔류물질 잔류허용기준을 위반한 경우

6) 동물용의약품의 잔류허용기준을 위반한 경우

7) 오크라톡신A 또는 푸모니신 기준을 위반한 경우

8) 메탄올 또는 시안화물 기준을 위반한 경우

9) 테트라하이드로칸나비놀(THC) 또는 칸나비디올(CBD) 기준을 위반한 경우

10) 에틸렌옥사이드 기준을 위반한 경우

11) 프탈레이트 또는 니켈 기준을 위반한 경우

12) 그 밖에 인체건강에 미치는 위해의 정도가 위의 1)부터 11)항목과 동등하거나 유사하다고 판단되는 경우로서 식품의약품안전처장이 2등급으로 결정하는 경우

다. 3등급

식품 등의 섭취 또는 사용으로 인해 인체의 건강에 미치는 위해 영향이 비교적 적은 경우로서 다음 각 항목에 해당하는 경우

1) 국제암연구소(IARC)의 발암물질 분류기준 중 Group 3에 해당하는 물질로서 셀레늄, 방향족탄화수소(페놀, 톨루엔 등) 기준을 위반한 경우

2) 대장균, 대장균군, 세균수 또는 세균발육 기준을 위반한 경우

3) 바륨, o-톨루엔설폰아미드 또는 폴리옥시에틸렌 기준을 위반한 경우

4) 파튤린, 데옥시니발레놀 또는 제랄레논 기준을 위반한 경우

5) 식품조사처리 기준을 위반한 경우

6) 식품첨가물 사용 또는 허용량 기준을 위반한 경우(사용 또는 허용량 기준을 10% 미만 초과한 것은 제외)

7) 주석, 암모니아성질소, 형광증백제, 포스파타제, 아질산이온 또는 2-클로로에탄올 기준을 위반한 경우

8) 식품 등에 파리, 바퀴벌레 등 위생해충, 1등급 이외의 기생충 및 그 알 또는 쇳가루가 혼입되어 인체의 건강을 해할 우려가 있는 경우(다만, 이물 혼입 원인이 객관적으로 밝혀져 다른 제품에서 더이상 동일한 이물이 발견될 가능성이 없다고 식품의약품안전처장이 인정하는 경우는 제외)

9) 기타이물 중 제조과정 중에서 혼입될 가능성과 인체에 위해영향을 줄 가능성이 있는 것으로서 식품의약품안전처장이 회수가 필요하다고 인정하는 이물

10) 「식품위생법」 제9조(기구 및 용기·포장에 관한 기준 및 규격)에 따라 식품의약품안전처장이 정한 기구 또는 용기·포장의 기준 및 규격을 위반한 것으로서 총용출량 기준을 위반한 경우

11) 「식품위생법」 제12조의2(유전자변형식품 등의 표시) 제2항을 위반하여 유전자변형식품임을 표시하여야 하는 유전자변형식품 등을 표시를 하지 않고 판매하거나 판매할 목적으로 수입·진열·운반 또는 영업에 사용한 경우

12) 「식품 등의 표시·광고에 관한 법률」 제8조(부당한 표시 또는 광고행위의 금지) 제1항 규정을 위반하여 제조일자 또는 소비기한을 사실과 다르게 표시한 경우로서

위반사항 확인 시점에 실제 소비기한이 경과하지 않은 경우

13) 그 밖에 인체건강에 미치는 위해의 정도가 위의 1)부터 12)항목과 동등하거나 유사하다고 판단되는 경우로서 식품의약품안전처장이 3등급으로 결정하는 경우

출처 : 식품안전나라(회수 · 판매중지)(https://www.foodsafetykorea.go.kr/popup/suspensionRule_2.do)

7 유전자변형식품(GMO, Genetically Modified Organism)이란?

농·축산물, 수산물, 미생물 등의 유전자를 재조합하거나 유전자를 구성하는 핵산을 세포 또는 세포 내 소기관으로 직접 주입하는 유전자변형기술을 활용하여 만든 살아 있는 생물체를 유전자변형생물체(LMO, Living Modified Organisms)라고 한다. 유전자 변형 농·축산물, 미생물(LMO)을 원료로 사용하거나 LMO를 이용하여 제조·가공된 식품, 기능성 식품, 식품첨가물을 유전자변형식품(GMO, Genetically Modified Organism)이라고 한다. GMO는 농작물 또는 가축 등의 수확과 생산성을 향상시키고, 품질을 개선하여 생산의 안전성을 높이기 위해 각각의 품종의 유전적 특성을 개량하는 품종개량(breeding)의 한 분야에 속한다. GMO는 1986년 미국 칼진사가 토마토 껍질이 물러지는 것을 예방하여 숙성기간을 연장하고자 개발한 것에서 시작되었다. 이후 1995년 미국의 몬산토회사가 해충에 잘 견디는 특성을 가진 GMO콩을 상품화하는 데 성공하였다. 지금은 전 세계적으로 콩, 옥수수, 면화, 카놀라, 사탕무, 알파파, 파파야, 감자 등이 개발되어 이용되고 있다.

우리나라는 유전자변형 농산물의 재배는 허용하고 있지 않으며, 식품위생법 제18조에 따라 '유전자변형식품 등 안전성 심사위원회'를 통해 안전성이 승인된 유전자변형식품(콩, 옥수수, 면화, 카놀라, 알파파, 사탕무)만 국내에 수입·유통할 수 있다. 안전성 심사는 10년이 경과된 품목은 재심사를 해야 한다. 유전자변형식품의 안전성 심사는 EU, 일본 등과 마찬가지로 국제식품규격위원회(Codex)에서 제안한 '실질적 동등성 원칙'에 따라 심사하고 있으며, 유전자변형식품과 기존 식품의 독성, 알레르기성, 영양성, 분자생물학 등을 비교·평가하여 차이가 없으면 안전하다고 판단하고 있다. 유전자변형식품 등 안전성심사위원회 개최 현황 및 결과는 식품의약품안전평가원에 공개하고 있다.

GMO에는 해충저항성 옥수수, 푸른 장미, 형광 물고기, 무르지 않는 토마토, 갈변예방 사과, 디카페인 원두, 비타민 A강화 황금쌀, 인슐린을 생산하는 세균, 의약용 혈전용해제를 생산하는 염소 등이 있다. 그 밖에 ISAAA(생물공학정보센터)에 따르면 항알레르기, 항생제 내성, 딱정벌레목 곤충저항성, 지연된 과일 연화, 지연된 숙성/노화, 제초제 내성(Dicamba, 2,4-D, 글루포시네이트, Imazamox, Isoxaflutole), 가뭄 스트레스 내성,

향상된 광합성, 향상된 프로비타민 A함량, 생식력 회복, 잎 역병 저항, 나비목 곤충저항, 남성불임, 변성 아미노산, 변형된 알파 아밀라아제, 수정된 과일 색상, 수정된 꽃 색깔, 변성 오일/ 지방산, 변성전분/ 탄수화물, 선충류 저항 등의 GMO 특성이 있고, 이러한 GMO 특성은 생명체에 따라 제한을 두고 적용하고 있다.

| 주요 국가별 유전자변형식품 관련 사이트 |

- 국제기구
  - WHO, https://www.who.int/topics/food_genetically_modified/en/
  - FAO, http://www.fao.org/food/food-safety-quality/gm-foods-platform/en/
  - OECD, http://www.oecd.org/science/biotrack/
- EU
  - EC, https://ec.europa.eu/food/plant/gmo_en
  - EFSA, http://www.efsa.europa.eu/en/topics/topic/gmo
- 미국
  - FDA
    https://www.fda.gov/food/food-ingredients-packaging/food-new-plant-varieties
  - USDA https://www.usda.gov/topics/biotechnology
- 일본
  - 후생노동성, https://www.mhlw.go.jp/stf/seisakunitsuite/bunya/kenkou_iryou/shokuhin/bio/idenshi/index.html
- 호주/뉴질랜드
  - FSANZ https://www.foodstandards.gov.au/consumer/gmfood/Pages/default.aspx
- 국내
  - 한국바이오안전성정보센터, https://www.biosafety.or.kr/portal/default.do

| 주요 국가별 유전자변형식품 승인 현황 |

- ISAAA, http://www.isaaa.org/gmapprovaldatabase/default.asp
- EFSA, http://www.efsa.europa.eu/en/topics/topic/gmo ("Published 참고)
- 미국, https://www.accessdata.fda.gov/scripts/fdcc/?set=Biocon
- 일본, https://www.mhlw.go.jp/stf/seisakunitsuite/bunya/kenkou_iryou/shokuhin/bio/idenshi/index.html ("유전자재조합 식품 및 첨가물의 안전성에 관한 심사 상황")
- 호주/뉴질랜드, https://www.foodstandards.gov.au/consumer/gmfood/applications/Pages/default.aspx

| 유전자변형 옥수수 탄생 과정 |

STEP 1 미생물에서 가뭄에 잘 견디는 **유전자를 분리**한다.

STEP 2 **아그로박테리움에 유전자를 이식**한다.

STEP 3 가뭄에 잘 견디는 미생물 **유전자를 옥수수에 넣는다.**

STEP 4 유전자가 변형된 **옥수수를 선발**한다.

STEP 5 가뭄에 잘 견디는 **옥수수 탄생!**

출처 : 식품안전나라(https://www.foodsafetykorea.go.kr/portal/board/boardDetail.do)

제3조(표시대상)

① 「식품위생법」 제18조에 따른 안전성 심사 결과, 식품용으로 승인된 유전자변형농축수산물과 이를 원재료로 하여 제조·가공 후에도 유전자변형 DNA 또는 유전자변형 단백질이 남아 있는 유전자변형식품 등은 유전자변형식품임을 표시하여야 한다.

② 제1항의 표시대상 중 다음 각 호의 어느 하나에 해당하는 경우에는 유전자변형식품임을 표시하지 아니할 수 있다.

1. 유전자변형농산물이 비의도적으로 3% 이하인 농산물과 이를 원재료로 사용하여 제조·가공한 식품 또는 식품첨가물. 다만, 이 경우에는 다음 각 목의 어느 하나에 해당하는 서류를 갖추어야 한다.

　가. 구분유통증명서

　나. 정부증명서

　다. 「식품·의약품분야 시험·검사 등에 관한 법률」 제6조 및 제8조에 따라 지정되었거나 지정된 것으로 보는 시험·검사기관에서 발행한 유전자변형식품 등 표시대상이 아님을 입증하는 시험·검사성적서

2. 고도의 정제과정 등으로 유전자변형 DNA 또는 유전자변형 단백질이 전혀 남아 있지 않아 검사 불능인 당류, 유지류 등

제4조(표시의무자)

1. 유전자변형농축수산물 : 유전자변형농축수산물을 생산하여 출하·판매하는 자, 또는 판매할 목적으로 보관·진열하는 자

2. 유전자변형식품 : 「식품위생법 시행령」 제21조에 따른 식품제조·가공업, 즉석판매제조·가공업, 식품첨가물제조업, 식품소분업, 유통전문판매업 영업을 하는 자, 「수입식품안전관리 특별법 시행령」 제2조에 따른 수입식품 등 수입·판매업 영업을 하는 자, 「건강기능식품에 관한 법률 시행령」 제2조에 따른 건강기능식품제조업, 건강기능식품유통전문판매업 영업을 하는 자 또는 「축산물 위생관리법 시행령」 제21조에 따른 축산물가공업, 축산물유통전문판매업 영업을 하는 자

제5조(표시방법)

1. 표시는 한글로 표시하여야 한다. 다만, 소비자의 이해를 돕기 위하여 한자나 외국어를 한글과 병행하여 표시하고자 할 경우, 한자나 외국어는 한글표시 활자크기와 같거나 작은 크기의 활자로 표시하여야 한다.

2. 표시는 지워지지 아니하는 잉크·각인 또는 소인 등을 사용하거나, 떨어지지 아니하는 스티커 또는 라벨지 등을 사용하여 소비자가 쉽게 알아볼 수 있도록 해당 용기·포장 등의 바탕색과 뚜렷하게 구별되는 색상으로 12포인트 이상의 활자크기로 선명하게 표시하여야 한다.

3. 유전자변형농축수산물의 표시는 "유전자변형 ○○(농축수산물 품목명)"로 표시하고, 유전자변형농산물로 생산한 채소의 경우에는 "유전자변형 ○○(농산물 품목명)로 생산한 ○○○(채소명)"로 표시하여야 한다.

4. 유전자변형농축수산물이 포함된 경우에는 "유전자변형 ○○(농축수산물 품목명) 포함"으로 표시하고, 유전자변형농산물로 생산한 채소가 포함된 경우에는 "유전자변형 ○○(농산물 품목명)로 생산한 ○○○(채소명) 포함"으로 표시하여야 한다.

5. 유전자변형농축수산물이 포함되어 있을 가능성이 있는 경우에는 "유전자변형 ○○(농축수산물 품목명) 포함가능성 있음"으로 표시하고, 유전자변형농산물로 생산한 채소가 포함되어 있을 가능성이 있는 경우에는 "유전자변형 ○○(농산물 품목명)로 생산한 ○○○(채소명) 포함가능성 있음"으로 표시할 수 있다.

6. 유전자변형식품의 표시는 소비자가 잘 알아볼 수 있도록 당해 제품의 주표시면에 "유전자변형식품", "유전자변형식품첨가물", "유전자변형건강기능식품" 또는 "유전자변형 ○○포함 식품", "유전자변형 ○○포함 식품첨가물", "유전자변형 ○○포함 건강기능식품"으로 표시하거나, 당해 제품에 사용된 원재료명 바로 옆에 괄호로 "유전자변형" 또는 "유전자변형된 ○○"로 표시하여야 한다.

7. 유전자변형여부를 확인할 수 없는 경우에는 당해 제품의 주표시면에 "유전자변형 ○○포함가능성 있음"으로 표시하거나, 제품에 사용된 당해 제품의 원재료명 바로 옆에 괄호로 "유전자변형 ○○포함가능성 있음"으로 표시할 수 있다.

8. 제3조 제1항에 해당하는 표시대상 중 유전자변형식품 등을 사용하지 않은 경우로

서, 표시대상 원재료 함량이 50% 이상이거나, 또는 해당 원재료 함량이 1순위로 사용한 경우에는 "비유전자변형식품, 무유전자변형식품, Non-GMO, GMO-free" 표시를 할 수 있다. 이 경우에는 비의도적 혼입치가 인정되지 아니한다.

9. 유전자변형농축수산물이 모선 또는 컨테이너 등에 선적 또는 적재되어 화물(Bulk) 상태로 수입 또는 판매되는 경우에는 표시사항을 신용장(L/C) 또는 상업송장(Invoice)에 표시하여야 하고, 화물차량 등에 적재된 상태로 국내 유통되는 경우에는 차량과 운송장 등에 표시하여야 한다.

제6조(표시사항의 적용특례)

다음 각 호의 어느 하나에 해당하는 경우에는 제5조의 규정에도 불구하고 다음과 같이 표시할 수 있다.

1. 즉석판매제조·가공업의 영업자가 자신이 제조·가공한 유전자변형식품을 진열 판매하는 경우로서 유전자변형식품 표시사항을 진열상자에 표시하거나, 별도의 표지판에 기재하여 게시하는 때에는 개개의 제품별 표시를 생략할 수 있다.

2. 두부류를 운반용 위생 상자를 사용하여 판매하는 경우로서 그 위생 상자에 유전자변형식품 표시사항을 표시하거나, 별도의 표지판에 기재하여 게시하는 때에는 개개의 제품별 표시를 생략할 수 있다.

출처 : https://www.law.go.kr/행정규칙/유전자변형식품등의 표시기준

참고문헌

- 곽동경 외(2020), 식품위생학 원리와 실제, 교문사
- 건강보험심사평가원, 국민건강보험공단, 2021 건강보험통계연보, 2022.11
- 국가법령정보센터, https://www.law.go.kr
- 국가 인수공통감염병 관리 사업, 2019-2020 연차실적보고서, 질병관리청, 농림축산검역본부, 국립 야생동물질병관리원, 2021. 6
- 국립의과학지식센터, https://library.nih.go.kr
- 국민곁愛 110, 겨울철 노로바이러스 식중독 주의하세요 : [On line]
- http://110callcenter.tistory.com/2854
- 금종화 외, 식품위생학(제2판), 문운당, 2003
- 김지응 외, 꼭 알아야 할 식품위생 및 HACCP 실무, 백산출판사, 2017
- 김옥경 외, 식품위생학, (주)지구문화, 2018
- 농림축산식품부, 방사능, 방사선, 다이옥신류에 대해 국내농산물 안전! 2016
- 네이버지식 iN, https://kin.naver.com/
- 두산백과, https://www.doopedia.co.kr/
- V. Katayama K., Koopmans M.(2013), Proposal for a unified norovirus nomenclature and genotyping, Arch Virol, 158(10) : 2059-68
- 생물공학정보센터, https://www.isaaa.org/gmapprovaldatabase/gmtraitslist/default.asp
- 소비자안전센터, 소비자안전국식의약안전팀, 방사선식품표시실태조사, 2011.12. 식품공전(https://various.foodsafetykorea.go.kr/fsd/#/ext/Document/CP?searchNm=%EB%B9%84%EC%8A%A4%ED%8E%98%EB%86%80&itemCode=CP0A005001002A007)
- 식품안전나라, www.foodsafetykorea.go.kr
- 식품안전나라(달걀 껍데기 산란일자 표시제 바로알기), https://www.foodsafetykorea.go.kr/portal/board/boardDetail.do?menu_no=3120&bbs_no=bbs001&ntctxt_no=1075560&menu_grp=MENU_NEW01
- 식품안전나라(GMO의 이해), https://www.foodsafetykorea.go.kr/portal/board/boardDetail.do
- 식품의약품안전평가원, http://www.nifds.go.kr/brd/m_64/list.do
- 식품의약품안전처, www.mfds.go.kr
- 식품의약품안전처, 국내외 유통 분유제품 방사능 검사 결과 발표, 보도자료, 2017
- 식품의약품안전처, 이물관리 업무매뉴얼, 식품의약품안전처, 2021
- 식품의약품안전처 보도자료(2016.11.8), 겨울철에도 식중독 안심하지 말아요!!
- 식품의약품안전처, 소방위해예방국 소비자위해예방정책과, 유해물질 간편 정보지(리스테리아 모노사

이토제네스), 2016.12

● 식품의약품안전처 소방위해예방국 소비자위해예방정책과, 유해물질 간편 정보지(황색포도상구균), 2016.12

● 식품의약품안전처 소방위해예방국 소비자위해예방정책과, 유해물질 간편 정보지(캠필로박터), 2016.12

● 식품의약품안전처 소방위해예방국 소비자위해예방정책과, 유해물질 간편 정보지(클로스트리디움퍼프리젠스), 2016.12

● 식품의약품안전처 소방위해예방국 소비자위해예방정책과, 유해물질 간편 정보지(오크라톡신 A), 2016.12

● 식품의약품안전처 소방위해예방국 소비자위해예방정책과, 유해물질 간편 정보지(아크릴아마이드), 2016.12

● 식품의약품안전처 소방위해예방국 소비자위해예방정책과, 유해물질 간편 정보지(시안화합물), 2016.12

● 식품의약품안전처 소방위해예방국 소비자위해예방정책과, 유해물질 간편 정보지(비스페놀A), 2016.12

● 식품의약품안전처 소방위해예방국 소비자위해예방정책과, 유해물질 간편 정보지(비소), 2016.12

● 식품의약품안전처, 유해물질 간편 정보지(크롬; Chrome, Cr)

● 식품의약품안전처, 유해물질 간편 정보지(카드뮴; Cadmium, Cd)

● 식품의약품안전처, 유해물질 간편 정보지(주석; Tin, Sn)

● 식품의약품안전처, 유해물질 간편 정보지(납; Lead, Pb)

● 식품의약품안전처, 유해물질 간편 정보지(수은; Mercury, Hg)

● 식품의약품안전처, 유해물질 간편 정보지(에틸카바메이트; Ethyl carbamate, EC)

● 식품의약품안전처, 유해물질 간편 정보지(다이옥신; Dioxin)

● 식품의약품안전처, 유해물질 간편 정보지(폴리염화비페닐 : Polychlorinated biphenyls)

● 식품의약품안전처, 유해물질 간편 정보지(니트로사민 : Nitrosamines)

● 식품의약품안전처, 유해물질 간편 정보지(벤조피렌; Benzo[a]pyrene)

● 식품의약품안전처, 유해물질 간편 정보지(퓨란; Furan)

● 식품의약품안전처, 유해물질 간편 정보지(프탈레이트; Phthalates)

● 식품의약품안전처, 식중독예방과, 2023 학교급식관계자_가이드

● 식품의약품안전처, 식품의 기준 및 규격, 2023

● 식품의약품안전처, 유해물질총서(Risk Profile)_노로바이러스, 2016

● 식품의약품안전처, 유해물질총서(Risk Profile)_바실러스세레우스, 2016

● 식품의약품안전처, 유해물질총서(Risk Profile)_바이오제닉아민, 2016

● 식품의약품안전처, 유해물질총서(Risk Profile)_병원성대장균, 2016

● 식품의약품안전처, 유해물질총서(Risk Profile)_요오드, 2016

● 식품의약품안전처, 유해물질총서(Risk Profile)_클로스트리디움보튤리눔, 2017

● 식품의약품안전처, 유해물질총서(Risk Profile)_방사능, 2017

- 식품의약품안전처, 유해물질총서(Risk Profile)_3-MCPD, 2017
- 식품의약품안전처, 유해물질총서(Risk Profile)_말라카이트그린, 2018
- 식품의약품안전처, 식품 이물 업무 매뉴얼, 2017.02
- 식품의약품안전처, 식품 이물관리 업무 매뉴얼, 2021
- 식품의약품안전처 식품기준기획관, 식품 등 기준 설정 원칙, 2017.10
- 식품의약품안전처, 농산물의 농약허용기준, 2020.01
- 식품의약품안전처, 식중독 표준업무 지침. 2020.12
- 식품의약품안전청, Risk Profile_방사능오염, 2010.12
- 식품의약품안전처(2017a), 일본산 수입식품 방사능검사 결과(2017.1.13.~2017.1.19.), 보도

자료

- 식품저널, http://www.foodnews.co.kr
- 어린이급식관리지원센터, https://ccfsm.foodnara.go.kr/home/?menuno=157
- 위키백과, https://ko.wikipedia.org/wiki/%EC%9C%84%ED%82%A4%EB%B0%B1%EA%B3%BC:%EB%8C%80%EB%AC%B8
- 이수영(2015), IgE 매개성 식품알레르기 : 중증 식품알레르기와 식품 알레르겐
- 이정훈 외(2018), 식품위생학, 백산출판사
- 질병관리청, 2023 법정감염병 진단·신고기준, 2023.03
- 질병관리청, 2017년도 큐열 관리지침
- 질병관리청, 2018년도 생물테러감염병 대비 및 대응지침, 2018.08
- 질병관리청, 2019년도 기생충감염병 관리지침
- 질병관리청, 2022년도 기생충감염병 관리지침
- 질병관리청, 2022 감염병 신고현황 연보, 2023.06
- 질병관리청 감염병연보, https://www.kdca.go.kr/contents.es?mid=a20601020000
- 질병관리청 국가건강정보포털, https://health.kdca.go.kr
- 질병관리청, 농림축산식품부, 환경부, 국가 인수공통감염병 관리사업(2019~2020 연차 실적보고서), 2021
- 한국식품산업협회 소비기한연구센터, 식품유형별 소비기한 설정보고서, 2023.01
- (사)한국수산회, https://www.fsis.go.kr/front/contents/cmsView.do?cate_id=0101&cnts_id=25688&select_list_no=5
- 한국식품안전관리인증원, https://www.haccp.or.kr
- 행정안전부, 산나물과 비슷한 독초 중독사고 조심하세요! (보도자료), 2018.5.
- 허선, 최신 주요 기생충 질환, 한림대학교 의과대학 기생충학교실 및 의학연구소, 2019.10

Profile

감수

이은옥

한국여성의정 운영국장

저자

이인숙

우송대학교 외식조리학부

김한희

대림대학교 제과제빵과

신태화

백석예술대학교 외식학부

성기협

대림대학교 호텔조리과

민경천

한국관광대학교 호텔조리과

최익준

경민대학교 카페베이커리과

김상미

계명문화대학교 제과제빵과

한재원

정화예술대학교 디저트조리과

저자와의
합의하에
인지첩부
생략

식품위생학

2023년 8월 25일 초판 1쇄 인쇄
2023년 9월 　1일 초판 1쇄 발행

감　수 이은옥
지은이 이인숙·신태화·민경천·김상미
　　　　김한희·성기협·최익준·한재원
펴낸이 진욱상
펴낸곳 (주)백산출판사
교　정 성인숙
본문디자인 신화정
표지디자인 오정은

등　록 2017년 5월 29일 제406-2017-000058호
주　소 경기도 파주시 회동길 370(백산빌딩 3층)
전　화 02-914-1621(代)
팩　스 031-955-9911
이메일 edit@ibaeksan.kr
홈페이지 www.ibaeksan.kr

ISBN 979-11-6567-704-6　93590
값 27,000원